计算机应用基础网络教程

主编　詹海生
编委　王　晨　闫江舟
　　　王晓华　李晓平

北京邮电大学出版社
·北京·

内 容 摘 要

本书针对全国高校网络教育学生主要通过计算机网络环境进行学习的基本特点，从应用的角度重点介绍了计算机系统的基础知识、微型计算机操作系统的基本使用方法、文字编辑工具 Word 的使用方法、电子表格制作工具 Excel 的使用方法、电子演示文稿制作工具 PowerPoint 的使用方法、网络与 Internet 的基本知识和操作技能、多媒体技术的概念和应用方法以及安全使用计算机的基础知识。

本书按照网络教育公共基础课全国统一考试要求中的计算机应用基础课程考试大纲(2007 版)编写，适用于教育部批准的现代远程教育试点高校网络教育学院和中央广播电视大学本科层次学历教育的学生，也可作为非计算机专业计算机应用基础课程的参考书。

图书在版编目(CIP)数据

计算机应用基础网络教程/詹海生主编．--北京：北京邮电大学出版社，2010.4(2018.8 重印)

ISBN 978-7-5635-2291-0

Ⅰ.①计… Ⅱ.①詹… Ⅲ.①电子计算机－高等学校－教材 Ⅳ.①TP3

中国版本图书馆 CIP 数据核字(2010)第 062354 号

书　　名：计算机应用基础网络教程
作　　者：詹海生
责任编辑：赵玉山
出版发行：北京邮电大学出版社
社　　址：北京市海淀区西土城路 10 号(邮编：100876)
发 行 部：电话：010－62282185　传真：010－62283578
E-mail：publish@bupt.edu.cn
经　　销：各地新华书店
印　　刷：北京玺诚印务有限公司
开　　本：787 mm×1 092 mm　1/16
印　　张：16.5
字　　数：406 千字
版　　次：2010 年 4 月第 1 版　2018 年 8 月第 9 次印刷

ISBN 978-7-5635-2291-0　　定　价：39.00 元

前　　言

“计算机应用基础”课程是现代远程教育试点高校网络教育实行全国统一考试的公共基础课之一。该课程的考试是一种基础水平检测性考试，考试合格者应达到与成人高等教育本科相应的计算机应用基础课程要求的水平。

本书以网络教育公共基础课全国统一考试要求中的计算机应用基础课程考试大纲(2007版)为依据编写，其内容全面覆盖了考试大纲要求的知识点。该书充分考虑了网络教育对象以在职人员为主的特点，从各个专业在职人员对计算机应用基础知识与操作技能的要求出发，尽量做到内容全面，使不同专业人员在不查看其他参考书的情况下就能掌握本书中的内容。

为了使读者更好地掌握教材中的内容，编者专门开发了与本书配套的网络课程与学习指南，网络课程包括本书各个知识点的讲解与演示、配套习题及其讲解、虚拟实验软件、模拟测试等。网络课程网站的网址为 http://ips.xdwy.com.cn/jpkc/。

由于时间仓促，编者水平有限，错误之处难免，恳请读者指正。

编　者

目　　录

第 1 章

计算机应用基础知识

1.1 计算机的基本概念

1.1.1 计算机的发展

1. 历史上的计算工具

早在远古时代，人类就有了数的概念和对数进行简单计算的方法，随后逐渐发展为简单的计算工具。作为世界四大文明古国，我国在春秋战国时期，算筹就被用做计算工具，并得到广泛应用。算盘在南北朝的著作中已有记载，到元代已普及应用，而且延用至今。

从 17 世纪开始，机械式的计算工具在欧洲得到了发展。例如，法国数学家和物理学家 B・巴斯噶在 1642—1643 年间创造了一种用齿轮驱动的十进制加法器；莱布尼茨在 1674 年成功制作出可以进行十进制四则运算的手摇计算机等。英国的 C・巴贝齐从 1822 年开始设计和制作“差分机”，这是一种可按事先规定的步骤计算多项式的机械式计算机，他在 1832 年制作了一个部件后，就转向设计可在穿孔卡片的控制下自动进行计算的“分析机”。由于种种原因，分析机未能制成。

从 19 世纪中叶到 20 世纪前期，有不少创造性的工作对后来电子计算机的发明和发展起了先导作用。例如，G・布尔于 1854 年把逻辑归结为一种命题演算，提出了符号逻辑运算系统，并认为它可以作为计算机的设计基础，这就是后来获得广泛应用的布尔代数。在这个时期，计算机的发展从机械式转向机电式。1884 年，第一个机电式加法机出现。1889 年，制造出电子制表系统。1936 年，英国数学家 A・图灵发表论文《论可计算数及其在判定问题中的应用》，提出了图灵机的数学模型，他认为“只要为它编好程序，它就可以承担其他机器能做的任何工作”。图灵的工作在理论上证明了通用计算机存在的可能性。1938—1944 年，德国的 K・宙瑟先后研制了 Z3 和 Z4 等二进制机电式过程控制数字计算机。1944—1947 年，H・艾肯在美国哈佛大学研制成功用继电器组成的自动顺序控制计算机 MARK-I 和 MARK-II。

模拟计算工具的出现也可以追溯到公元前数百年。代表性的模拟计算工具有 17 世纪 30 年代的圆周形计算尺和 1850 年的条形对数计算尺。对数计算尺适用于乘、除法和多种常用函数的计算，而且结构轻巧，便于携带，因此在随后的 100 余年里，成为工程设计和科学实验人员的常备计算工具。19世纪中期到20世纪40年代,也是模拟计算工具从机械式到机电式的发展时期。例如,1930年,美国的麻省理工学院设计了机电式的微分分析机,用来求解各种微分方程。

2. 电子计算机的诞生

1942年,美国J·V·阿坦纳索夫等研制了一台二进制的电子管数字计算机原型,用于复杂而费时的理论物理计算。

1943年,美国宾夕法尼亚大学莫尔学院的J·P·艾克特和J·莫奇里研制成电子管组成的电子数字计算机ENIAC,该机于1946年2月投入运行,并公诸于世。当时它是一台前所未有的、复杂而庞大的电子机器,用了18 000多只电子管,重量达30吨,需要一个面积为140 m^2的机房才可以放下,当时达到了其他数字计算机望尘莫及的运算速度,即每秒运算5 000次10位十进制数的加、减法运算。ENIAC开创了电子数字计算机发展的新纪元。

1945—1946年,美籍匈牙利数学家冯·诺依曼等提出了"存储程序"的概念和采用二进制与存储过程控制的电子数字计算机的基本设计思想和体系结构,即所谓的冯·诺依曼结构。1945年3月,冯·诺依曼领导的小组发表了二进制的程序存储式电子数字自动计算机EDVAC方案,1945年7月,这个小组又提出更为完善的设计报告,在他们的报告中,冯·诺依曼体系勾画出一个完整的计算机体系结构,至今仍不失其开创性的指导意义。但是由于种种原因,直到1951年EDVAC才告完成。而英国剑桥大学的M·V·威尔克斯在EDVAC方案的启发下于1949年制成的EDSAC成为世界上第一台程序存储式的现代电子计算机。

在模拟计算机方面,自从1952年电子管的运算放大器投入市场后,电子模拟计算机及其应用开始快速发展。在电子数字计算机问世之前的第二次世界大战期间,模拟计算机就在武器的实时跟踪瞄准和射击控制等方面得到应用。此后又在某些工程领域,如工程设计的动态模拟、生产过程控制、动态系统仿真等,获得广泛应用。在20世纪50年代后期,出现了把数字计算机和模拟计算机结合起来组成的混合计算机。此外还有一种用数字积分器来取代模拟计算机中运算放大器的数字微分分析机。

由于数字计算机的高度发展和广泛应用,在许多传统上以模拟计算机为主的应用系统中,往往可以更好地用数字计算机来取代,所示通常所说的电子计算机或计算机指的就是电子数字计算机。

从20世纪50年代初期开始,陆续出现了商品化的计算机。在20世纪下半世纪到21世纪,随着逻辑元件的制作材料和工艺的发展,电子数字计算机得到极大发展,到目前已经经历了电子管计算机、晶体管计算机、集成电路计算机和超大规模集成电路计算机4个发展阶段。表1-1所示为每个发展阶段的时间、计算机的特点和主要贡献的比较。

3. 微型计算机的发展

微型计算机是以微处理器为中央处理器组成的计算机系统,又称微型机或者微机。早期的微型计算机将微处理器芯片、半导体存储器以及其他辅助电路安装在印刷电路板上,再配置必要的外围设备组成。有的微型计算机只有一块电路板,称为单板微型计算机,或称为单板机。随着微电子技术的发展,微型计算机电路可以集成在一个芯片上,称为单片计算机,或简称单片机。本书中的微型计算机一般指个人计算机。

微型计算机的历史是从1971年美国Intel公司推出4004微处理器开始的。该公司的

表 1-1 数字电子计算机发展的 4 个阶段

阶段 内容	第一阶段	第二阶段	第三阶段	第四阶段
时间阶段	1946—1958 年	1958—1964 年	1964—1971 年	1971 年至今
逻辑元件	电子管	晶体管	中、小规模集成电路	大规模、超大规模集成电路
代表机型	ENIAC、EDSAC、UNIVAC-I,II、IBM 704	Leprechan、TX-2、IBM 7040, 7070, 7090、IBM 1401、UNIVAC-LARC、IBM Stretch、CDC 6600	IBM 360 系列、PDP-11	X86 系列微型计算机、CDC7600、Start-100、ASC 巨型计算机
运算速度	1～2 万次/秒	百万指令/秒	几百万指令/秒	几百亿指令/秒
主要特点	体积大，耗电多，重量重，性能低	体积较小，重量轻，耗电小，可靠性较高	小型化，耗电少，可靠性高	微型化，耗电极少，可靠性很高，并行处理能力强
主要贡献	确立了模拟量可变换成数字量进行计算；形成了数字计算机的基本结构，即冯·诺依曼结构；确定了程序设计的基本方法；首创使用阴极射线管作为字符显示器	开创了计算机处理文字和图形的新阶段；提出了操作系统的概念；高级语言投入使用；有了通用机和专用机之分；开始使用鼠标作为输入设备	运算速度已达到 100 万次/秒以上；出现分时操作系统；出现结构化程序设计方法；推出序列机；机器可根据其性能分成巨型机、大型机、中型机和小型机	操作系统不断完善，应用软件开发成为现代工业的一部分；计算机应用和更新的速度更迅猛；计算机的发展进入了以计算机网络为特征的时代

工程师 M·E·霍夫在 1969 年提出了把计算机的全部电路做在 4 个芯片上，即中央处理器芯片、随机存储器芯片、只读存储器芯片和寄存器电路芯片的设想。按照这个设想制造出的世界上第一片 4 位微处理器就是 Intel 4004，Intel 公司基于该芯片组成了第一台微型计算机 MCS-4，从而拉开了世界微型计算机发展的序幕。按微处理器芯片的字长或者处理数据的通路宽度，微型计算机的发展可以分为 6 个阶段。

(1)第一阶段(1971—1973 年)：4 位及低档 8 位微处理器

第一个微处理器是 1971 年美国英特尔(Intel)公司生产通用的 4 位微处理器 4004。Intel 4040 以它的体积小、价格低等特点引起了许多部门和机构的兴趣。1972 年，Intel 公司又生产了 8 位的微处理器 8008。通常，人们将 Intel 4004、4040、8008 称为第一代微处理器。这些微处理器的字长为 4 位或 8 位，集成度大约为2 000 管/片，时钟频率为 1 MHz，平均指令执行时间约为 20 μs。第一代微处理器采用 P 沟道金属氧化物半导体工艺，工作速度慢。微处理器的指令系统不完整。存储器的容量很少，只有几百字节。微型计算机中没有操作系统，只支持汇编语言，因此只能用于工业仪表、过程控制或者计算器中。

(2)第二阶段(1974—1977 年)：高、中档 8 位微处理器

1973—1977 年间，出现了许多生产微处理器的厂家，生产了多种型号的微处理器，其中设计最成功、应用最广泛的是 Intel 公司的 8080/6085，Zilog 公司的 Z80，摩托罗拉(Motorola)公司的 MC6800/6802。微处理器采用 N 沟道金属氧化物半导体(NMOS)工艺，具有较完整的指令系统和较强的功能，人们把它们称为第二代微处理器。这些微处理器的时钟频率为 2～4 MHz，平均指令执行时间为 1～2 μs，集成度超过 5 000 管/片。在这个时期，存储

器的容量达到 64 KB,微处理器的设计和生产技术已相当成熟,配套的各类器件也很齐全,出现了显示器、键盘和软磁盘等输入设备。微型计算机中配备了简单的操作系统和高级语言。

(3)第三阶段(1978—1982 年):16 位微处理器

20 世纪 70 年代后期,随着超大规模集成电路技术的成熟,Intel 公司于 1978 年推出了 16 位的微处理器 Intel 8086,集成度为 29 000 管/片,时钟频率 5~8 MHz,数据总线宽度为 16 位,地址总线为 20 位,可寻址内存空间达 1 MB。在 8086 推出不久,很快又推出了内部结构与 8086 相同,外部总线只有 8 位的准 16 位微处理器 8088,在 1981 年,IBM 公司推出的以 8088 为 CPU 的 16 位个人计算机 IBM PC 和 PC/XT 投入市场后,形成了使用 16 位个人计算机的高潮。此外,Zilog 公司的 Z-800、Motorola 公司的 MC68000 都是当时的高性能 16 位机。这一代微处理器采用了高密度集成工艺 HMOS 技术,集成度 2~7 万管/片,时钟频率 4~8 MHz,平均指令执行时间 0.5 μs。在 1982 年,Intel 公司又推出了 80286 的微处理器,它是 16 位处理器中的高档产品,其集成度达到 10 万管/片,时钟频率为 10 MHz,平均指令执行时间为 0.2 μs,并含有多任务系统的转换功能,存储器管理功能和多种保护机制,支持虚拟存储体系结构,当时能满足多用户和多任务系统的需要。从 20 世纪 80 年代中后期到 90 年代初,是个人计算机的主流型 CPU。

(4)第四阶段(1983—1992 年):32 位微处理器

以 Intel 公司为代表的一些世界著名半导体生产商先后推出 32 位微处理器,典型的产品有 1983 年 Zilog 公司推出的 Z-80000、1984 年 Motorola 公司推出的 MC68020、1985 年 Intel 公司推出的 Intel 80386 等。这一代微处理器采用高速度高集成的 CHMOS 工艺,集成度为 50 万管/片。内部采用流水线控制,80386 采用 6 级流水线,使取指令、译码、内存管理、执行指令和总线访问并行操作,时钟频率为 16~33 MHz,平均指令执行时间约 0.1 μs,具有 32 位数据总线和 32 位地址总线,直接寻址 4 GB。具有存储保护和虚拟存储功能,虚拟空间可达 64 TB。运算速度为 3~4 MIPS(每秒百万条指令)。在 1989 年后,Intel 公司又推出更高性能的 32 位微处理器 Intel 80486,集成度达 120 万管/片。内部数据总线宽度有 32 位、64 位和 128 位,分别用于不同单元间的数据交换。80486 首先采用了精简指令集计算机技术,即 RISC 技术,可以一个时钟周期执行一条指令。同时推出的高档芯片还有 Motorola 的 MC68040 和 NEC 公司的 V80 等。

(5)第五阶段(1993—2002 年):准 64 位微处理器

第五代微处理器的推出,使微处理器技术发展到了一个崭新的阶段,典型的产品有 1993 年 Intel 公司推出的 Pentium,1995 年 IBM、Motorola 和 Apple 联合推出的 Power PC,1996 年 Intel 公司推出的 Pentium Pro,AMD 公司推出的 K5,1997 年 Intel 公司推出的 Pentium2,1999 年 Intel 公司推出的 Pentium3,2001 年初 Intel 公司推出的 Pentium4。第五代微处理器 Pentium 的特点是集成度高,采用亚微米(0.6 μm)的 CMOS 工艺制造,集成度高达 310 万管/片,采用 64 位外部数据总线,使经总线访问内存的速度高达 528 MB/s。36 位的地址总线可寻址空间达 64 GB。Pentium 系列产品的主频有 75、90、100、120、133、166、200 MHz。采用全新的体系结构,内部采用超标量流水线设计,在 CPU 内部有 UV 两条流水线并行工作。允许在单个时钟周期内执行两条整数指令,即实现指令并行。Pentium3 的主频为 450~1 133 MHz。Pentium4 采用 0.18 μm 工艺,集成度为 4 200 万管/片,主频为

1.3～3.6 GHz,内部采用20级超标量流水线结构。

(6)第六阶段(2003年至今):64位微处理器

2003年9月,AMD公司发布全球第一款桌面系统64位Athlon64,除了64位计算能力,Athlon64系列处理器还拥有64位的地址空间和64位的数据空间,换句话说就是Athlon64可以支持4 GB以上的内存,64位处理器理论上支持2的64次方寻址空间,可支持上亿GB的内存。Athlon64的推出拉开了真正的64位处理器的序幕,相信在不久的将来,会有处理能力更强的处理器芯片出现。

4. 计算机发展趋势

计算机对经济发展、社会进步和科学研究起到越来越重要的作用。高性能计算机的发展将使过去一些难以解决的极其复杂的重大问题得以解决。作为计算机发展的根本动力的微处理器的集成度(单位面积上所能集成的晶体管的数量)越来越高,基本上按摩尔定律增长,即每隔18个月,集成电路的集成度增加1倍,性能提高1倍。然而在21世纪初期,硅半导体大规模集成电路技术已经发展到接近于它的物理极限。为了进一步提高计算机的性能,除了在计算机体系结构方面将计算机组成高度并行和分布式的系统外,还将开发新型器件。例如纳米器件、量子器件、光-电子集成器件、具有量子效应的超导器件、光调制器件、分子器件、生物分析器件等,利用这些新型器件组成新型的高性能计算机。

总之,随着计算机应用的广泛和深入,又向计算机技术本身提出了更高的要求。当前,计算机的发展表现为4种趋向:巨型化、微型化、网络化和智能化。

(1)巨型化

巨型化是指发展高速度、大存储量和强功能的巨型计算机。这是诸如天文、气象、地质、核反应堆等尖端科学的需要,也是记忆巨量的知识信息,以及使计算机具有类似人脑的学习和复杂推理的功能所必需的。巨型机的发展集中体现了计算机科学技术的发展水平。

(2)微型化

微型化就是进一步提高集成度,利用高性能的超大规模集成电路研制质量更加可靠、性能更加优良、价格更加低廉、整机更加小巧的微型计算机。

(3)网络化

网络化就是把各自独立的计算机用通信线路连接起来,形成各计算机用户之间可以相互通信并能使用公共资源的网络系统。网络化能够充分利用计算机的宝贵资源并扩大计算机的使用范围,为用户提供方便、及时、可靠、广泛、灵活的信息服务。

(4)智能化

智能化是指让计算机具有模拟人的感觉和思维过程的能力。智能计算机具有解决问题和逻辑推理的功能、知识处理和知识库管理的功能等。人与计算机的联系是通过智能接口,用文字、声音、图像等与计算机进行自然对话。目前,已研制出各种“机器人”,有的能代替人劳动,有的能与人下棋等。智能化使计算机突破了“计算”这一初级的含义,从本质上扩充了计算机的能力,可以越来越多地代替人类的脑力劳动。

计算机的发展将趋向超高速、超小型、平行处理和智能化,量子、光子、分子和纳米计算机将具有感知、思考、判断、学习及一定的自然语言能力,使计算机进入人工智能时代。这种新型计算机将推动新一轮计算技术革命,并带动光互联网的快速发展,对人类社会的发展产生深远的影响。

1.1.2 计算机的分类

计算机分类的方法和所分成的类型是随着计算机技术和应用的发展而不断变化的。早在20世纪50年代,已经开始对电子计算机进行分类,当时把计算机按应用对象划分为科学计算用计算机和商业数据处理用计算机两类。前者采用二进制,有浮点计算能力,字长固定。后者用定点十进制运算,字长可变。20世纪60年代开始出现了通用计算机,使上述两类计算机的界限消失,计算机开始按性能和规模分类,后来又出现了按计算机处理数据的方式分类、按电子开关器件的类型分类、按体系结构分类以及按应用范围分类等多种分类方法。

1. 按性能和规模分类

从20世纪60年代中期开始按计算机性能高低和规模大小分类,到80年代初最终形成了把计算机分为巨型计算机(包括小巨型计算机)、大型计算机、小型计算机(包括超级小型计算机)、工作站和个人计算机等几种类型的格局。随着计算机网络的发展与普及,计算机的分类中又出现了面向网络应用的服务器和网络计算机等类型。

(1)巨型计算机

巨型计算机又称为超级计算机,是指目前速度最快、处理能力最强、造价最昂贵的计算机,是计算机型谱中最高档的计算机。它是解决科技领域中某些巨大的挑战性问题的关键工具。巨型计算机主要用于解决大型计算机也难以解决的复杂问题,如人口普查、天气预报、人体基因排序和新型武器研制等。现代巨型计算机起源于20世纪60年代末至70年代初。按体系结构和技术水平的发展,巨型计算机已历经4代,即第一代的单指令流多数据流的阵列处理机、第二代的具有流水线结构的向量机、第三代的多指令流多数据流的共享主存的多处理机系统和第四代的大规模并行处理系统。巨型机的结构是将许多处理器以并行方式组合在一起,其速度可以达到每秒万亿次浮点运算,而且容量非常大。

(2)大中型计算机

大中型计算机比巨型计算机的性能指标略低,特点是大型、通用,具有较快的处理速度,速度可以达到每秒数千万次浮点运算。大型计算机的应用领域十分广阔,例如,在军事领域可用于全球性或区域性战略防御体系、大型预警系统和航天测控系统等,在民用领域可用于大型商务事务处理系统、全球或大区域中长期天气预报、大型工程设计和模拟系统。大型计算机的设计与制造能力以及安装台数在一定程度上反映了一个国家的综合国力。大型计算机起源于20世纪60年代,典型机型是IBM System/360/370/370-XA/390等。大型计算机的处理机系统可以是单处理机、多处理机或者多个子系统的复合体。处理机一般采用两级高速缓冲存储器、流水线技术和多执行部件以提高性能。存储系统一般由高速缓冲存储器、主存储器和海量存储器、输入输出设备通道和外围设备组成。

(3)小型计算机

小型计算机是规模介于大型计算机和工作站之间的一种计算机。其规模小、结构简单、设计研制周期短、便于采用先进工艺、易于操作、便于维护的特点使其比大型机更易推广和普及。小型机的应用领域十分宽广,例如,数据采集和数据处理,工程设计和科学计算,信号处理和图像处理,工业过程控制,武器控制、模拟和训练系统等。小型机最早出现于20世纪60年代中后期,到80年代由于处理机体系结构出现重大变革,精简指令集计算机大量出现和软件工业标准的建立,导致小型计算机性能的大幅度提高和应用的快速发展。典型的小型机有 VAX 11/780。人们把字长不小于 32 位的高性能小型机称为超级小型机。

(4)工作站

工作站是以个人计算环境和分布式网络计算环境为基础,其性能高于微型计算机的一种多功能计算机。工作站具有高速运算功能,适应多媒体应用的功能和知识处理功能。工作站的应用领域十分广泛,例如,科学和工程计算、软件开发、计算机辅助分析、计算机辅助设计与制造、计算机辅助工程、图形图像处理、办公、金融和商业事务处理。工作站最早出现于 20 世纪 70 年代,典型机型有 SUN 公司的 Sparc 系列、DEC 公司的 Alpha AXP 系列、HP 公司 Workstation XW 系列的和 SGI 的图形工作站。构成工作站的硬件有主机、显示器和输入输出设备。

(5)个人计算机

个人计算机是独立式微型计算机,可以由最终用户直接使用,俗称电脑,是大规模集成电路的产物。以微处理器为核心,与存储器和接口电路共同组成。个人计算机体积小、重量轻、功耗小、价格低廉、适应性强等特点使其迅速占领世界计算机市场并得到广泛应用,成为现代社会不可缺少的重要工具。

(6)服务器

服务器是在网络环境中或在具有客户-服务器结构的分布式处理环境中,为客户的请求提供服务的节点计算机。客户-服务器是实现资源共享的一种结构,客户是服务器的服务对象。在某种应用环境中的服务器,也可能会在另一种应用环境中成为客户。服务器可以是微型计算机、工作站、小型计算机、大型计算机乃至大规模并行处理的高性能计算机。服务器软件主要包括操作系统、网络协议、数据库管理系统以及各种开发工具及软件中间件。服务器的主要特点有:服务器只是在客户的请求下才为其提供服务,而不主动为客户提供服务;透明性,即服务器对客户完全透明,一个与服务器通信的客户完全不必知道服务器的存在及其工作情况;高性能、高速度、大容量、高可靠性及可伸缩性。

(7)网络计算机

网络计算机是一种瘦客户机系统。网络计算机与标准显示器、键盘和鼠标相连,没有硬盘驱动器,关机时,所有的应用程序和数据均保留在服务器或者主机上。根据不同的应用建立方式,某些应用在服务器上执行,某些应用在客户机上执行。网络计算机具有微型计算机的功能,能够保障信息安全,避免安全隐患,因而更安全、更便宜。

2. 按计算机处理数据的方式分类

按计算机处理数据的方式分类有数字电子计算机、模拟电子计算机和数模混合计算机 3 种。

(1)数字电子计算机

数字电子计算机是用离散符号表示的信息在程序控制下自动进行处理的电子装置。数字计算机作为一个信息处理系统,包括硬件与软件两大部分。硬件是组成计算机的电子器件及其线路、部件和外围设备等的统称;软件则是使计算机能够自动运作以完成信息处理任务的各种程序及其文档的统称。不特别说明的话,计算机指的是数字电子计算机。

(2)模拟电子计算机

模拟电子计算机是可对连续物理变量进行并行数学运算的解算装置,这些连续的物理变量通常为连续变化的直流电压、电流或者电荷。各种运算部件主要是由运算放大器和精密电阻、电容以及特殊的开关器件等构成。模拟计算机具有连续性、并行性和实时性，而且操作简单，十分适用于连续系统的实时仿真。其主要缺点是受元器件精度限制和运算放大器零点漂移的影响，整机的运算精度远低于数字计算机。

(3)数模混合计算机

数模混合计算机是把模拟计算机和数字计算机结合在一起，应用于系统仿真的计算机系统。它兼有模拟计算机解题速度快和数字计算机计算精度高、逻辑和存储功能强的优点。早期的混合计算机是将通用的，但具有一定逻辑和存储功能的模拟计算机通过混合接口与通用数字计算机组合而成，故也称“组合式”混合计算机系统。随着微电子技术的迅速发展，混合计算机已经发展成为具有自动编排仿真程序的多处理机系统。

3. 按计算机应用范围分类

按计算机使用范围分类有通用计算机和专用计算机两种。

通用计算机是指可用于各种不同类型的应用计算机，如科学与工程计算、数据处理和过程控制等。

专用计算机是指只适合某一方面特殊应用的计算机，如专门应用于控制生产过程的过程控制计算机。

随着微电子技术的发展，通用微处理机芯片的集成度和性能价格比不断提高，在很多场合下通用计算机已经可涵盖和替代专用计算机。在某些场合下，专用计算机可以直接装入机电设备、仪器仪表和家电设备内部，成为其中的一个部件，即嵌入式计算机。

另外，在数字计算机的发展过程中，还出现按电子开关器件类型的分类，即电子管计算机、晶体管计算机、中小规模集成电路计算机和大规模或超大规模集成电路计算机。

1.1.3 计算机的主要特点

计算机具有强大的计算和逻辑判断能力，并且能快速、准确地解决各种复杂的、大数据量的数学和逻辑问题。计算机的主要特点如下。

1. 运算速度快

现代巨型计算机系统的运算速度已达到每秒几千亿次乃至一万亿次浮点运算。例如，由2 500个Pentium Pro CPU构成的并行计算机系统，其运算速度可高达每秒1 000亿次浮点运算；由IBM公司制造的、曾经战胜了国际象棋世界冠军卡斯帕罗夫的超级计算机“深蓝”可以每秒钟考虑2亿步棋。这一切都表明了计算机的运算速度已经达到很高的程度。过去人工需要几年、几十年的科学计算，而现在利用计算机只需要几天或几小时甚至几分钟就可以完成。

2. 计算精度高

在计算机中，字长越长则表示数的范围越大，同时运算精度也就越高。随着计算机硬件技术的不断发展，计算机的字长也在不停地增加，使得它能够满足高精度数值计算的需要。例如对圆周率的计算，数学家们经过长期艰苦的努力只算到了小数点后500位，而使用计算机很快就能够算到小数点后200万位。

3. 逻辑判断能力强

逻辑判断能力就是因果关系分析能力，分析命题是否成立以便做出相应的对策。计算机内部含有算术和逻辑运算单元，再加上程序的控制，就可以让计算机进行各种复杂的推理。这样，在人工智能等研究方面，计算机就可以发挥出巨大的作用。

4. 具有自动控制能力

计算机具有自动控制能力。计算机是由程序控制其操作过程的。只要根据应用的需要，事先编制好程序并输入计算机，计算机就能自动、连续地工作，完成预定的处理任务。计算机中可以存储大量的程序和数据。存储程序是计算机工作的一个重要原则，这是计算机能自动控制处理的基础。

5. 记忆能力强

计算机具有很强的记忆能力。计算机拥有容量很大的存储装置，它不仅可以存储处理中所需要的原始数据信息、处理的中间结果与最后结果，还可以存储指挥计算机工作的程序。计算机不仅能保存大量的文字、图像、声音等信息资料，还能对这些信息加以处理、分析和重新组合，以满足各种应用对这些信息的需求。

6. 通用性强

计算机可以通过程序设计解决各种复杂的问题，这些程序大多数由几十条到几百条基本指令组成，对于不同的程序只不过是计算机基本指令的使用顺序和频度不同而已。这样，一台计算机就能够适应多种工作的需要，通用计算机的名字便来源于此。当前所说的通用计算机，一般理解为至少要能够面向如下3个应用领域：科学计算、信息处理以及自动控制。

1.1.4 计算机的主要用途

在电子计算机发展的初期，计算机主要用于科学和工程计算，但它的计算过程实质上是对二进制编码符号进行逻辑推理的过程。它不仅是数学计算工具，而且是具有一定智能属性、在过程控制下能自动运作的信息处理系统。由于计算机的通用性、运算的高速性、存储的大容量以及不断提高的性价比，其应用已经深入现代人类社会的方方面面，特别是计算机和通信技术的结合使计算机的应用范围更为广阔。人类进入信息化社会主要是由于计算机的广泛应用。概括起来，计算机应用可以分为以下几个方面。

1. 科学计算

科学计算指计算机应用于完成科学研究和工程技术中所提出的数学问题(数值计算)。一般要求计算机速度快、精度高，存储容量相对大。科学计算是计算机最早的应用方面。

2. 信息处理

信息处理主要是指非数值形式的数据处理，包括对数据资料的收集、存储、加工、分类、排序、检索和发布等一系列工作。信息处理包括办公自动化(OA)、企业管理、情报检索、报刊编排处理等。特点是要处理的原始数据量大，而算术运算较简单，有大量的逻辑运算与判断，结果要求以表格或文件形式存储、输出。要求计算机的存储容量大，速度则不怎么要求。信息处理目前应用最广，占所有应用的80%左右。

3. 自动控制

自动控制是指在工业生产过程中，自动地对控制对象进行控制和调节的控制方式。如自动化生产线、航天器导航、建筑物的安全系统等的自动控制。使用计算机进行控制可以降低能耗、提高生产效率、提高产品质量以及执行单靠人力无法完成的任务。

4. 计算机辅助系统

计算机辅助设计(Computer Aided Design，CAD)是指使用计算机的计算、逻辑判断等功能,帮助人们进行产品和工程设计。它能使设计过程自动化,设计合理化、科学化、标准化,大大缩短设计周期,以增强产品在市场上的竞争力。CAD技术已广泛应用于建筑工程设计、服装设计、机械制造设计、船舶设计等行业。使用CAD技术可以提高设计质量,缩短设计周期,提高设计自动化水平。

计算机辅助制造(Computer Aided Manufacturing,CAM)是指利用计算机通过各种数值控制生产设备,完成产品的加工、装配、检测、包装等生产过程的技术。将CAD进一步集成形成了计算机集成制造系统CIMS,从而实现设计生产自动化。利用CAM可提高产品质量,降低成本和降低劳动强度。

计算机辅助教学(Computer Aided Instruction,CAI)是指将教学内容、教学方法以及学生的学习情况等存储在计算机中,帮助学生轻松地学习所需要的知识。它在现代教育技术中起着相当重要的作用。

除了上述计算机辅助技术外,还有其他的辅助功能,如计算机辅助出版、辅助管理、辅助绘制和辅助排版等。

5. 人工智能

人工智能是利用计算机来模仿人的高级思维活动,如智能机器人、专家系统等。这是计算机应用中最诱人,也是难度最大且目前研究最活跃的领域之一。

6. 计算机网络应用

把计算机的超级处理能力与通信技术结合起来就形成了计算机网络。人们熟悉的全球信息查询、邮件传送、电子商务等都是依靠计算机网络来实现的。计算机网络已进入到千家万户,给人们的生活带来了极大的方便。

7. 多媒体计算机系统

多媒体计算机系统即利用计算机的数字化技术和人机交互技术,将文字、声音、图形、图像、音频、视频和动画等集成处理,提供多种信息表现形式。这一技术被广泛应用于电子出版、教学和休闲娱乐等方面。

1.2 计算机系统的组成

1.2.1 计算机系统的基本组成

计算机是一个信息处理系统,一个完整的计算机系统由硬件系统和软件系统构成,二者缺一不可,密切配合,协调工作,共同完成计算机系统的功能。其中,硬件系统是组成计算机的电子器件及其线路、部件和输入\输出设备的统称。软件系统是使计算机能够自动运作以完成信息处理任务的各种程序及其文档的统称,如图1-1所示。

计算机的硬件系统由运算器、控制器、存储器、输入设备和输出设备五大部分组成,其中运算器和控制器是中央处理器(Central Processing Unit,CPU)的主要部分,合称中央处理器。存储器有内存储器(简称内存,亦称主存)和外存储器(亦称辅助存储器)之分。中央处理器和内存储器统称主机。外存储器和输入设备、输出设备统称外部设备,简称外设,亦称外围设备。

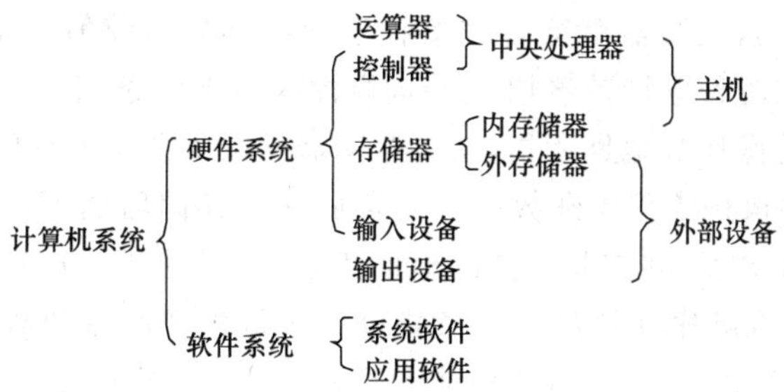

图 1-1 计算机系统的组成

计算机的软件一般分为系统软件和应用软件两种，软件以二进制编码的形式存储在计算机的存储器中，计算机的硬件要通过软件的运行（即在软件的控制下）来完成相应的功能。

1.2.2 硬件系统

1. 计算机体系结构与工作原理

1946 年，冯·诺依曼在 EDVAC 设计方案中提出了“存储程序”的计算机工作原理，这一原理同时也确定了计算机的体系结构。冯·诺依曼在 EDVAC 的设计方案中提出以下 3 点：

①计算机的进位计数制采用二进制；

②采用“存储程序”思想，程序和数据都以二进制的形式统一存放在存储器中，由计算机自动执行；

③把计算机从逻辑上分为 5 个部分，即运算器、控制器、存储器、输入设备和输出设备。

后来，人们称这种体系结构为冯·诺依曼结构，称采用这种体系结构的计算机为冯·诺依曼计算机。在冯·诺依曼结构中，计算机的各个组成部分之间的关系如图 1-2 所示。

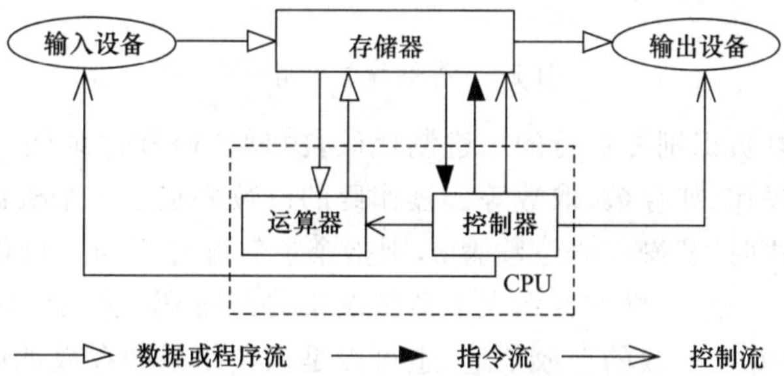

图 1-2 冯·诺依曼结构计算机

在这样的计算机硬件结构中，有 3 种信息在传送，它们是指令流、控制流和数据流，其中指令流被逐条从存储器中取出，然后传送给控制器。控制流是控制器根据指令向其他部件发出的控制命令，数据流是在 I/O 设备、存储器、运算器之间按照控制器的控制指令传送的数据。实际上，计算机各部件之间的连接及信息的传送都是通过一簇公共信号线进行的，这簇公共信号线称为总线。按照总线上所传输的信息不同，计算机总线可分为数据总线、地址总线和控制总线。

冯·诺依曼结构的核心是“存储程序”的概念，这个概念的要点实际上是计算机的运行原理——存储程序控制原理，其要点为：首先指令与数据存储在主存储器中，其次在中央处理器的控制器中设置一个程序计数器，其初始的位置为程序的第一条指令所在存储单元的地址。一旦计算机启动，控制器就会自动按程序计数器的当前值所指，从主存储器读取指令，予以解释、执行，同时程序计数器加 1，指向顺序执行下一条指令。执行每条指令涉及的操作数，即按指令中的操作数地址所指，从主存储器读取或者向主存储器写入。

如图 1-3 所示，要执行的程序和数据一同存放在主存储器的不同区间。开始执行程序时，首地址存入程序计数器，并按其所指的地址读取第一条指令，传送到指令寄存器，同时程序计数器加 1，准备读取顺序存放的下一条指令。执行指令所需的数据则按指令寄存器中的有效地址码所指的存储单元，进行读出或者写入。值得一提的是，某些指令中的地址可以是另一条指令或者另一段程序的指令所在存储单元的地址，这样就自动调度程序的灵活性。现代计算机正是这样得以实现在程序控制下全自动地进行信息处理的。

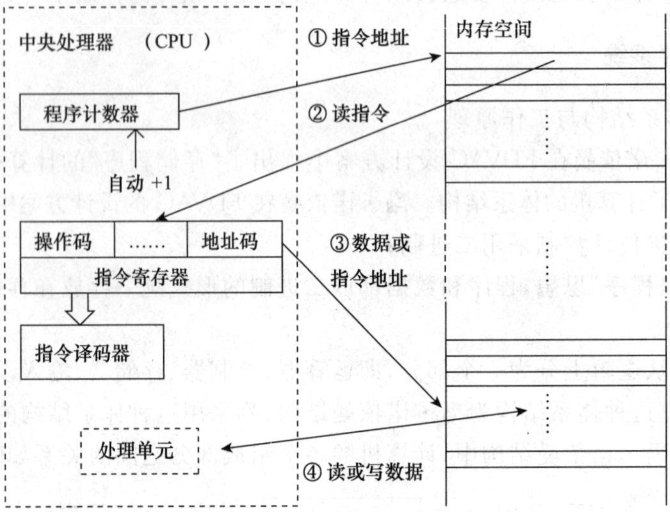

图 1-3 存储程序控制原理

指令是能被计算机识别并执行的二进制代码，由操作码和地址码组成。其中操作码指明该指令要完成的操作，如存数、取数等。操作码的位数决定了一个机器指令的条数。当使用定长度操作码格式时，若操作码位数为 n，则指令条数可有 2^n 条。操作数指操作对象的内容或者所在的单元格地址。操作数在大多数情况下是地址码，从地址代码得到的仅是数据所在的地址，可以是源操作数的存放地址，也可以是操作结果的存放地址。

2. 中央处理器

中央处理器简称 CPU，它是计算机系统的核心。中央处理器由控制器、运算器、内部寄存器组和处理器总线等部分组成。

控制器用来生成指令地址、取出指令、分析指令，向各个部件发出一系列有序的操作控制指令，实现指令功能。在计算机发生故障或者有随机的输入输出请求时，采用中断方式终止现行程序的执行，转入中断处理程序，处理完随机请求后，又自动返回原来的程序。

运算器是计算机数据处理的核心部件，又称算术运算单元，主要由执行算术运算和逻辑运算的部件、存放操作数和中间结果的寄存器以及各部件的数据通路组成。

寄存器是处理器内部的暂时存储单元。在控制器中，用于保持程序运行状态的寄存器称为状态寄存器，用于存储当前指令的寄存器称为指令寄存器，用于存储将要执行的下一条指令的地址寄存器称为程序计数器。在运算器中，寄存器用于暂存进行运算与比较的数据及其结果。寄存器的位数是影响处理器性能与速度的一个重要因素，从技术角度来看，计算机的字长就是指操作数寄存器的长度。

3. 存储器

存储器是计算机中的记忆和存储部件，计算机中的全部信息，包括输入的原始信息、经计算机初步加工后的中间信息、最后处理的结果信息以及对输入的数据信息进行加工处理的程序都存储在存储器中。

存储器的基本功能是按照要求向指定的位置存进或取出信息，专业术语叫做写入和读出。计算机中的存储器被划分成许多单元，每个单元通常存放一个字节的信息，这种单元就叫做存储单元。为了区分各个存储单元，我们对每个存储单元定义一个唯一的编号，这个编号称为存储单元地址，如图 1-4 所示。存储器中所有存储单元的总和则称为存储容量。

按在计算机中的作用，存储器可以分为内存储器、外存储器和缓冲存储器。内存储器用来存放计算机运行时随时需要使用的程序和数据，它的工作速度较快，存储容量较小，主要采用半导体存储器，按随机存取方式工作。外存储器是一种不能直接向中央处理器提供程序和数据的大容量存储器，它的工作速度慢，存储容量大，主要采用磁表面存储器和光存储器，按串行存取方式工作。缓冲存储器是位于两个不同工作速度的部件之间的、起缓冲作用的存储器，例如高速缓冲存储器、先进先出缓冲器等。

存储单元	地址
0110 0101	FFFF FFFF
0100 0001	FFFF FFFE
0000 1111	FFFF FFFD
1111 0001	FFFF FFFC
1110 0111	0000 0003
0100 0001	0000 0002
0100 1111	0000 0001
1011 0101	0000 0000

图 1-4　存储单元及其地址（32 位计算机）

按存储器的存取方式，存储器可以分为随机存取存储器、只读存储器和串行访问存储器。随机存取存储器是一种根据给定的地址对存储单元进行读写的存储器。每一存储单元存取时间都一样，与存储单元在存储器中的未知无关。计算机的内存储器都采用随机存取存储器。只读存储器是一种对其内容只能读取而不能写入的存储器。在计算机中，它和随机存取存储器共享内存储器的地址空间，因此也属于内存储器。串行访问存储器是一种对信息只能顺序地访问的存储器。例如磁带存储器、磁盘存储器和光盘存储器等。

按存储媒体，存储器可以分为半导体存储器、磁表面存储器和光存储器等。

4. 外部设备

磁盘存储器、磁带存储器等外存储器和输入、输出设备统称外部设备，也称外围设备。

低速的外部设备通过中断系统与主机交换数据。高速的外部设备直接与内存储器交换成批数据，称为直接存储器存取，但是一批数据传输前、传输后或者传输过程中出现故障时，仍需要通过中断程序予以处理。在外部设备数量较多的情况下，全部设备都与存储器分别独立相连是困难的，而且也不能适应进一步扩充数量和更换品种的需要。为了适应计算机系统灵活多变的要求，现代计算机普遍采用总线互联方式，将所有的外部设备经过统一的总线及中央处理器和内存储器相连。所有的外部设备都经过各自的控制器（接口）连接到总线上。为了增强通用性，总线的标准化很重要，例如 ISA、EISA、PCI 和 Future Bus 等均为标准总线。由于各部件间传送信息都是通过总线进行的，而在同一时间内，一组总线只能为一对功能部件服务，因此当同时存在两个或两个以上的传送要求时，需要根据优先级进行排队，因而总线有可能称为瓶颈。在设备数量多和速度要求高的情况下还有其他连接方式，例如在主机内增设高速总线，使得中央处理器与内存储器之间的传送通过高速总线进行或者设置通道处理机将所有的外围设备管理起来，分担主机的部分工作。

输入输出设备的任务是向计算机提供原始数据或者把计算机需要输出的数据传送给用户或者其他接收设备。输入输出设备的种类繁多、功能广泛。可更换的存储设备，如磁带、软磁盘和光盘等外存储器也被用做输入输出设备，它们既可作为输入设备也可作为输出设备。常用的输入设备包括键盘、鼠标器，还有光笔、书写板、数字化仪、触摸屏、扫描仪、数字摄像头等，其中鼠标器和键盘已经称为个人计算机的标准配置。常用的输出设备有显示器、打印机和绘图仪。

1.2.3 软件系统

计算机的软件是指计算机所运行的程序及其相关的文档数据。程序是计算任务的处理对象和处理规则的描述。文档是为了便于了解程序所需的说明性资料。程序必须装入计算机并编译成指令才可以工作，文档一般是给人看的，不一定装入计算机。在大多数不太严格的情况下，人们也常常直接把程序认为是软件。

程序是软件中的最基本的概念，也是软件的本体，同时是软件的研究对象。在低级语言中，程序是一组指令和有关的数据或信息。在高级语言中，程序是一组说明和语句。程序的实际工作过程称为程序的执行。

1. 软件的发展过程

程序的发展过程决定了软件的发展过程，软件的发展过程还受到计算机硬件的推动和制约，其发展过程大致可分为 3 个阶段。

第一阶段(1946—1956 年)，从第一台计算机上的第一个程序的出现到实用的高级程序设计语言出现以前。这一阶段的编程工具是低级语言，即以机器的基本指令集为主的机器语言和在机器语言上稍加符号化的汇编语言。此时的程序设计和编制工作复杂、烦琐、费时并易出错。衡量程序的标准是运行时间少、占内存少等功效指标，很少考虑程序的可读性、结构清晰与否和易维护性。

第二阶段(1956—1968 年)，从实用的高级程序设计语言出现后到软件工程出现前。随着计算机应用领域的扩大，出现了大量的数据处理问题，与科学计算相比，就一项任务而言，计算量不大，但是输入、输出量却较大，为了提高程序设计人员的效率，出现了实用的高级语言，提出了结构程序设计方法，提出用工程方法开发软件，从理论上探讨程序正确性和软件可靠性问题。

第三阶段(1968 年以来)，软件工程出现以后。1968 年的大西洋公约学术会议上提出了软件工程。软件开发方式逐步由个体合作方式转向工程方式，人们致力于研究软件开发过程本身，研究各种软件开发风范与模型，更注意研究软件理论，特别是软件开发过程的本质。

2. 软件的分类

如果从计算机系统的角度来划分，软件又可以分为系统软件和应用软件两大类。

系统软件是指管理、监控和维护计算机资源(包括硬件和软件)的软件，它主要包括操作系统、编译程序、各种程序设计语言、数据库管理系统、服务程序以及各种实用系统工具软件等。在所有系统软件中，操作系统(Operating System，OS)最重要，操作系统是计算机软件系统的核心，也是最贴近硬件的系统软件，是用户与计算机之间的桥梁和接口。操作系统的主要作用是管理计算机中的所有硬件和软件资源，控制计算机中程序的执行，提高系统效率。操作系统为用户提供功能完备且操作灵活方便的应用环境。用户通过操作系统来操作计算机。常用的操作系统有 UNIX/Xenix、MS-DOS、Windows XP、Linux 和 OS/2。

DOS 操作系统最初是为 IBM PC 开发的操作系统，因此它对硬件平台的要求很低。即使对于 DOS 6.22 这样的高版本，在 640 KB 内存、60 MB 硬盘、80286 微处理器的环境下，也能正常运行。DOS 操作系统是单用户、单任务、字符界面和 16 位的操作系统。因此，它对于内存的管理仅局限于 640 KB 的范围内。DOS 有 3 种不同的品牌，它们是 Microsoft 公司的 MS-DOS、IBM 公司的 PC-DOS 和 Novell 公司的 DR-DOS。Windows 操作系统是 Microsoft公司在 1985 年 11 月发布的第一代窗口式多任务系统，它使 PC 开始进入了所谓的图形用户界面时代。在 1995 年，Microsoft 公司推出了 Windows 95 操作系统；在 1998 年，Microsoft 公司又推出了 Windows 95 的改进版 Windows 98。Windows 95、Windows 98 操作系统是一种单用户、多任务、32 位的操作系统。2000 年，Microsoft 公司又推出了 Windows 2000 版本，Windows 2000 是一个多用户、多任务操作系统。2001 年，Microsoft 公司的 32 位 Windows XP 正式发布，XP 是基于 Windows 2000 代码的产品，同时拥有一个新的用户图形界面，它包括了一些细微的修改，集成了防火墙、媒体播放器、即时通讯软件等，XP 是目前操作系统使用率最高的一个系统。2005 年，微软又推出 64 位的 Windows XP。目前，Microsoft公司推出了全新的 64 位操作系统 Windows Vista。Windows Vista 保留了 Windows XP 整体优良的特性，安全性、可靠性及互动体验等方面更为完善。

应用软件是指除了系统软件以外的所有软件，它是用户为解决各种实际问题而编制的计算机程序及相关的文档数据等。通常，应用软件专门用于解决某个应用领域中的具体问题。由于计算机的应用已经渗透到了各个领域，所以应用软件也是多种多样的。应用软件包括用户程序和应用软件包。用户程序是用户为了解决自己特定的具体问题而开发的软件，在系统软件和应用软件包的支持下开发。应用软件包是为实现某种特殊功能或特殊计算，经过精心设计的独立软件系统，是一套满足同类用户需要的软件。例如，各种用于科学计算的软件包，各种字处理软件，计算机辅助设计、辅助制造、辅助教学软件，各种图形软件等。

3. 程序设计语言

程序设计语言是用于书写计算机程序的语言，包括语法、语义和语用。语法表示程序的结构或形式，即构成语言的各个记号之间的组合规则，但不涉及这些记号的含义。语义表示程序的固有含义，即按照各种方法表示各个记号的特定含义，但不涉及使用者。语用表示程序与使用情景有关的含义。程序设计语言由 4 种基本成分组成：数据、运算、控制和传输。

程序设计语言分为低级语言和高级语言，低级语言包括字位码、机器语言和汇编语言。低级语言的特点是与机器相关、效率高，但是使用复杂、费时、易出差错。字位码是计算机唯一可直接理解的语言，是一连串的字位，几乎无人使用。

机器语言是表示成数码形式的机器基本指令集，或者是操作码经过符号化的基本指令集。因不同计算机的指令系统不同，所以机器语言程序没有通用性。

汇编语言是机器语言中地址部分符号化的结果，或进一步包括宏构造。它和机器语言基本上是一一对应的，比机器语言容易记忆。用汇编语言编写的程序称为汇编语言源程序，需要汇编程序将源程序汇编（即“翻译”）成机器语言源程序，计算机才能执行。

高级语言与具体的计算机指令系统无关，其表达方式更接近人们对求解过程或问题的描述方式。这是面向程序的、易于掌握和书写的程序设计语言。使用高级语言编写的程序称为“源程序”，必须编译成目标程序，再与有关的“库程序”连接成可执行程序，才能在计算机上运行。第一个广泛应用的高级语言是公式翻译程序设计语言 FORTRAN。

1.2.4 计算机中数据存储的概念

计算机中的所有信息，无论程序还是数据都是用二进制表示的，最小单位是位(bit)，亦称比特，通常用英文字母“b”表示。CPU 处理信息一般以一组二进制数作为一个整体进行。这一组二进制数称为一个字(word)。一个字的二进制位的数量称为字长。不同计算机系统内部的字长是不同的，计算机中常用的字长有 8 位、16 位、32 位、64 位等。字长是衡量计算机性能的重要指标。

一般用字节(Byte)作为基本单位表示计算机数据存储容量，以 8 位二进制数组成 1 个字节，通常用英文字母“B”表示。除了字节还常用 KB、MB、GB 作为存储容量的单位。其换算关系如下：

字节	B(字节)	1 B=8 bit
千字节	KB(千字节)	1 KB=2^{10} B=1 024 B
百万字节	MB(兆字节)	1 MB=2^{20} B=1 024 KB
十亿字节	GB(吉字节)	1 GB=2^{30} B=1 024 MB
万亿字节	TB(太字节)	1 TB=2^{40} B =1 024 GB
千万亿字节	PB(拍字节)	1 PB=2^{50} B=1 024 TB

1.3 计算机中信息的表示与编码

1.3.1 数字化信息编码的概念

1. 信息与数据

信息是人们由客观事物得到的，使人们能够认知客观事物的各种消息、情报、数字、信号、图形、图像、语音等所包括的内容。

数据是客观事物的属性的表示，可以是数值数据和各种非数值数据。对计算机而言，数据是指能够为其处理的经过数字化的信息。

信息是经过加工处理后用于人们决策或具体应用的数据，是人们按照已知的约定对数据赋予的含义。信息是继物质、能量之后，人类发现的认识自然、改造自然的新资源。社会信息化已经成为人类的追求目标，它是社会发展的必然。数据是信息的具体表现形式，是各种各样的物理符号及其组合，它反映了信息的内容。

在计算机领域，信息经过转化而成为计算机能够处理的数据，同时也是经过计算机处理后作为问题解答而输出的数据。在计算机处理的任何形式的信息，都要首先对信息进行数字化编码，然后才能在计算机间进行传输、存储和处理。

2. 信息编码

使用电子计算机进行信息编码，首先必须使计算机能够识别信息。信息的表示有两种形态，一种是人类可以识别和理解的信息形态，另一种是电子计算机可以识别和理解的信息形态。计算机只能识别机器代码，即用 0 和 1 表示的二进制数据。用计算机进行数据处理时，必须将信息进行数字化编码，才能进行存储、传输和处理操作。

所谓编码是采用有限的基本符号，通过一个确定的原则对这些基本符号加以组合，用来描述大量的、复杂多变的信息。信息编码的两大要素是基本符号的种类以及符号组合的规则。日常生活中的汽车牌照号码就是以数字和英文字母为基本符号，并按一定规则组合在一起得到的。冯·诺依曼计算机采用二进制编码形式，就是用 0 和 1 两个基本符号的组合表示各种类型的信息。

1.3.2 进位计数制

计算机中处理的数据分为数值型数据和非数值型数据两大类。数值型数据指能进行算术运算(加、减、乘、除四则运算)的数据，即我们通常所说的“数”。非数值数据指文字、图像等不能进行算术运算的数据。数有大小和正负之分，还有不同的进位计数制。在计算机中采用什么样的计数制，是学习计算机时首先遇到的一个重要问题。历史上先后出现过多种不同的计数方法，其中有一些我们至今仍在使用当中，例如十进制和六十进制。

进位计数制是指用一组特定的数字符号按照一定的进位规则来表示数目的计数方法。进位计数制包含数码、基数和位权 3 个基本概念。数码是一个数制中表示基本数值大小的不同数字符号，也称基本符号。表示一位数所需要的不同基本符号的个数称为该计数制的基数。例如，十进制数由 0,1,2,3,4,5,6,7,8,9 共 10 个数字符号组成，需要的基本符号数是 10 个，基数为 10，逢十进一。二进制数由 0 和 1 两个数字符号组成，表示一位数需要的基本符号数是 2 个，基数为 2，逢二进一。在进位计数制中，把一个数中各位数字为 1 时代表的数值大小称为位权。各种进位制中位权的值恰好是基数的若干次幂，每一位的数码与位权的乘积表示该位数值的大小。因此，任何一种进位计数制表示的数都可以写成按位权展开的多项式之和的形式，例如十进制数 10 701 可以表示成式(1-1)所示的形式。

$$10\ 701=1\times10^4+0\times10^3+7\times10^2+0\times10^1+1\times10^0 \tag{1-1}$$

如今，大多数人使用的数字系统是基于 10 的。这种情况并不奇怪，因为最初人们是用手指来数数的，要是人类进化成 8 个或 12 个手指，也许人类计数的方式会有所不同。英语单词 Digit(数字)可以指手指或脚趾，单词 five(五)和单词 fist(拳头)有相同的词根，出现这种情况并不是巧合。

与十进制不同，古代巴比伦人则是使用以 60 为基数的六十进制数字体系，六十进制迄今为止仍用于计时。使用六十进制，巴比伦人把 75 表示成“1,15”，这和我们把 75 分钟写成 1 小时 15 分钟是一样的。

中美洲的玛雅人使用二十进制数，但又不是一种规则的二十进制。真正的二十进制应该是以 1，20，20^2，20^3 等顺序增加数目，而玛雅体系使用的序列是 1，20，18×20，18×20^2 等等，这使得一些计算变得复杂。

在早期的数字系统中，还有一种非常著名的罗马数字沿用至今。钟表的表盘上常常使用罗马数字，此外，它还用来在纪念碑和雕像上标注日期，标注书的页码，或作为提纲条目的标记。现在仍在使用的罗马数字有Ⅰ、Ⅴ、Ⅹ、L、C、D、M，其中Ⅰ表示 1，Ⅴ表示 5，Ⅹ表示 10，L 表示 50，C 表示 100，D 表示 500，M 表示 1 000。

很长一段时间以来，罗马数字被认为用来做加减法运算非常容易，这也是罗马数字能够在欧洲被长期用于记账的原因。但使用罗马数字做乘除法则是很难的。其实，许多早期出现的数字系统和罗马数字系统相似，它们在做复杂运算时存在一定的不足，随着时间的发展逐渐被淘汰掉了。

对多种数制进行分析后，可将数制分为非进位计数制和进位计数制两种。非进位计数制的特点是表示数值大小的数码与它在数中的位置无关。典型的非进位计数制是罗马数字。例如，在罗马数字中：Ⅰ总是代表1，Ⅱ总是代表2，Ⅲ总是代表3，Ⅳ总是代表4，Ⅴ总是代表5等。非进位计数制表示数据不便、运算困难，现已基本不用。进位计数制的特点是表示数值大小的数码与它在数中所处的位置有关。例如，十进制数12.3，数码1处于十位上，它代表$1\times10^1=10$，即1所处的位置具有10^1权；2处于个位上，它代表$2\times10^0=2$，即2所处的位置具有10^0权；3处于小数点后第一位，代表$3\times10^{-1}=0.3$。

1.3.3 计算机科学中的常用数制及其转换

在计算机科学中，常用的数制是十进制、二进制、八进制、十六进制4种。人们习惯于采用十进位计数制，简称十进制。但是由于技术上的原因，计算机内部一律采用二进制表示数据，而在编程中又经常使用十进制，有时为了表述上的方便还会使用八进制或十六进制。表1-2列出了十进制、二进制、八进制、十六进制和R进制的特点。

表1-2 常用数制及其特点

特点／进制	基本字符	基数	位权幂底数	按位权展开式
十进制	0,1,2,3,4,5,6,7,8,9	10	10	$N_{10}=\pm(K_{n-1}\times10^{n-1}+K_{n-2}\times10^{n-2}+\cdots+K_1\times10^1+K_0\times10^0+K_{-1}\times10^{-1}+\cdots+K_{-m}\times10^{-m})=\pm\sum_{i=-m}^{n-1}K_i\times10^i$
二进制	0,1	2	2	$N_2=\pm(K_{n-1}\times2^{n-1}+K_{n-2}\times2^{n-2}+\cdots+K_1\times2^1+K_0\times2^0+K_{-1}\times2^{-1}+\cdots+K_{-m}\times2^{-m})=\pm\sum_{i=-m}^{n-1}K_i\times2^i$
八进制	0,1,2,3,4,5,6,7	8	8	$N_8=\pm(K_{n-1}\times8^{n-1}+K_{n-2}\times8^{n-2}+\cdots+K_1\times8^1+K_0\times8^0+K_{-1}\times8^{-1}+\cdots+K_{-m}\times8^{-m})=\pm\sum_{i=-m}^{n-1}K_i\times8^i$
十六进制	0,1,2,3,4,5,6,7,8,9,A,B,C,D,E,F	16	16	$N_{16}=\pm(K_{n-1}\times16^{n-1}+K_{n-2}\times16^{n-2}+\cdots+K_1\times16^1+K_0\times16^0+K_{-1}\times16^{-1}+\cdots+K_{-m}\times16^{-m})=\pm\sum_{i=-m}^{n-1}K_i\times162^i$
R进制	0,1,…,$R-1$	R	R	$N_R=\pm(K_{n-1}\times R^{n-1}+K_{n-2}\times R^{n-2}+\cdots+K_1\times R^1+K_0\times R^0+K_{-1}\times R^{-1}+\cdots+K_{-m}\times R^{-m})=\pm\sum_{i=-m}^{n-1}K_i\times R^i$

注：m、n均为正整数，m为小数的位数，n为整数的位数。K_i是基本字符之一。

当各种计数制同时出现的时候，人们可以用下标加以区别，如$(107.01)_{10}$表示107.01为十进制数，$(1010.11)_2$表示1010.11为二进制数。人们也可以根据进制的英文缩写，将

$(107.01)_{10}$表示为107.01D，将$(1010.11)_2$表示成1010.11B。八进制和十六进制的英文缩写分别为O和H。

在日常生活中人们并不经常使用二进制，因为它不符合人们的固有习惯。但在计算机内部的数是用二进制来表示的，这主要有以下几个方面的原因。

1. 电路简单，易于表示

计算机是由逻辑电路组成的，逻辑电路通常只有两个状态。例如开关的接通和断开，晶体管的饱和和截止，电压的高与低等。这两种状态正好用来表示二进制的两个数码0和1。若是采用十进制，则需要有10种状态来表示10个数码，实现起来比较困难的。

2. 可靠性高

两种状态表示两个数码，数码在传输和处理中不容易出错，因而电路更加可靠。

3. 运算简单

二进制数的运算规则简单，无论是算术运算还是逻辑运算都容易进行。十进制的运算规则相对烦琐，现在我们已经证明，R进制数的算术求和、求积规则各有$R(R+1)/2$种。如采用二进制，求和与求积运算法只有3个，因而简化了运算器等物理器件的设计。

4. 逻辑性强

计算机不仅能进行数值运算而且能进行逻辑运算。逻辑运算的基础是逻辑代数，而逻辑代数是二值逻辑。二进制的两个数码1和0，恰好代表逻辑代数中的"真"(True)和"假"(False)。

1.3.4 常用数制之间的转换

虽然计算机内部数据用二进制表示，但是为了便于人们理解，在程序设计时还是采用十进制。这就导致了数制之间同一个数的转换问题，下面介绍二进制、八进制、十进制和十六进制之间的转换问题。

1. 其他进制数转换为十进制数

根据表1-2可知，根据其他进制数的按位权展开式，可以很方便地将其他进制数转化为十进制数。

2. 十进制数转换为其他进制数

将十进制数转化为其他进制数，整数部分和小数部分的转换方法不同。若其他进制数的对应的进制的基数为R，在变换时，对其整数部分，采用除以R取余法，而对其小数部分，则采用乘以R取整法。

与十进制数转化为二进制数类似，当将十进制小数转换为八进制或十六进制小数的时候，同样会遇到不能精确转化的问题。那么，到底什么样的十进制小数才能精确地转化为一个R进制的小数呢？事实上，一个十进制纯小数k能精确表示成R进制小数的充分必要条件是此小数可表示成k/R^m的形式(其中，k、m、R均为整数，k/R^m为不可约分数)。

3. 非十进制数之间的转换

因为$8=2^3$，所以需要3位二进制数表示1位八进制数；而$16=2^4$，所以需要4位二进制数表示1位十六进制数。由此可以看出，二进制、八进制、十六进制之间的转换是比较容易的。

①二进制和八进制数之间的转换

二进制数转换成八进制数时，以小数点为中心向左右两边延伸，每3位一组，小数点前不足3位时，前面添0补足3位；小数后不足3位时，后面添0补足3位。然后将各组二进制数转换成八进制数。八进制转换成二进制数则要把八进制数的每一位均拆成对应的 3 位二进制数,可概括为“一位拆三位”,然后按顺序连接起来即可。

②二进制和十六进制数之间的转换

类似于二进制转换成八进制,二进制转换成十六进制时也是以小数点为中心向左右两边延伸,每 4 位一组,小数点前不足 4 位时,前面添 0 补足 4 位;小数点后不足 4 位时,后面添 0 补足 4 位。然后,将各组的 4 位二进制数转换成十六进制数。十六进制数转换成二进制数时,将十六进制数中的每一位拆成 4 位二进制数,然后按顺序连接起来。

③八进制和十六进制数之间的转换

八进制与十六进制之间的转换,通常先转换为二进制数作为过渡,再用上面所讲的方法进行转换。

表 1-3 提供了在二进制、八进制、十六进制数之间进行转换时经常用到的数据,熟练掌握这些基本数据可以提高计算效率。

表 1-3　二进制、八进制和十六进制之间的转换

十进制	二进制	八进制	十六进制	十进制	二进制	八进制	十六进制
0	0000	0	0	8	1000	10	8
1	0001	1	1	9	1001	11	9
2	0010	2	2	10	1010	12	A
3	0011	3	3	11	1011	13	B
4	0100	4	4	12	1100	14	C
5	0101	5	5	13	1101	15	D
6	0110	6	6	14	1110	16	E
7	0111	7	7	15	1111	17	F

1.3.5　数值在计算机中的表示

数值型数据由数字组成,表示数量,用于算术操作中。

1. 二进制编码的十进制数

在计算机中,用户和计算机的输入和输出之间要进行十进制和二进制的转换,这项工作由计算机本身完成。通常输入计算机的十进制数的每一位数用 4 位二进制表示,这种编码方法称为二～十进制编码(二进制编码的十进制数),即 BCD 码。最常用的 BCD 码是 8421BCD 码,它是有权码,从高位到低位每位数的权分别是 8、4、2、1。除了 8421BCD 码外,十进制数还可用余 3 码和格雷码等表示,余 3 码是在 8421 码加 0011 得到的,格雷码有多种形式,它的编码规则是使相邻两数码之间只有一位不同,表 1-4 列出了十进制数的这 3 种不同的编码方法。

表 1-4　BCD 码和十进制数的对照表

十进制数	0	1	2	3	4	5	6	7	8	9
8421BCD 码	0000	0001	0010	0011	0100	0101	0110	0111	1000	1001
余 3 码	0011	0100	0101	0110	0111	1000	1001	1010	1011	1100
格雷码	0000	0001	0011	0010	0110	1110	1010	1011	1001	1000
	0000	0100	0110	0010	1010	1011	0011	0001	1001	1000

二～十进制编码输入计算机后，通常转换成二进制数，然后按二进制运算规则进行运算，在结果输出前转换成十进制数，然后输出。

2. 定点数和浮点数

在计算机中，数值型的数据有两种表示方法：一种叫做定点数，另一种叫做浮点数。

所谓定点数，就是在计算机中所有数的小数点位置固定不变，而且是隐含或者约定的。通常将小数点的位置固定在数值的最右端和最左端，前者称为定点整数，后者称为定点小数。如果最高位（最左位）定义为符号位，则定点整数的小数点位于数值部分之后，定点小数的小数点位于符号位之后，数值部分之前。例如 11011，当默认为定点整数时，其值为－1011。当默认为定点小数时，其值为－0.1011。

计算机也可以将数定义为无符号数，这时最高位不是符号位，属于数值部分。

定点数的表示范围较小，当用户的初始数据、中间结果和最后结果在很大范围内变动时，程序员就不得不在运算的各个阶段引入不同的比例因子，将数值放大或者缩小。如果比例因子选择不当，则会导致运算时数值溢出或者精度降低的情况，为了克服定点数的这个缺点，人们引入了浮点数的表示方法。

用浮点数表示的数值分为阶码（或称指数）和尾数两部分。阶码用定点整数表示，尾数用定点小数表示，阶码的长度决定数值的范围，尾数的长度决定数值的精度。以十进制数为例 107.01 可以表示成 $0.107\,01\times10^3$，其中 0.107 01 是尾数，10 是基数，指数 3 是阶码。其中基数只与数制相关，阶码的大小发生变化，实际数值的小数点会前后移动，所以这种数值的表示方法称为浮点数。由于基数在计算机中固定不变，总为 2。因此，可以用两个定点数分别表示尾数和阶码，从而表示这个浮点数。

例如，$(110100)_2$ 的浮点数可以表示为 $2^6\times(0.110100)_2$，其中，阶码为 6 写成二进制为 $(+110)_2$，尾数为 $(+0.110100)_2$，其浮点数的表示形式如图 1-5 所示。

0	0	1 1 0	110100
尾数符号	阶码符号	阶码	尾数

图 1-5 IEEE754 中的浮点数结构

在计算机中，无论是定点数还是浮点数，都有正负之分。在表示数据时，专门有 1 位或 2 位表示符号，对单符号位来讲，通常用“1”表示负号；用“0”表示正号。对双符号位而言，则用“11”表示负号，“00”表示正号。通常情况下，符号位都处于数据的最高位。

大多数计算机的浮点数表示符合 IEEE754 标准。该标准在 1985 年由电气和电子工程师协会制定，成为所有微处理器遵循的二进制浮点数算术运算标准。该标准主要定义了 32 位浮点数（单精度浮点数）和 64 位浮点数（双精度浮点数）两种浮点数的基本格式。基本格式由 1 位符号位 s、指数（阶码）部分 e 和小数（尾数）部分 f 组成，如图 1-6 所示。对于单精度数，e 和 f 分别为 8 位和 23 位，对于双精度数，e 和 f 分别为 11 位和 52 位。左边是最高位。表 1-5 说明了 IEEE754 标准定义的浮点数的一些参数。

s	e	f
符号	指数	小数

图 1-6 浮点数结构

表 1-5 IEEE 754 标准定义的单精度和双精度浮点数的格式参数

参 数	表示精度(位)	最大指数	最小指数	指数偏置	指数位数	格式总位数
单精度	24	+127	−126	+127	8	32
双精度	53	+1 023	−1 022	+1 023	11	64

上述格式表示的数 X 的值 v 符合以下规则的约定:(以单精度浮点数为例)

①若 $e=255$ 且 $f\neq0$,则无论 s 是什么,v 称为 NaN(Not a Number),即非数;

②若 $e=255$ 且 $f=0$,则 $v=(-1)^s\times\infty$,即正无穷或者负无穷;

③若 $0<e<255$ 且 $f=0$,则 $v=(-1)^s\times2^{e-127}\times(1.f)$;

④若 $e=0$ 且 $f\neq0$,则 $v=(-1)^s\times2^{e-126}\times(0.f)$;

⑤若 $e=0$ 且 $f=0$,则 $v=(-1)^s\times0$,即 0。

对双精度数:将上面的 255,127,126 分别替换成 2047,1023 和 1022 即可。

上述定义表明,除了 0 有正 0 和负 0 之外,其他数的表示都是唯一的。大部分浮点数均采用③定义的规格化数的形式,其尾数的最高位为一隐含的 1,从而 23 位小数部分可以表示 24 位精度。作为一种特例,④和⑤充分利用了有限空间扩大了数的表示范围,同时解决了③不能表示 0 的问题。由④表示的数称为反规格化数。在实际运算中,无穷和 NaN 都属于非法操作数,其中无穷可能来自溢出或者被 0 除,NaN 可能是 $\sqrt{-1}$ 一类操作的结果。标准规定系统可以自行决定是产生中断还是继续运算。

3. 真值和机器数

通常人们用正负号和绝对值来表示数值,这种表示方法称为真值。一个数在计算机中的表示形式,称为机器数。机器数所对应的原来的数值就是真值。由于计算机中完全采用二进制,必须把符号数字化,通常是用机器数的最高位作为符号位,仅用来表示数符。若该位为 0,则表示正数;若该位为 1,则表示负数。因此在机器数的表示法中最高位代表符号,数值位为真值的绝对值。假设用 8 位二进制数表示一个数,如图 1-7 所示。

1	0	0	1	1	1	0	0
数符	←		数值位				→

图 1-7 用 8 位二进制表示的 1 个数

在数的表示中,机器数与真值的区别是真值带符号,机器数不带数符,最高位为符号位。例如:真值数为 −0111001,其对应的机器数为 10111001,其中最高位为 1,表示该数为负数。

4. 数的原码、补码和反码表示

机器数的数符部分用 0 或 1 表示后,数值部分也需要根据运算的需要表示成一定形式,常用的表示方法有 3 种:原码、补码和反码。

(1)原码的表示

对于真值 X,其原码表示方法是:最高位表示符号,用 0 表示正,用 1 表示负;数值部分表示为 X 的绝对值的二进制形式。记 X 的原码表示为 $[X]_{原}$。

例如:当 $X=+1100001$ 时,则 $[X]_{原}=01100001$。当 $X=-1110101$ 时,则 $[X]_{原}=11110101$。在原码中,0 有两种表示方式,即正 0,当 $X=+0000000$ 时,$[X]_{原}=00000000$;负 0,当 $X=-0000000$ 时,$[X]_{原}=10000000$。

设真值 X 为定点小数，其原码用 $X_0X_1X_2\cdots X_n$ 表示，且 X_0 为符号位，则$[X]_{原}$与 X 的关系可表示为

$$[X]_{原}=\begin{cases}X & 1-2^{-n}\geqslant X\geqslant 0\\ 1-X=1+|X| & 0\geqslant X\geqslant -(1-2^{-n})\end{cases}$$

对于定点小数，原码的取值范围为$-(1-2^{-n})\leqslant X\leqslant 1-2^{-n}$。

设真值 X 为定点整数，其原码用 $X_nX_{n-1}X_{n-2}\cdots X_0$ 表示，且 X_n 为符号位，则$[X]_{原}$与 X 的关系可表示为

$$[X]_{原}=\begin{cases}X & 2^n-1\geqslant X\geqslant 0\\ 2^n-X=2^n+|X| & 0\geqslant X\geqslant -(2^n-1)\end{cases}$$

对于定点整数，原码的取值范围为$-(2^n-1)\leqslant X\leqslant 2^n-1$。

如果用原码表示数，对两个数进行加减运算时，需要判断它们的符号和绝对值大小，然后才能确定操作关系和类型。例如，当两个操作数符号不同且要作加法运算时，先要判断两数绝对值大小，然后将绝对值大的数减去绝对值小的数，结果的符号以绝对值大的数为准。运算步骤既复杂又费时，而且本来是加法运算却要用减法器实现。那么能否在计算机中只设加法器，只作加法操作呢？如果能找到一个与负数等价的正数来代替该负数，就可把减法操作用加法代替。而且机器数采用补码时，就能满足此要求。

(2)补码的表示

在日常生活中，常会遇到"补数"的概念。如时钟指示 6 点，欲使它指示 3 点，既可按顺时针方向将分针转 9 圈，又可按逆时针方向将分针转 3 圈，结果是一致的。假设顺时针方向转为正，逆时针方向转为负，则有

$$6-3=3 \qquad 6+9=15$$

由于时钟的时针转一圈能指示 12 个小时，而"12"在时钟里是不被显示而自动丢失的，即 15－12＝3，故 15 点和 3 点均显示 3 点。这样－3 和＋9 对时钟而言作用是一致的。在数学上称 12 为模，写作 mod 12，而称＋9 是－3 以 12 为模的补数，记作

$$-3\equiv +9 \pmod{12}$$

或者说对 12 而言，－3 和＋9 是互为补数的。同理有

$-4\equiv +8 \pmod{12}$

$-5\equiv +7 \pmod{12}$

即对模 12 而言，＋8 和＋7 分别是－4 和－5 的补数。可见，只要确定了"模"，就可找到一个与负数等价的正数(该正数即为负数的补数)来代替此负数，这样就可把减法运算用加法实现。

正数相对于"模"的补数就是正数本身。上述补数的概念可以用到任意"模"上，如：

$$\begin{aligned}-3&\equiv +7 \pmod{10} & -1011&\equiv +0101 \pmod{2^4}\\ +7&\equiv +7 \pmod{10} & +0101&\equiv +0101 \pmod{2^4}\\ -3&\equiv +97 \pmod{10^2} & -0.1001&\equiv +1.0111 \pmod{2}\\ +97&\equiv +97 \pmod{10^2} & +0.1001&\equiv +0.1001 \pmod{2}\end{aligned}$$

由此可得如下结论：

- 一个负数可用它的正补数来代替，而这个正补数可以用模加上负数本身求得；

- 两个互为补数的数，它们的绝对值之和即为模数；
- 正数的补数即该正数本身。

将补数的概念用到计算机中，便出现了补码这种机器数的表示形式。正数的补码与原码相同，负数的补码与原码不相同。整数与小数的补码的计算方法，分别定义如下：

设真值 X 为定点小数，其补码 $X_0X_1X_2\cdots X_n$ 表示，且 X_0 为符号位，则$[X]_补$与 X 的关系可表示为

$$[X]_补=\begin{cases}X & 1-2^{-n}\geqslant X\geqslant 0\\ 2+X=2-|X| & 0>X\geqslant -1(\bmod 2)\end{cases}$$

对于定点小数，补码的取值范围为$-1\leqslant X\leqslant 1-2^{-n}$。

设真值 X 为定点整数，其补码用 $X_nX_{n-1}X_{n-2}\cdots X_0$ 表示，且 X_n 为符号位，则$[X]_补$与 X 的关系可表示为

$$[X]_补=\begin{cases}X & 2^n-1\geqslant X\geqslant 0\\ 2^{n+1}+X=2^n-|X| & 0>X\geqslant -2^n(\bmod 2^{n+1})\end{cases}$$

对于定点整数，补码的取值范围为$-2^n\leqslant X\leqslant 2^n-1$。0 的补码只有一种表示方式即正 0(0.00…0)。因此，对于任意一个数 X 的补码表示方式为：当 X 为正数时，则 X 的补码与 X 的原码相同；当 X 为负数时，则 X 的补码，其符号位与原码相同，其数值位取反加 1。

如当 $X=+1110001$，$[X]_原=01110001$，$[X]_补=01110001$。当 $X=-1110001$，$[X]_原=11110001$，$[X]_补=10001111$。

“由原码除符号位外，每位求反，末位加 1 求补码”这一规则，同样适用于由$[X]_补$求$[X]_原$。

(3)反码的表示

正数的反码与原码相同，负数的补码与原码不相同。整数与小数的反码的计算方法，分别定义如下：

设真值 X 为定点小数，其反码 $X_0X_1X_2\cdots X_n$ 表示，且 X_0 为符号位，则$[X]_反$与 X 的关系可表示为

$$[X]_反=\begin{cases}X & 1-2^{-n}\geqslant X\geqslant 0\\ (2-2^{-n})+X & 0\geqslant X\geqslant -(1-2^{-n})[\bmod (2-2^{-n})]\end{cases}$$

对于定点小数，反码的取值范围为$-(1-2^{-n})\leqslant X\leqslant 1-2^{-n}$。

设真值 X 为定点整数，其反码用 $X_nX_{n-1}X_{n-2}\cdots X_0$ 表示，且 X_n 为符号位，则$[X]_反$与 X 的关系可表示为：

$$[X]_反=\begin{cases}X & 2^n-1\geqslant X\geqslant 0\\ (2^{n+1}-1)+X & 0\geqslant X\geqslant -(2^n-1)[\bmod 2^{n+1}-1]\end{cases}$$

对于定点整数，原码的取值范围为$-(2^n-1)\leqslant X\leqslant 2^n-1$。

0 的补码只有一种表示方式即正 0(00…0)。

因此，一个数 X 的反码表示方法为：若 X 为正数，则其反码和原码相同；若 X 为负数，在原码的基础上，符号位保持不变，数值位各位取反。

例如：当 $X=+1100001$ 时，则$[X]_原=01100001$，$[X]_反=01100001$。当 $X=-1100001$ 时，则$[X]_原=11100001$，$[X]_反=10011110$。

在反码表示中，0 也有两种表示形式，即当 $X=+0$ 时，则$[X]_反=00000000$。当 $X=-0$

时，则$[X]_{反}=10000000$。

1.3.6 字符在计算机中的表示

计算机中使用的数据有数值型数据和非数值型数据两大类。数值型数据用于表示数量意义；非数值型数据又称为符号数据，包括字母和符号等。计算机除处理数值信息外，大量处理的是字符信息。例如，将用高级语言编写的程序输入到计算机时，人与计算机通信时所用的语言就不再是一种纯数字语言而是字符语言。由于计算机中只能存储二进制数，这就需要对字符进行编码，建立字符数据与二进制串之间的对应关系，以便于计算机识别、存储和处理。这里介绍两种符号数据的表示。

1. 字符数据的表示

计算机中用得最多的符号数据是字符，它是用户和计算机之间的桥梁。用户使用计算机的输入设备，输入键盘上的字符键向计算机内输入命令和数据，计算机把处理后的结果也以字符的形式输出到屏幕或打印机等输出设备上。对于字符的编码方案有很多种，但使用最广泛的是 ASCII 码(American Standard Code for Information Interchange)。ASCII 码开始时是美国国家信息交换标准字符码，后来被采纳为一种国际通用的信息交换标准代码。

ASCII 码由 0～9 这 10 个数字字符，52 个大、小写英文字母，32 个符号及 34 个计算机通用控制符组成，共有 128 个元素。因为 ASCII 码总共为 128 个元素，故用二进制编码表示需用 7 位。任意一个元素由 7 位二进制数表示，从 0000000 到 1111111 共有 128 种编码，可用来表示 128 个不同的字符。ASCII 码表的查表方式是：先查列（高三位），后查行（低四位），然后按从左到右的书写顺序完成，如 B 的 ASCII 码为 1000010。在 ASCII 码进行存放时，由于它的编码是 7 位，因 1 个字节(8 位)是计算机中常用单位，故仍以 1 字节来存放 1 个 ASCII 字符，每个字节中多余的最高位取 0。如表 1-6 所示为 7 位 ASCII 字符编码表。

表 1-6 ASCII 字符编码表

$d_6d_5d_4$ / $d_3d_2d_1d_0$	000	001	010	011	100	101	110	111
0000	NUL	DEL	SP	0	@	P	、	P
0001	SOH	DC1	!	1	A	Q	a	q
0010	STX	DC2	”	2	B	R	b	r
0011	EXT	DC3	#	3	C	S	c	s
0100	EOT	DC4	$	4	D	T	d	t
0101	ENQ	NAK	%	5	E	U	e	u
0110	ACK	SYN	&	6	F	V	f	v
0111	BEL	ETB	,	7	G	W	g	w
1000	BS	CAN	(	8	H	X	h	x
1001	HT	EM	)	9	I	Y	i	y
1010	LF	SUB	*	:	J	Z	j	z
1011	VT	ESC	+	;	K	[	k	{
1100	FF	FS	,	<	L	\	l	⊥
1101	CR	GS	—	=	M	]	m	}
1110	SD	RS	.	>	N	∧	n	～
1111	SI	US	/	?	O	_	o	DEL

由表 1-6 可知,ASCII 码字符可分为两大类:

①打印字符:即从键盘输入并显示的 95 个字符,如大小写英文字母各 26 个,数字 0～9 这 10 个数字字符的高 3 位编码($d_6d_5d_4$)为 011,低 4 位为 0000～1001。当去掉高 3 位时,低 4 位正好是二进制形式的 0～9。

②不可打印字符:共 33 个,其编码值为 0～31(0000000～0011111)和(1111111),不对应任何可打印字符。不可打印字符通常为控制符,用于计算机通信中的通信控制或对设备的功能控制。如编码值为 127(1111111),是删除控制 DEL 码,它用于删除光标之后的字符。

ASCII 码字符的码值可用 7 位二进制代码或 2 位十六进制来表示。例如字母 D 的 ASCII 码值为$(1000100)_2$或 84H,数字 4 的码值为$(0110100)_2$或 34H 等。

2. 汉字的存储与编码

英语文字是拼音文字,所有文字均由 26 个字母拼组而成,所以用一个字节表示一个字符足够了。但汉字是象形文字,汉字的计算机处理技术比英文字符复杂得多,一般用两个字节表示一个汉字。由于汉字有 1 万多个,常用的也有 6 000 多个,所以编码采用两字节的低 7 位共 14 个二进制位来表示。一般汉字的编码方案要解决 4 种编码问题。

①汉字交换码

汉字交换码主要是用作汉字信息交换的。以国家标准局 1980 年颁布的《信息交换用汉字编码字符集基本集》(代号为 GB 2312—80)规定的汉字交换码作为国家标准汉字编码,简称国标码。

国标 GB 2312—80 规定,所有的国际汉字和符号组成一个 94×94 的矩阵。在该矩阵中,每一行称为一个"区",每一列称为一个"位",这样就形成了 94 个区号(01～94)和 94 个位号(01～94)的汉字字符集。国标码中有 6 763 个汉字和 682 个其他基本图形字符,共计 7 445 个字符。其中规定一级汉字 3 755 个,二级汉字 3 008 个,图形符号 682 个。一个汉字所在的区号与位号简单地组合在一起就构成了该汉字的"区位码"。在汉字区位码中,高两位为区号,低两位为位号。因此,区位码与汉字或图形符号之间是一一对应的。一个汉字由两个字节代码表示。

②汉字机内码

汉字机内码又称内码或汉字存储码。该编码的作用是统一了各种不同的汉字输入码在计算机内的表示。汉字机内码是计算机内部存储、处理的代码。计算机既要处理汉字,又要处理英文,所以必须能区别汉字字符和英文字符。英文字符的机内码是最高位为 0 的 8 位 ASCII 码。为了区分,把国标码每个字节的最高位由 0 改为 1,其余位不变的编码作为汉字字符的机内码。

一个汉字用两个字节的内码表示,计算机显示一个汉字的过程首先是根据其内码找到该汉字字库中的地址,然后将该汉字的点阵字型在屏幕上输出。

汉字的输入码是多种多样的,同一个汉字如果采用的编码方案不同,则输入码就有可能不一样,但汉字的机内码是一样的。有专用的计算机内部存储汉字使用的汉字内码,用以将输入时使用的多种汉字输入码统一转换成汉字机内码进行存储,以方便机内的汉字处理。在汉字输入时,根据输入码通过计算机或查找输入码表完成输入码到机内码的转换。如汉字国际码(H)+8080(H)=汉字机内码(H)。

③汉字输入码

汉字输入码也叫外码，是为了通过键盘字符把汉字输入计算机而设计的一种编码。

英文输入时，想输入什么字符便按什么键，输入码和内码是一致的。而汉字输入规则不同，可能要按几个键才能输入一个汉字。汉字和键盘字符组合的对应方式称为汉字输入编码方案。汉字外码是针对不同汉字输入法而言的，通过键盘按某种输入法进行汉字输入时，人与计算机进行信息交换所用的编码称为"汉字外码"。对于同一汉字而言，输入法不同，其外码也是不同的。例如，对于汉字"啊"，在区位码输入法中的外码是 1601，在拼音输入中的外码是 a，而在五笔字型输入法中的外码是 KBSK。汉字的输入码种类繁多，大致有 4 种类型，即音码、形码、数字码和音形码。

④汉字字形码

汉字在显示和打印输出时，是以汉字字形信息表示的，即以点阵的方式形成汉字图形。汉字字形码是指确定一个汉字字形点阵的代码(汉字字形码)。一般采用点阵字形表示字符。

目前普遍使用的汉字字形码是用点阵方式表示的，称为"点阵字模码"。所谓"点阵字模码"，就是将汉字像图像一样置于网状方格上，每格是存储器中的一个位，16×16 点阵是在纵向 16 点、横向 16 点的网状方格上写一个汉字，有笔画的格对应 1，无笔画的格对应 0。这种用点阵形式存储的汉字字形信息的集合称为汉字字模库，简称汉字字库。

通常汉字显示使用 16×16 点阵，而汉字打印可选用 24×24 点阵、32×32 点阵、64×64 点阵等。汉字字形点阵中的每个点对应一个二进制位，1 字节又等于 8 个二进制位，所以 16×16 点阵字形的字要使用 32 个字节(16×16÷8 字节＝32 字节)存储，64×64 点阵的字形要使用 512 个字节。

在 16×16 点阵字库中的每一个汉字以 32 个字节存放，存储一、二级汉字及符号最多为 8 836 个，需要 282.5 KB 磁盘空间。而用户的文档假定有 10 万个汉字，却只需要 200 KB 的磁盘空间，这是因为用户文档中存储的只是每个汉字(符号)在汉字库中的地址(内码)。

1.4 微型计算机的硬件组成

微型计算机是以微处理器为中央处理器组成的计算机系统，又称微型机或者微机。微型计算机由微处理器芯片、半导体存储器以及其他辅助电路安装在同一块印刷电路板(主板)上，再配置必要的外围设备组成，所有的外围设备都经过各自的控制器(接口)连接到总线上，与微处理芯片、存储器或者其他外围设备进行通信。

1.4.1 微型计算机的结构

与其他计算机系统相同，微型计算机的结构也遵循冯·诺依曼体系的规则，由运算器、控制器、存储器、输入设备和输出设备五大部分组成，其中运算器和控制器组成的微处理器是微型计算机的核心。微型计算机的存储器包括随机存取存储器(Random Access Memory，RAM)、只读存储器(Read Only Memory，ROM)以及相应的读写电路和控制电路。一般的微型计算机还包括输入输出接口和常规的外围设备，即键盘、鼠标、显示器、打印机、磁盘驱动器以及多媒体设备等。微型计算机采用总线互联方式，将所有的外部设备经过统一的总线和中央处理器和内存储器相连，如图 1-8 所示。所有的外部设备都经过各自的控制器(接口)连接到总线上。为了增强通用性，先后出现了很多总线的标准，例如 ISA、EISA、PCI 和 Future Bus 等均为标准总线。

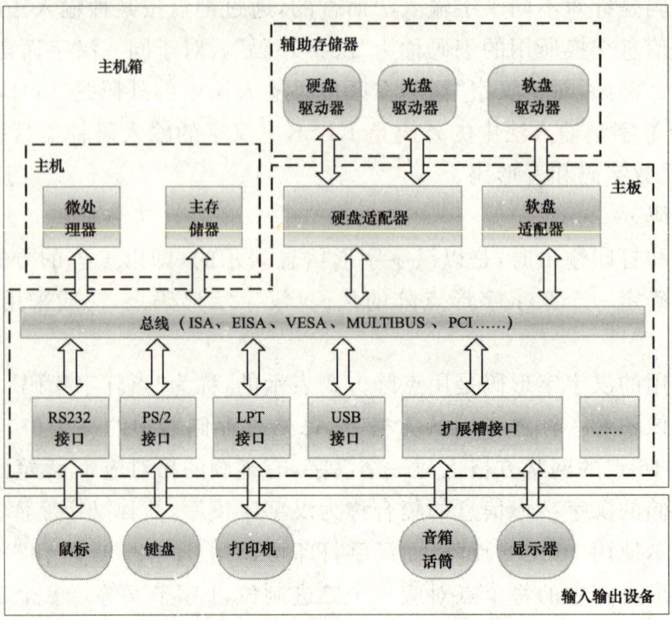

图 1-8　微机的典型结构

1.4.2　接口和总线的概念

1. 接口

接口是连接外部设备与微型计算机系统总线的控制器，是 CPU 与外部设备连接的桥梁，它在 CPU 与外部设备之间起着信息转换和匹配的作用。也就是说，接口电路是处理 CPU 与外部设备之间数据交换的缓冲器，接口电路通过总线与 CPU 相连。由于 CPU 同外部设备的工作方式、工作速度、信号类型等都不相同，必须通过接口电路的变换作用，使两者匹配起来。

由于计算机的应用越来越广泛，要求与计算机连接的外围设备越来越多，信息的类型也越来越复杂。微机接口本身已不是一些逻辑电路的简单组合，而是采用硬件与软件相结合的方法，因而接口技术是硬件和软件的综合技术。

2. 总线

总线是连接计算机 CPU、主存储器、辅助存储器、各种输入/输出设备的一组物理信号线及其相关的控制电路，它是计算机中传输各部件信息的公共通道。

微型计算机系统大都采用总线结构，这种结构的特点是采用一组公共的信号线作为微机各部件之间的通信线。

各类外部设备和存储器，都是通过各自的接口电路连接到微机系统总线上的。因此，用户可以根据自己的需要，选用不同类型的外部设备配置相应的接口电路，把它们连接到系统总线上，从而构成不同用途、不同规模的系统。

微机系统的总线大致可分为如下几种。

①地址总线(Address Bus)

地址总线(AB)是微机用来传送地址的信号线。地址总线的数目决定了直接寻址的范围，例如16根地址线，可以构成 $2^{16}=65536$ 个地址，可直接寻址64 KB地址空间，24根地址线可直接寻址16 MB地址空间。

②数据总线(Data Bus)

数据总线(DB)是微机用来传送数据和代码的总线，一般为双向信号线，可以进行两个方向的数据传送。

数据总线可以从CPU送到内存或其他部件，也可以从内存或其他部件送到CPU。通常，数据总线的位数与微机的字长相等。例如，32位的CPU芯片，其数据总线也是32位。

③控制总线(Control Bus)

控制总线(CB)用来传送控制器发出的各种控制信号。其中包括用来实现命令、状态传送、中断请求、直接对存储器存取的控制，以及提供系统使用的时钟和复位信号等。

当前微型计算机系统普遍采用总线结构的连接方式，各部分都以同一形式排在总线上，结构简单，易于扩充。

3. 标准接口

微机中提供的接口一般有标准接口和扩展槽接口。标准接口操作系统一般都认识，插上有关的外部设备，马上可以使用，真正做到“即插即用”。在微机中标准接口一般有：键盘与显示器接口，并行接口，两个串行COM1、COM2端口，PS2接口和USB接口等。

①键盘与鼠标器接口

在微型计算机系统中，键盘和鼠标器是必不可少的输入/输出设备。微机主板上提供键盘与鼠标器的标准接口PS/2。

②并行接口

由于现在常用的微机系统均以并行方式处理数据，所以并行接口也是最常用的接口电路。将一个字符的 n 个数位用 n 条线同时传输的机制称为并行通信。例如一次同时传送8位、16位或32位，实现并行通信的接口就是并行接口。在实际应用中，凡在CPU与外设之间需要两位以上信息传送时，就要采用并行口。例如，打印机接口、A/D(Analog To Digit)、D/A(Digit To Analog)转换器接口、开关量接口、控制设备接口等都是并行接口。

并行接口具有传输速度快、效率高等优点，适合于数据传输率要求较高而传输距离较近的场合。

③串行接口

许多I/O设备与CPU交换信息或计算机与计算机之间交换信息，是通过一对导线或通信通道来传送的。这时，每次只传送一位信息，每一位都占据一个规定长度的时间间隔，这时数据一位一位按顺序传送的通信方式称为串行通信，实现串行通信的接口就是串行接口。目前微型计算机上的串行接口大部分遵循RS232标准。

与并行通信相比，串行通信具有传输线少、成本低的特点，特别适合于远距离传送，其缺点是速度慢，若并行传送 n 位数据需要时间 t，则串行传送需要的时间至少为 nt。

串行通信之所以被广泛采用，其中一个主要原因是可以使用现有的电话网进行信息传送，即主要增加调制解调器，远程通信就可以在电话线上进行。这不但降低了通信成本，而且免除了架设线路等繁杂工作。

微机主板上提供了 COM1 和 COM2 两个现成的串行口。早期的鼠标、终端就是连接在这种串行口上，而目前流行的 PS/2 鼠标是连接在主板的 PS/2 接口上。

④USB 接口

通用串行总线(USB)是一种新型接口标准。随着计算机应用的发展，外设越来越多，使得计算机本身所带的接口不够使用。USB 可以简单地解决这一问题，计算机只需通过一个 USB 接口，即可串接多种外设(如数码相机、扫描仪等)。用户现在经常使用的优盘(或称闪盘)就是连接在 USB 接口上的。

4. 扩展槽接口

微机中一般提供的接口有标准接口和扩展槽接口。扩展槽接口操作系统一般不能识别，需要安装对应外设的驱动程序。若是同一种外部设备，在不同的操作系统中有时需要安装不同的驱动程序，该外设才能正常工作。在微机中扩展槽接口一般有：显示卡、声卡、网卡、Modem 卡、视频卡、多功能卡等。

1.4.3 微处理器、微型计算机和微型计算机系统

1. 微处理器

微处理器是微型计算机的核心部分，由一片或几片大规模集成电路组成的，具有运算器和控制器功能的中央处理器(CPU)。

2. 微型计算机

微型计算机是以微处理器为核心，配上由大规模集成电路制成的存储器、输入/输出接口电路及系统总线所组成的计算机，简称微型计算机。

3. 微型计算机系统

微型计算机系统是以微型计算机为中心，配以相应的外围设备、电源和辅助电路，以及指挥微型计算机工作的系统软件，构成的微型计算机系统。

1.4.4 常用的外部设备

1. 键盘

键盘是计算机中最常用的输入设备，由一组按阵列方式装配在一起的按键开关组成。每按下一个键，就相当于接通了一个开关电路，把该键的代码通过接口电路送入计算机。这就是“键盘扫描码”。键开关电路按一定的顺序排列成一个 $m \times n$ 矩阵，每个代表某一个字符的键开关在该矩阵上有一个固定位置。例如 IBM-PC 机的键盘，字符 a 的键位是 $m=14$，$n=2$。键盘内部还有一个键盘控制器，控制器通过扫描获得按键在矩阵中的位置，保存键的位置代码，并送入计算机由专门的程序将它转换为相应字符的 ASCII 码。

早期的键盘是由美国 IBM 公司推出的，当时采用的计算机键盘为 83 键键盘。不久 IBM 又推出了 84 键的键盘设计标准，将键盘分为三个区，即功能区、打字键区及负责光标控制和编辑的副键盘区，这种键盘主要区域的划分标准一直沿用至今。随着微软 Windows 视窗操作系统的广泛应用，IBM 公司于 1986 年首次推出了 101 键的标准键盘，除添加了 F11、F12 两个功能键之外，还在键盘的中部多加了一组专用的光标控制和编辑的键，使键盘

功能得到了进一步扩充，成为当时业界的标准键盘。后来，为与微软的 Windows 95 操作系统相配合，IBM 又推出了 104 键键盘，新增了 3 个功能键(亦称 Windows 快捷键或热键)，使以前需要打开好几个窗口才能完成的某些功能，通过快捷键的设定直接启动菜单完成，而不必再单击鼠标，这样就使计算机的操作更加便易。目前，这种 104 键的键盘(亦称 Windows 95 键盘)的设计已成为业界和市场上最为普遍、最为流行的一种标准，业界通称为标准键盘。实际上，所谓的标准键盘并没有标准，只因其应用较为广泛而被业界通称为标准键盘。由于软件的不断升级更新，为配合软件的需要，所谓的标准键盘的键数也在随之扩增，并因其又被业界所通常采纳而又被业界通称为标准键盘。图 1-9 所示为标准的 104 键盘。

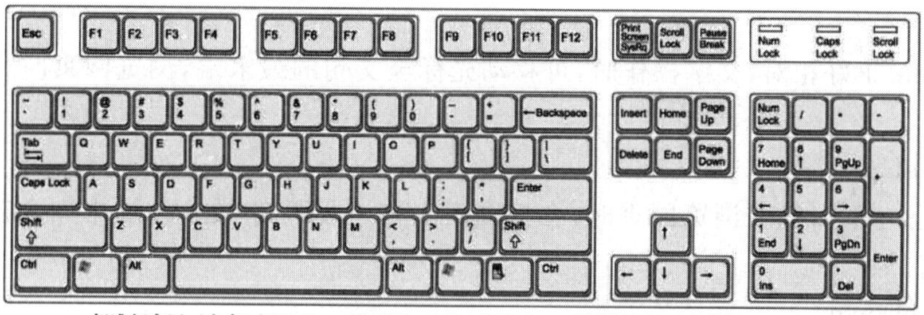

图 1-9 计算机标准键盘

键盘上各键符号及其组合所产生的字符和功能在不同的操作系统和软件支持下有所不同。在主键盘和小键盘上，大部分键面上，上下标有两个字符，这两个字符分别称为该键的上档符和下档符。主键盘第四排左右侧各有一个称为换档符的 Shift 键(或箭头符号)，用来控制上档符与下档符的输入。在按下 Shift 键不放的同时按下有上档符的某键时，则输入的是该键的上档符，否则输入的是该键的下档符。字母的大小写亦可由 Shift 键控制，例如单按字母键 A 则输入小写字母 a，同时按下 Shift 键和 A 键则输入的是大写字母 A。小键盘上下档键由 NumLock 键控制。下面列出几个常用键的功能。

① Backspace

退格键，光标退回一格，即光标左移一个字符的位置，同时删除原光标左边位置上的字符，用于删除当前行中刚输入的字符。

② Enter

回车键，不论光标处在当前行中什么位置，按此键后光标将移至下行行首。也表示结束一个数据或命令的输入。

③ Space

空格键，它是键盘中下方的长条键，按下此键输入一个空格，光标右移一个字符的位置。

④ Ctrl

控制键，用于与其他键组合成各种复合控制键。

⑤ Alt

交替换挡键，用于与其他键组合成特殊功能键或控制键。

⑥ Esc

强行退出键，按此键可强行退出程序。

⑦ PrintScreen

屏幕复制键，在 Windows 系统下按此键可以将当前屏幕内容复制到剪贴板。

⑧ Insert

在 Word 和写字板等文字编辑软件系统中可以切换插入或覆盖的状态。预设是插入的状态，此时会把文字往后移，按下它后会把后面的文字覆盖。

⑨ Delete

删除光标所在处或所选的字符。在大部分软件中，按 Delete 是向后删除字符。

⑩ Home

文字操作时，可移动光标至文句的最前端，浏览网页时可以移到最上方。

⑪ End

与 Home 正好相对，文字操作时，可移动光标至文句的最末端，浏览网页时可以移到最下方。

⑫ PageUp

代表"上一页"，但在浏览网页时，会把画面上移一段距离，在 Word 中则会往上移动约半页的距离。

⑬ PageDown

与 PageUp 正好相对，代表"下一页"，在浏览网页时，会把画面下移一段距离，在 Word 中则会往下移动约半页的距离。

⑭ 上下左右键

让光标按方向移动的按键。

键盘根据按键的触点结构分为机械触点式键盘、电容式键盘和薄膜式键盘几种。键盘由导电橡胶和电路板的触点组成。机械键盘的工作原理是：按键按下时，导电橡胶与触点接触，开关接通；当松开按键时，导电橡胶与触点分开，开关断开。

2. 鼠标

鼠标是一种常用的"指点"式输入设备(Pointing Device)，利用它可以方便、准确地移动光标进行定位，要比用键盘上的光标键移动光标方便得多。"鼠标"的标准称呼应该是"鼠标器"，英文名为"Mouse"，它最早出现于 1968 年。鼠标的使用是为了使计算机的操作更加简便，来代替烦琐的键盘指令。

鼠标按其工作原理的不同可以分为机械鼠标和光电鼠标。机械鼠标主要由滚球、辊柱和光栅信号传感器组成。当你拖动鼠标时，带动滚球转动，滚球又带动辊柱转动，装在辊柱端部的光栅信号传感器产生的光电脉冲信号反映出鼠标器在垂直和水平方向的位移变化，再通过电脑程序的处理和转换来控制屏幕上光标箭头的移动。光电鼠标器是通过检测鼠标器的位移，将位移信号转换为电脉冲信号，再通过程序的处理和转换来控制屏幕上光标箭头的移动。光电鼠标用光电传感器代替了滚球。这类传感器需要特制的、带有条纹或点状图案的垫板配合使用。

另外，鼠标还可按外形分为两键鼠标、三键鼠标、滚轴鼠标和感应鼠标，两键鼠标和三键鼠标的左右按键功能完全一致，一般情况下，我们用不着三键鼠标的中间按键，但在使用某些特殊软件时(如 AutoCAD 等)，这个键也会起一些作用；滚轴鼠标和感应鼠标在笔记本计算机上用得很普遍，往不同方向转动鼠标中间的小圆球，或在感应板上移动手指，光标就会向相应方向移动，当光标到达预定位置时，按一下鼠标或感应板，就可执行相应功能。

3. 显示器

显示器是微型计算机重要的输出设备，它是由监视器、显示适配器和有关电路组成的用以显示数据、图形或者图像的设备。

显示器按显示器件分为发光器件显示器和光调制器件显示器。发光器件显示器包括阴极射线管、等离子体、发光二极管、电致发光管等，其中阴极射线管为显示器常用的发光器。光调制器件显示器包括液晶显示器和电化学反应显示器等，常用的是液晶显示器。光调制器件本身不发光，但是在电信号作用下，其光学特性起变化，使光线通过或者反射，组成人眼可见的图像。液晶显示器的特点是：工作电压低，功耗小；便于用集成电路工艺进行批量生产；无辐射，液晶显示器件不用高电压，在使用时不会产生 X 射线和电磁波辐射；每个像素都有三个独立的晶体管，允许对每个像素直接寻址，并具有记忆功能，不需要扫描，也就没有闪烁和图像畸变；重量轻、厚度薄、寿命长。与阴极射线管显示器相比，目前液晶显示器还存在以下不足：响应速度慢，当图像运动过快时出现拖尾和模糊现象；亮度差；对比度差；可视角度小。

显示器的一个重要技术指标就是分辨率，在同一字符面积下，需要的像素点越多，则分辨率就越高。分辨率一般用整个屏幕上光栅的列数与行数的乘积来表示，例如：640×480、800×600、1 024×768、1 280×1 024 等，乘积越大，分辨率就越高，显示器显示的图像清晰度越高。

显示器与主机之间需要通过显示器适配卡连接，显示适配器是连接计算机的总线与监视器以实现对监视器控制的接口部件。最早出现的是单色显示适配器（Monochrome Graphics Adapter，MGA），它具有文字显示功能，每屏可以显示 80×25 个字符。后来又出现了彩色显示适配器（Color Graphics Adapter，CGA），它可以显示文字和以点绘制的图形。1985 年出现了较高分辨率的增强型彩色显示适配器和视频图形阵列显示器（Video Graphics Adapter，VGA），VGA 的最高分辨率高达 640×480，可同时显示 16 种颜色。到现在为止，各种高性能的产品不断出现，显示速度、分辨率和可显示的颜色数都有很大提高。

显示适配器一方面通过主机板上的扩展槽与主机系统总线连接，另一方面通过多芯电缆将视频信号、亮度信号、垂直和水平同步信号等送到显示器。它由寄存器、显示存储器、只读存储器、显示处理器和接口电路等部分组成。移位寄存器把输出数据变成串行数据，经视频电路变成视频信号。显示存储器保存要显示的图像数据，即屏幕上每个像素的亮度和颜色信息。每个像素占用的位数越多，则能表示的色彩种类和亮度等级也越多。例如每个像素只用 1 位，则像素的颜色值不是 1 就是 0，也只能有两种颜色，要么黑要么白。每个像素用 8 位表示，共有 $2^8=256$ 种颜色，用 16 位表示，共有 $2^{16}=65\ 532$ 种颜色，通常称为高彩色；用 24 位表示，则有 $2^{24}=1.67\times10^7$ 种颜色，称为真彩色。

4. 打印机

打印机是计算机的输出设备之一，用来打印程序结果、图形和文字资料等。衡量打印机的指标是打印的分辨率、打印速度和噪声。常用的打印机有针式打印机、喷墨打印机和激光打印机。针式打印机通过打印机和纸张的物理接触来打印字符图形。而后两种是通过喷射墨粉来印刷字符图形的。

针式打印机在打印头上装有打印针，打印时，随着打印头在纸上的平行移动，由电路控制相应的针动作或不动作。由于打印的字符由点阵组成，动作的针头接触色带击打纸面形成一个墨点，不动作的针在相应位置留下空白，这样移动若干列后，就可以打印出字符。

喷墨式打印机的工作原理类似于针式打印机，它使用喷墨管代替了针式打印机中的打印针，是将墨水通过喷墨管直接喷射到普通打印纸上打印信息的，它具有低噪声、印字质量好等特点。激光打印机则是采用激光和电子照相技术打印信息，它的特点是打印速度快、分辨率高、无击打噪声，在 3 种打印机中质量最佳。

5. 扫描仪

扫描仪是一种计算机外部设备，通过捕获图像并将之转换成计算机可以显示、编辑、存储和输出的数字化输入设备。照片、文本页面、图纸、美术图画、照相底片、菲林软片，甚至纺织品、标牌面板、印制板样品等三维对象都可作为扫描对象。扫描仪将原始的线条、图形、文字、照片、平面实物转换成可以编辑的文件。

扫描仪可分为两大类型：滚筒式扫描仪和平面扫描仪。滚筒式扫描仪一般使用光电倍增管(Photo Multiplier Tuble，PMT)，它的密度范围较大，而且能够分辨出图像细微的层次变化；而平面扫描仪使用的则是光电耦合器件(Charged Coupled Device，CCD)，故其扫描的密度范围较小。CCD(光电耦合器件)是一长条状感光元器件，在扫描过程中用来将图像反射过来的光波转化为数位信号，平面扫描仪使用的 CCD 大都是具有日光灯线性陈列的彩色图像感光器。

平面扫描仪的工作原理如下：平面扫描仪获取图像的方式是先将光线照射在欲扫描的材料上，光线反射回来后由 CCD 光敏元件接收并实现光电转换。当扫描不透明的材料如照片、打印文本以及标牌、面板、印制板实物时，由于材料上黑的区域反射较少的光线，亮的区域反射较多的光线，而 CCD 器件可以检测图像上不同光线反射回来的不同强度的光，通过 CCD 器件将反射光波转换成为数字信息，用 1 和 0 的组合表示，最后控制扫描仪操作的软件读入这些数据，并重组为计算机图像文件。而当扫描透明材料如制版菲林软片、照相底片时，扫描工作原理相同，不同的是此时不是利用光线的反射，而是让光线透过材料，再由 CCD 器件接收，扫描透明材料需要特别的光源补偿——透射适配器(TMA)装置来完成这一功能。

①分辨率

分辨率是扫描仪最主要的技术指标，它表示扫描仪对图像细节上的表现能力，即决定了扫描仪所记录图像的细致度，其单位为 DPI(Dots Per Inch)。通常用每英寸长度上扫描图像所含有像素点的个数来表示。目前大多数扫描的分辨率在 300～2 400 DPI 之间。DPI 数值越大，扫描的分辨率越高，扫描图像的品质越高，但这是有限度的。当分辨率大于某一特定值时，只会使图像文件增大而不易处理，并不能对图像质量产生显著的改善。对于丝网印刷而言，扫描到 6 000 DPI 就已经足够了。

扫描分辨率一般有两种：真实分辨率(又称光学分辨率)和插值分辨率。光学分辨率就是扫描仪的实际分辨率，它决定了图像的清晰度和锐利度的关键性能指标。插值分辨率则是通过软件运算的方式来提高分辨率的数值，即用插值的方法将采样点周围遗失的信息填充进去，因此也被称做软件增强的分辨率。例如扫描仪的光学分辨率为 300 DPI，则可以通过软件插值运算法将图像提高到 600 DPI，插值分辨率所获得的细部资料要少些。尽管插值分辨率不如真实分辨率，但它却能大大降低扫描仪的价格，且对一些特定的工作例如扫描黑白图像或放大较小的原稿时十分有用。

②灰度级

灰度级表示图像的亮度层次范围。级数越多扫描仪图像亮度范围越大、层次越丰富，目前多数扫描仪的灰度为256级。256级灰阶中以真实呈现出比肉眼所能辨识出来的层次还多的灰阶层次。

③色彩数

色彩数表示彩色扫描仪所能产生颜色的范围。通常用表示每个像素点颜色的数据闰数即比特位(bit)表示。bit是计算机最小的存储单位，以0或1来表示比特位的值，越多的比特位数可以表现越复杂的图像信息。例如常说的真彩色图像指的是每个像素点由3个8比特位的彩色通道所组成即24位二进制数表示，红绿蓝通道结合可以产生$2^{24}=16.67$ M(兆)种颜色的组合，色彩数越多，扫描图像越鲜艳真实。

④扫描速度

扫描速度有多种表示方法，因为扫描速度与分辨率、内存容量、软盘存取速度以及显示时间、图像大小有关，通常用指定的分辨率和图像尺寸下的扫描时间来表示。

⑤扫描幅面

扫描幅画表示扫描图稿尺寸的大小，常见的有A4、A3、A0幅面等。

6. 数码摄像头

数码摄像头是一种数字视频的输入设备，利用光电技术采集影像，通过内部的电路把这些代表像素的“点电流”转换成为能够被计算机所处理的数字信号0和1，而不像视频采集卡那样首先用模拟的采集工具采集影像，再通过专用的模数转换组件完成影像的输入。

光学传感器是组成数码摄像头的重要组成部分，根据元件不同分为CCD和CMOS。CCD是应用在摄影摄像方面的高端技术元件，金属氧化物半导体元件(Complementary Metal-Oxide Semiconductor，CMOS)则应用于较低影像品质的产品中，它的优点是制造成本较CCD更低，功耗也低得多。尽管在技术上有较大的不同，但CCD和CMOS两者的性能差距不是很大，只是CMOS摄像头对光源的要求要高一些，但现在该问题已经基本得到解决。目前CCD元件的尺寸多为1/3英寸或者1/4英寸，在相同的分辨率下，选择元件尺寸较大的为好。

摄像头的连接基本通过3种方式实现：接口卡、并口和USB口。接口卡一般是通过摄像头专用卡来实现，厂商多会针对摄像头优化或添加视频捕获功能，图像画质和视频流的捕获方面具有较大的优势。但由于各厂商的接口卡的设计各不相同，产品之间无法通用，加上价钱也不便宜，这类产品值得需要追求较高画质的用户选择。并口方式的优点在于适应性较强，每台机器都有并口，不过数据传输较慢，实用性大为下降，不过对于普通用户来说还是可以接受的。USB接口方式是目前主流的走向，现有的主板都支持USB连接方式，而且现在的摄像头的功耗较小，依靠USB提供的电源就可以工作，这样可以省去外接电源。

7. MODEM

MODEM是Modulator(调制器)与Demodulator(解调器)的简称，中文称为调制解调器，也有人根据MODEM的谐音，亲昵地称为“猫”。

MODEM能将数字信号转换成模拟信号在电话网上传送，也能将接受到的模拟信号转换成数字信号。由于目前大部分个人计算机都是通过公用电话网接入计算机网络的，因而需通过调制解调器进行上述转换。MODEM是计算机与电话线之间进行信号转换的装置，由调制器和解调器两部分组成，调制器是把计算机的数字信号(如文件等)调制成可在电话线上传输的声音信号的装置，在接收端，解调器再把声音信号转换成计算机能接收的数字信号。通过调制解调器和电话线就可以实现计算机之间的数据通信。

MODEM根据外形和安装方式可分为4种，即外置式MODEM、内置式MODEM、PCMCIA插卡式MODEM和机架式MODEM。

1.4.5 微型计算机的主要性能指标及配置

1. 运算速度

运算速度是衡量CPU工作快慢的指标，一般以每秒完成多少次运算来度量。当今计算机的运算速度可达每秒万亿次。计算机的运算速度与主频有关，还与内存、硬盘等工作速度及字长有关。

2. 字长

字长是CPU一次可以处理的二进制位数，字长主要影响计算机的精度和速度。字长有8位、16位、32位和64位等。字长越长，表示一次读写和处理的数的范围越大，处理数据的速度越快，计算精度越高。

3. 主存容量

主存容量是衡量计算机记忆能力的指标。容量大，能存入的字数就多，能直接接纳和存储的程序就长，计算机的解题能力和规模就大。

4. 输入/输出数据传输速率

输入/输出数据传输速率决定了可用的外设和与外设交换数据的速度。提高计算机的输入/输出传输速率可以提高计算机的整体速度。

5. 可靠性

可靠性指计算机连续无故障运行时间的长短。可靠性好，表示无故障运行时间长。

6. 兼容性

任何一种计算机中，高档机总是低档机发展的结果。如果原来为低档机开发的软件不加修改便可以在它的高档机上运行和使用，则称此高档机向下兼容。

第 2 章

操作系统及其应用

2.1 Windows 发展历史

Windows 操作系统，又称“视窗”操作系统，是由微软(Microsoft)公司开发的面向个人计算机和服务器用户的操作系统。Windows 操作系统的基本特征是图形用户界面(Graphical User Interface, GUI)，它为用户提供了一个多窗口图形操作环境，用户通过鼠标就可以执行一系列操作。Windows 是一个多任务操作系统，可以同时运行多个应用程序，程序之间互不干扰，比如用户可以一边播放音乐，一边进行文字处理。

Windows 是在微软的 MS-DOS 操作系统上发展起来的，最早的版本是 1985 年发布的 Windows 1.0。Windows 1.0 是微软第一次对个人计算机操作平台进行用户图形界面的尝试。Windows 1.0 的功能还很差，界面也十分简单，并没有受到太多的青睐。在这之后微软逐步完善 Windows 的功能和用户界面，在相继发布了几个版本的 Windows 后，1990 年 5 月微软发布的 Windows 3.0 版本才获得了用户的认可，取得了 700 万套的销售业绩。之后微软公司趁热打铁，1991 年 10 月发布了 Windows 3.0 的多语言版本，1992 年 4 月微软又发布了 Windows 3.0 的改进版本——Windows 3.1。Windows 3.1 引入可缩放的 TrueType 字体技术和一种新设计的文件管理程序，改进了系统的可靠性，另外增加了对象链接和嵌入技术(OLE)。在 Windows 3.1 最初发布的 2 个月内，销售量就超过了一百万套。至此，Windows 操作系统最终获得用户的认同，奠定了其在操作系统上的垄断地位，标志着 Windows 时代的到来。

微软分别在 1992 年底和 1993 年底发布了 Windows for Workgroups 3.1 和 Windows for Workgroups 3.11，加入了一系列的网络协议支持。之后微软发布了 Windows 3.X 系列的多语言版本，中文 Windows 3.2 在 1994 年正式发布并逐渐在国内流行起来。

1995 年 8 月 24 日，Windows 95 正式发行，这是第一款以年份来命名的 Windows 系统。Windows 95 是一个 16 位/32 位混合模式的系统，它可以完全独立于 MS-DOS 运行。Windows 95 对 Windows 3.1 进行了许多重大改进，大量的组件和新概念被引入，如“开始”菜单和任务栏等桌面对象，全 32 位高性能的抢占式多任务和多线程技术，即插即用 (Plug and Play) 技术，内置对 Internet 的支持、更丰富的多媒体程序等等。

在 2000 年微软发布了 Windows 2000 操作系统，成为操作系统发展史中的一个革命性的产品，它包含了很多全新的技术，具有低成本、高可靠性、全面支持 Internet 和支持多达 11 000 多个硬件设备等特点。它采用用户层和核心层分离的设计，使得 NT 系统架构更加合理、稳定，并首次采用了 NTFS 文件系统、EFS（文件加密系统）、RAID-5 存储方案、分布式文件系统、活动目录等大量新功能。

2001 年，Windows XP 正式发布，是 Windows 发展历史中一次里程碑式的飞跃。Windows XP 中字母 XP 的含义是“体验”，由英文单词 experience 而来。Windows XP 最初只发行了两个版本：专业版（Professional）和家庭版（Home Edition），后来又相继推出了媒体中心版（Media Center Edition）、平板电脑版（Tablet PC Edition）等版本。Windows XP 集窗口、菜单与联机帮助于一身，为用户提供了更直观和方便的图形用户界面，比以往版本更高效而且更可靠。

在 Windows XP 之后，微软开发了代号为 Longhorn 的 Windows 操作系统，即 Windows Vista。Windows Vista 带有许多新的特性和技术，包括先进的搜索和信息组织方式、新的 .Net 框架库、全新设计的 Aero 用户界面、新增加的侧边栏、改进的系统还原技术等等。

本章将以目前使用最广的 Windows XP 为例，学习 Windows 操作系统的使用。

2.2 Windows 的启动和运行

1. Windows 的启动

在正确安装 Windows 系统后，从按下电源开关启动计算机，到登入到桌面完成 Windows 启动，一共要经过以下几个阶段。

按下计算机电源开关后，计算机首先进行开机自检（Power On Self Test，POST），对计算机硬件设备进行检验以及完成配置。这一阶段称为“预引导”阶段。在预引导阶段，计算机要加载 Windows XP 的 NTLDR 文件。

接着计算机对 Windows 系统进行引导和加载。在这一阶段计算机对 Windows 的内核进行引导、加载和初始化，如果用户的计算机上装有多个操作系统，还会要求用户选择要启动的操作系统。

在 Windows 内核加载和初始化完成后，计算机屏幕上会出现 Windows 登录对话框，提示用户输入有效的用户名和密码。只有用户成功登录到计算机后，Windows XP 的启动才被认为是完成了。启动成功后，屏幕上出现 Windows 的桌面。

2. Windows 运行环境

Windows 操作系统作为一个系统软件，其丰富的功能要依赖计算机的硬件来实现。因此，Windows 对计算机的最低硬件配置提出了一定的要求，具体指标为：

- 处理器：推荐使用时钟频率为 300 MHz 或更高的处理器；至少需要 233 MHz（单个或双处理器系统）；推荐使用 Intel Pentium/Celeron 系列、AMD K6/Athlon/Duron 系列或兼容的处理器。
- 内存：推荐使用 128 MB RAM 或更高（最低支持 64 MB，否则可能会影响某些功能）。
- 硬盘空间：至少 1.5 GB 可用硬盘空间。如果通过网络进行安装，则可能需要更大的可用硬盘空间。

- 显示器：SVGA（800×600）或分辨率更高的视频适配器和监视器。
- 光盘驱动器：CD-ROM 或 DVD-ROM 驱动器。
- 光标定位设备：键盘和 Microsoft 鼠标或兼容的指针设备。

需要说明的是，上述硬件配置只是正常运行 Windows 操作系统所需的最低要求，提高硬件配置可以提高其运行性能。根据实际需要，当使用 Windows XP 的某些功能时，如需要接入 Internet 或进行多媒体通信，还需要添加调制解调器（MODEM）、声卡、摄像头等附属设备。

3．Windows 中鼠标的使用

鼠标因其外观像一只拖着长尾巴的老鼠而得名。在 Windows 使用过程中，鼠标的作用非常重要。它使用户的操作变得更灵活、方便，大大提高了用户操作的快捷性和准确性，具有直观的屏幕定位和选择能力。

鼠标与计算机屏幕上的鼠标指针（常称为光标）相对应来完成计算机的各种操作。对鼠标最常用的操作有下面几种：

- 移动：握住鼠标移动，计算机屏幕上的鼠标指针就随之移动。通常情况下，鼠标指针的形状是一个小箭头。
- 指向：移动鼠标，让鼠标指针停留在某个对象（按钮、菜单、文件夹）上。
- 左键单击：用鼠标指向某对象，按一下鼠标左键，立即释放。左键单击又称单击，一般用于完成选中某选项、对象、按钮等。
- 右键单击：按一下鼠标右键，立即释放。右键单击又称右击。通过右击可以弹出一个快捷菜单，从中单击菜单命令可以快速执行所选命令。
- 左键双击：快速地连续两次单击左按钮，又称双击。一般情况下，双击表示选中并执行的意思。
- 拖动：选定拖动对象，按住鼠标左键不放，然后移动鼠标指针到目的地再松开左键。通过鼠标拖动可以将某一个对象从一个位置移动到一个新的位置。
- 另外，拖动操作可以用作选中对象的操作。例如，在桌面的某个位置按下鼠标左键不放，然后拖动鼠标到指定位置再释放，可以选中以这两个位置为对顶点构成的矩形区域中的所有图标。

鼠标光标的形状由光标所在的位置以及和其他屏幕元素的相互关系所决定。表 2-1 列出了常用鼠标光标形状及其含义。

表 2-1　常用鼠标光标形状及其含义

光标形状	含　义	光标形状	含　义	光标形状	含　义
	正常选择	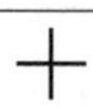	精确定位		垂直调整
	帮助选择		选定文本		水平调整
	后台运行		手写		沿对角线调整 1
	忙		不可用		沿对角线调整 2
	候选	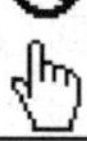	链接选择		移动

4. Windows 的退出

用户结束对计算机的操作，在关闭电源前要先退出 Windows 系统，否则会丢失文件或破坏程序。用户在没有退出 Windows 系统的情况下关机会被系统认为是非法关机，当下次再开机时，系统会要求执行自检程序。

在 Windows 系统中，单击桌面左下角的开始按钮，在打开的菜单中选择“注销”或“关闭计算机”按钮，都可以退出 Windows。

Windows 是一个多用户操作系统，允许多个用户共享同一台计算机。通过单击“注销”按钮，可以在使用计算机的不同用户之间进行切换。在注销 Windows 对话框中选择“切换用户”命令，可以在当前用户程序和文件都不关闭的情况下，让其他用户登录。选择“注销”命令，则关闭当前用户打开的程序，结束当前用户的 Windows 登录。

单击“开始”菜单的“关闭计算机”按钮，弹出关闭计算机对话框，在对话框中有“待机”、“关闭”、“重新启动计算机”3 个选项供用户选择。

2.3　Windows 的桌面

Windows 的“桌面”是用户启动计算机登录到系统后看到的整个屏幕界面。Windows 桌面主要由桌面图标、“开始”按钮和任务栏 3 部分组成，用户可以通过桌面对计算机进行有效的管理。图 2-1 即为 Windows XP 系统启动后的桌面。

图 2-1　Windows 桌面

1. 桌面图标

桌面图标是指在 Windows 桌面上排列的小图像，每个图标都包含图形和说明文字两部分。当用户把鼠标放在图标上方，桌面上就会出现对图标所表示内容的说明或者是文件存放的路径。桌面图标实质上就是打开各种程序和文件的快捷方式，用户可以通过双击图标快速启动该项目。

第一次启动 Windows XP 时，桌面上只有一个回收站图标，用户可以根据自己的需要在桌面上添加各种图标，如用户常用的程序、文件夹或文件图标。

桌面上常见的图标有“我的电脑”、“我的文档”、“网上邻居”、“资源管理器”、“回收站”和“Internet Explorer”。

- 我的电脑

用户通过该图标可以访问计算机的各种资源，包括计算机的软盘驱动器、硬盘驱动器、光盘驱动器以及连接到计算机上的照相机、扫描仪和其他硬件。双击 Windows XP 桌面上的“我的电脑”图标，可以打开图 2-1 所示的窗口，在窗口中用户可以实现对计算机硬盘驱动器、文件夹和文件的管理。

- 我的文档

我的文档是管理系统为用户创建的个人文件夹。双击 Windows XP 桌面上的“我的文档”图标，可以打开我的文档窗口，在窗口中用户可以对个人文件夹中的内容进行管理，包括系统创建的图片收藏、我的视频和我的音乐等子文件夹。我的文档是系统默认的文档保存位置，其位置在操作系统所在逻辑盘的一级子目录\Documents and Settings 文件夹下。

- 网上邻居

网上邻居提供了计算机所在局域网络中已登录用户的情况。双击 Windows XP 桌面上的网上邻居图标，可以打开网上邻居窗口，在窗口中可以查看并访问网络上其他计算机上的共享文件夹。

- 资源管理器

资源管理器提供了 Windows 文件系统的视图浏览和选定的功能。双击 Windows XP 桌面上的资源管理器图标，可以打开资源管理器窗口，用户可以在窗口中对计算机中的文件进行各种操作。

- 回收站

回收站是 Windows 暂存用户已经删除的文件或文件夹等信息的地方。双击 Windows XP 桌面上的回收站图标，可以打开回收站窗口，在窗口中显示出已经逻辑删除的文件或文件夹。当用户没有清空回收站时，可以将逻辑删除的文件或文件夹还原。用户也可将其物理删除。物理删除掉的文件或文件夹将无法再还原。

- Internet Explorer

Internet Explorer 是 Windows 自带的网页浏览器，用于浏览互联网上的信息，通过双击该图标可以访问网络资源。

桌面图标实质上就是打开各种程序和文件的快捷方式。用鼠标右击桌面空白处，弹出一个快捷菜单，如图 2-2 所示。选择快捷菜单中的“新建”命令，通过在新建命令的子菜单中选择相应的选项，可以在桌面上创建各种形式的图标，比如文件夹、快捷方式、文本文档等等。如果选择快捷菜单中的“排列图标”命令，在其子菜单中包含了按名字、类型、大小及日期 4 种桌面图标的排列方式，选择其中一种可以重新排列图标。如果要删除桌面上的图标，可以右击桌面上要删除的图标，然后从弹出的快捷菜单中选择“删除”命令即可。另外，对桌面上的图标还可以重新命名：右击桌面上的图标，然后从弹出的快捷菜单中选择“重命名”命令，当图标的文字说明位置呈反色显示时，用户可以输入新的名称，然后在桌面上任意位置单击，即可完成对图标的重命名。

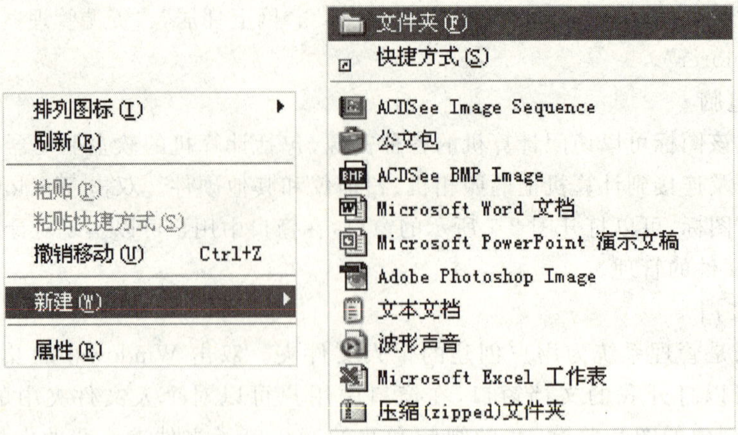

图 2-2 新建命令

2. 开始菜单

“开始”按钮位于 Windows 桌面的左下角。单击此按钮,可以打开“开始”菜单。在用户操作过程中,大多数的应用程序都可以用“开始”菜单打开。Windows XP 系统有默认样式和经典样式两种开始菜单,如图 2-3 所示,用户可以根据自己的喜好进行定制。

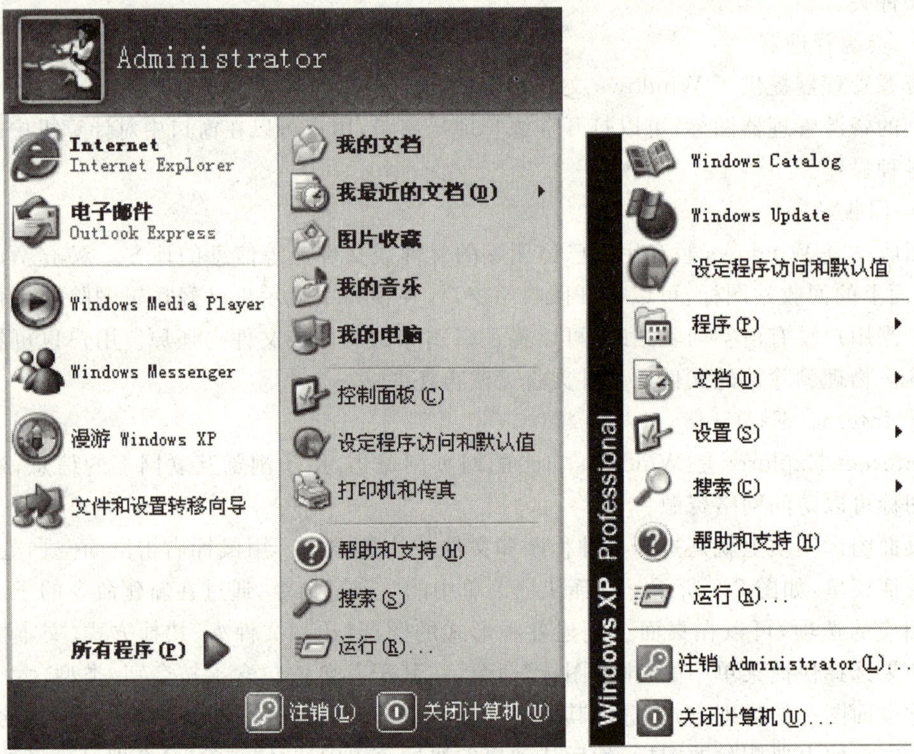

图 2-3 默认“开始”菜单和经典“开始”菜单

• 默认开始菜单

Windows XP 系统中默认“开始”菜单设计风格清新、明朗,“开始”按钮是鲜艳的绿色,打开后的显示区域比以往更大,布局结构也更利于用户使用。默认开始菜单分为 3 个部分:

(1)在“开始”菜单最上方标明了当前登录计算机系统的用户，由一个图片和用户名称组成。

(2)在“开始”菜单的中间部分，左侧是用户常用的应用程序的快捷启动项和“所有程序”菜单项，右侧是系统控制工具菜单区域。快捷启动项使用户可以快速启动各种应用程序，如IE浏览器、记事本、文字编辑工具等，在“所有程序”菜单项中还可以显示计算机系统中已安装的全部应用程序。系统控制工具菜单中包括“我的电脑”、“我的文档”、“控制面板”和“搜索”等选项，通过这些菜单项用户可以实现对计算机的操作与管理。

(3)在“开始”菜单最下方是计算机控制菜单区域，包括“注销”和“关闭计算机”两个按钮，用户可以通过单击按钮进行注销用户和关闭计算机的操作。

选用默认开始菜单，桌面上初始状态下只有回收站图标，如果要将“我的电脑”、“我的文档”等图标放在桌面上，可以右击“开始”菜单上的这些图标，然后在弹出的快捷菜单中选择“在桌面上显示”。

- 经典“开始”菜单

除了默认“开始”菜单，Windows XP 系统中还保留了经典“开始”菜单，用户可以在两种样式之间进行切换。经典开始菜单也由 3 部分组成。

(1)系统启动某些常用程序的快捷菜单选项，用户可以利用这些快捷启动项直接打开相应的程序，而不用在程序下的子菜单中打开。

(2)开始菜单中部包含控制和管理系统的菜单项，包括“程序”、“文档”、“设置”和“搜索”等。其中在“程序”菜单项中有计算机系统中安装的所有应用程序，在“文档”菜单项下会自动存放用户最近打开的文档名称，“搜索”命令可以用来查找所需要的文件或者文件夹、网络中的计算机等内容。

(3)在开始菜单的最下边是注销当前用户和关闭计算机两个选项，可用来切换用户或者关机。

用户需要改变开始菜单样式时，可以在任务栏上的空白处或者在“开始”按钮上右击，在弹出的快捷菜单中选择“属性”命令，这时会打开“任务栏和「开始」菜单属性”对话框。通过在“「开始」菜单”选项卡中选择“经典「开始」菜单”选项或“默认「开始」菜单”选项，就可以实现对开始菜单的定制。

用户还可以根据需要自定义开始菜单。打开“任务栏和「开始」菜单属性”对话框，在“「开始」菜单”选项卡中单击“自定义”按钮。打开“自定义开始菜单”对话框，在“高级”选项卡上的“「开始」菜单项目”下，用户可以选择要在开始菜单上出现的项目。单击“确定”按钮后，当下一次单击“开始”按钮时，在“开始”菜单上会列出用户所选的项目。

3. 任务栏

任务栏位于桌面的底部，显示系统正在运行的程序和打开的窗口、当前时间等内容。任务栏包括“开始”按钮、快速启动工具栏、任务按钮和通知区域等几个部分，如图 2-4 所示。

图 2-4 任务栏

(1)任务栏的组成

除了“开始”按钮之外,任务栏还包括快速启动工具栏、任务按钮区域和通知区域,用户通过任务栏可以完成许多操作,也可以对它进行一系列的设置。

- 快速启动工具栏由一些图标按钮组成,每个图标按钮对应着一个应用程序,单击这些按钮可以快速启动程序。一般情况下,快速启动工具栏上有网页浏览器 Internet Explorer 图标、我的电脑图标和显示桌面图标等。
- 当用户启动某项应用程序而打开一个窗口后,任务栏中就有代表该应用程序的图标和名称的按钮出现。即使窗口被最小化,任务栏中仍然留有代表它的图标和名称的按钮。在窗口正常显示情况下,按钮是向下凹陷的,在把程序窗口最小化后,按钮则是向上凸起的。
- 任务栏的最右端是通知区域,里面包含音量图标、系统时间、发生一定事件时所显示的通知图标等。在此用户可以选择各种语言输入法,也可以控制声音的大小,还可以设置系统时间等。

(2)任务栏的定制

用户可以根据自己的需要对任务栏进行定制,如对任务栏进行锁定或隐藏,分组相似任务栏按钮,也可以把它拖到桌面的任何边缘处及改变任务栏的宽度。

在任务栏上的非按钮区域右击,在弹出的快捷菜单中选择“属性”命令,可以打开“任务栏和「开始」菜单属性”对话框。

选择“任务栏”选项卡,通过选择其中的复选框即可对任务栏进行相应设置。在“任务栏外观”选项组中包括:

- 锁定任务栏:任务栏锁定后将不能被随意移动或改变大小。
- 自动隐藏任务栏:可以将任务栏自动隐藏起来,当用户不对任务栏进行操作时,它将自动消失,而当用户需要时,把鼠标放在任务栏位置就会自动出现。
- 将任务栏保持在其他窗口的前端:不管用户打开多少窗口,任务栏总是显示在所有窗口的最前面,不会被其他窗口遮盖住。
- 分组相似任务栏按钮:可以把相同的程序打开的多个文档组合为同一个按钮。单击分组后的按钮,会显示组合在一起的文档列表。要访问其中的文档,单击列表中的文档名称即可。如果要同时对分组中所有打开的文档进行操作,可以右击该组,在弹出的菜单选择相应命令即可。
- 显示快速启动:选择后将显示快速启动工具栏。

另外,在“通知区域”选项组中,用户可以选择是否显示时钟,也可以把最近没有单击过的图标隐藏起来。单击“自定义”按钮,在打开的“自定义通知”对话框中,用户可以进行隐藏或显示图标的设置。

系统默认的任务栏位于桌面的最下方,用户可以根据自己的需要把它拖到桌面的任何边缘处及改变任务栏的宽度。在移动时,用户需要先确定任务栏处于非锁定状态,然后在任务栏上的非按钮区按下鼠标左键进行拖动,到预定位置时释放鼠标,这样任务栏就会改变位置。

(3)工具栏的设置

- 默认工具栏

系统默认的工具栏通常包括快速启动工具栏和语言栏。语言栏显示了当前的输入法，用户可以根据需要使用语言栏完成输入法的查看与切换。快速启动工具栏中包含了快速启动程序的按钮图标，右击这些图标，在弹出的快捷菜单中可以进行复制、删除等多种操作，使用鼠标进行拖动可以调整它们之间的位置，用户也可以直接从桌面上拖动图标到此工具栏来创建一个"快速启动"按钮。

• 添加工具栏

除了系统默认的工具栏之外，用户可以手动添加其他的工具栏。在任务栏上的非按钮区右击鼠标，在弹出的快捷菜单中指向"工具栏"，会看到在其子菜单中列出的常用工具栏，包括地址工具栏、链接工具栏、语言栏、桌面工具栏和快速启动工具栏。当选择其中的一项时，任务栏上就会出现相应的工具栏。如选择地址工具栏，在任务栏上会出现地址工具栏。用户可以在地址工具栏的文本框内输入文件的路径，然后按回车键确认，就可以快速找到指定的文件。如果用户的计算机已经接入了 Internet，也可以在文本框中输入网址，Windows 会自动打开 IE 浏览器并转到相应的网址上去。

• 新建工具栏

对于需要经常用到的程序或者文件，我们可以在任务栏上为它们创建工具栏，以后就可以直接通过工具栏来打开。新建工具栏的方法是：右击任务栏的非按钮区域，在弹出的菜单中执行"工具栏"‖"新建工具栏"命令，打开"新建工具栏"对话框，然后在对话框中选择自己所要创建的程序或文件的名称，单击"确定"按钮，就可以新建一个工具栏了。这时在任务栏上就会出现新建的工具栏，同时在快捷菜单中"工具栏"下也增加了相应的选项。

• 删除工具栏

当添加或新建工具栏完成后，右击该工具栏的标题，在弹出的快捷菜单中有两个前面带有"√"标志的选项，其中"显示文字"指显示图标的文字说明部分，"显示标题"指显示工具栏的标题。当取消选项前的"√"标志时，工具栏将不再显示文字和标题。当用户不再需要某工具栏时，可以取消工具栏名称前面的"√"，或者在快捷菜单中选择"关闭工具栏"命令，就可以删除添加或新建的工具栏。

(4)语言栏与 Windows 的汉字输入

在安装 Windows 时，系统已经将常用的汉字输入法安装好了，在任务栏上会显示一个语言栏。语言栏可以最小化以按钮的形式在任务栏显示，单击右上角的还原按钮，它也可以独立于任务栏之外成为一个浮动的工具条。单击语言栏上表示语言的按钮或表示键盘的按钮，打开输入法列表，在列表中选择需要的输入法即可切换到该输入法。

在使用汉字输入法时，窗口左下角会出现相应的输入法状态框，在状态框中可以进行全角/半角、打开软键盘等相应的设置。输入法的切换和设置也可用组合键来完成，常用的组合键有：

- Ctrl+空格键：在汉字输入法和英文输入法之间切换；
- Shift+空格键：输入字符在全角和半角之间切换；
- Ctrl+Shift：在已安装的所有输入法之间按顺序进行切换；
- Ctrl+·：中英文标点之间切换。

2.4　Windows 的窗口和菜单

1. Windows 窗口的组成

在 Windows 中每当用户打开一个文件或应用程序时，都会出现一个窗口，窗口是用户进行操作时的重要组成部分。Windows 的窗口有多种类型，包括应用程序窗口、文档窗口、文件夹窗口、对话窗口等。

一个典型的 Windows 应用程序窗口如图 2-5 所示，主要由标题栏、菜单栏、工具栏、状态栏等和工作区域等几部分组成。

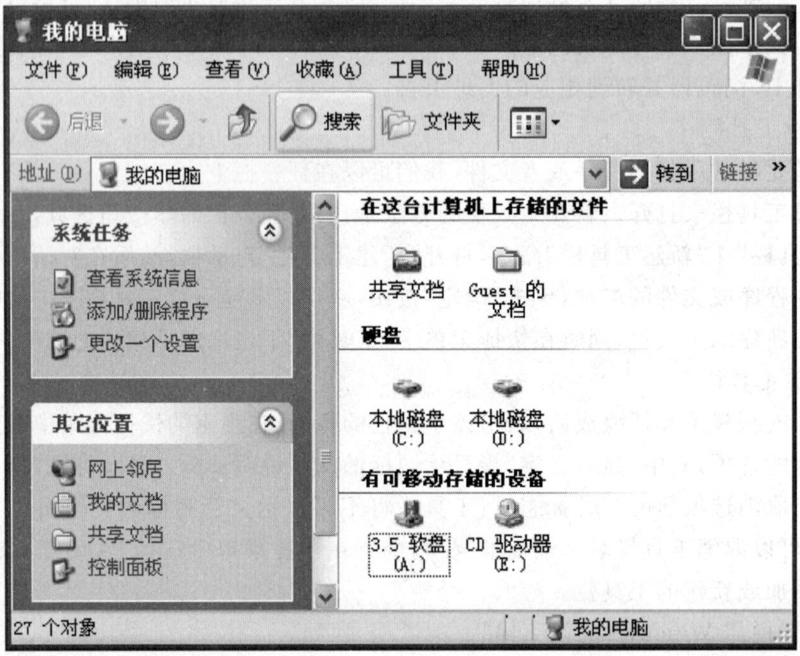

图 2-5　Windows 窗口

- 标题栏：位于窗口的最上部。标题栏最左边是窗口标识按钮和当前窗口的名称，右上角从左至右依次排列着最小化按钮、最大化或还原按钮和关闭按钮。
- 菜单栏：位于标题栏的下方。通过使用菜单命令用户可以进行各种操作。
- 工具栏：在标题栏的下方，包括了一些常用的功能按钮，用户可以直接单击其中的按钮实现某种操作。
- 状态栏：在窗口的最下方，标明了当前有关操作对象的一些基本情况。
- 工作区域：窗口中间占比例最大的部分，在工作区域中可以显示应用程序界面或文件中的全部内容。
- 滚动条：当内容太多，无法在工作区域中全部显示时，Windows 窗口在水平或垂直方向上将自动出现滚动条，用户可以通过拖动滚动条来查看所有的内容。

在一个应用程序窗口中除了以上这几部分之外，还可能包含一个或多个文档窗口。

文档窗口出现在应用程序窗口的工作区域中,含有用户的文档或数据文件。需要注意的是,文档窗口没有菜单栏,而应用程序窗口有菜单栏,这是文档窗口和应用程序窗口的主要区别。在应用程序窗口中可以同时打开多个文档窗口,文档窗口共享应用程序窗口的菜单栏。

当双击一个文件夹图标时,会打开一个显示该文件夹中的文件和子文件夹图标的窗口,我们称之为文件夹窗口。

另外,还有一种窗口称为对话框。对话框是 Windows 与用户进行交互、从用户那里获得信息的一种重要方式,在 Windows 中占有重要的地位。通过对话框,用户可以对系统进行对象属性的修改或者设置。对话框与一般窗口类似,但更简洁、更直观,也更侧重于与用户的交流。对话框一般在执行菜单命令或单击命令按钮后出现,通常由标题栏、命令按钮、选择框或组合框、复选框、单选框、提示文字、帮助按钮及选项卡等诸个元素组成,如图 2-6 所示。

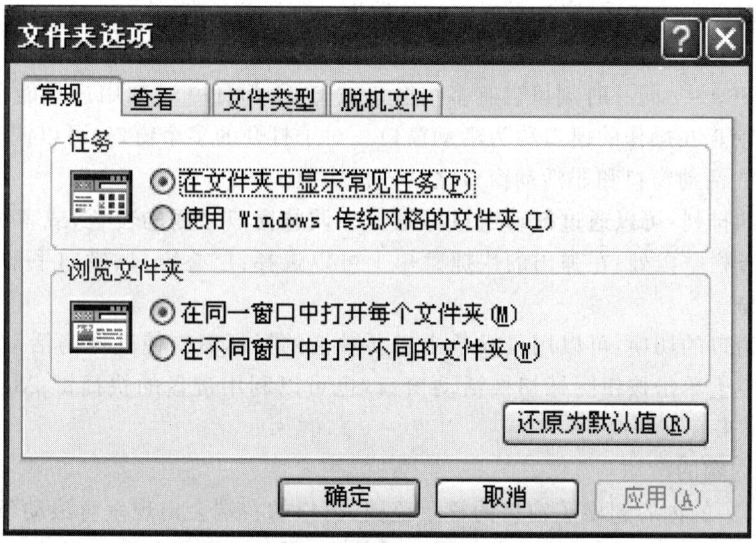

图 2-6 对话框窗口

2. Windows 窗口的基本操作

对于 Windows 的窗口,最基本的操作包括打开、关闭、移动、放大及缩小等。下面简单介绍 Windows 窗口的操作方法。

(1)窗口的关闭

- 单击标题栏右上角的关闭按钮;
- 使用窗口的控制菜单,选择"关闭"命令;
- 双击标题栏左上角的窗口标识按钮;
- 使用 Alt+F4 组合键。

(2)窗口的移动

用鼠标拖动窗口标题栏到指定位置后释放鼠标。

(3)窗口的最大化、最小化和恢复

- 窗口最小化:用鼠标单击窗口标题栏上的最小化按钮,可以将窗口最小化,成为任务栏中的一个图标按钮。要还原窗口，只需单击任务栏中该图标按钮即可。

- 窗口最大化：用鼠标单击窗口标题栏上的最大化按钮，或者在窗口的标题栏上双击，可以将窗口放大到充满整个屏幕空间。在最大化窗口中，标题栏上的最大化按钮将变成还原按钮。
- 窗口的还原：在最大化状态下单击还原按钮或双击标题栏，窗口将恢复原来的大小。

(4)窗口大小的调整

当窗口不处于最大化状态时，可以调整窗口的宽度和高度。

- 调整窗口的宽度：将鼠标移动到窗口的左边框或右边框上，当鼠标光标形状变成双箭头“↔”后，按住鼠标左键然后拖动窗口边框到所需宽度位置。
- 调整窗口的高度：将鼠标移动到窗口的上边框或下边框上，当鼠标光标形状变成双箭头”↕“后，按住鼠标左键然后拖动窗口边框到所需宽度位置。
- 同时调整窗口的宽度和高度：将鼠标指向窗口的任意一个角，当鼠标光标形状变成倾斜双箭头”⤡“后，按住鼠标左键然后拖动到所需位置。

(5)窗口的排列与切换

在 Windows 中，同一时刻可以有多个窗口被打开，但任一时刻用户只能在一个窗口中进行操作，当前正在操作的窗口称为活动窗口。对于打开的多个窗口，可以调整窗口之间的排列，也可以在活动窗口和非活动窗口之间进行切换。

- 窗口的排列：可以通过拖动窗口标题栏来调整窗口之间的位置，或者可以用鼠标右击任务栏空白处，在弹出的快捷菜单上可以选择：层叠窗口、横向平铺窗口、纵向平铺窗口。
- 活动窗口的切换：可以用鼠标单击想要激活的目标窗口使其成为活动窗口，或者在任务栏上单击按钮图标切换活动窗口，也可以利用键盘的快捷键 Alt＋Tab 或 Alt＋Esc 来实现切换。

(6)窗口内容的滚动

如果窗口中的内容超出了窗口的显示范围，窗口的右端会出现垂直滚动条，窗口的下端会出现水平滚动条，通过调整滚动条上滑块的位置，可以将所需显示内容显示在窗口中。我们可以使用鼠标或者键盘来调整滚动条。

- 使用鼠标：如果是调整垂直滚动条，可以用鼠标单击滚动条上端或者下端的小三角来小步滚动窗口内容，也可以单击滚动滑块的上端或下端来大步滚动窗口的内容，另外还可以拖动滚动条滑块到所需位置。
- 使用键盘：可以通过使用“Page Up”或“Page Down”键来实现“向上翻页”或“向下翻页”，或者使用“Ctrl＋Home”键翻到文档的开始处，或者使用“Ctrl＋End”键翻到文档的结尾处。

(7)使用窗口标识图标

单击窗口左上角的窗口标识图标，会弹出一个快捷菜单，通常快捷菜单中会包含如下一些命令：

- 还原：将窗口还原到初始状态；
- 移动：通过键盘上的上、下、左、右键将窗口移动到另一位置；
- 大小：通过键盘调整窗口的大小；

- 最小化:将窗口缩小成任务栏上的图标;
- 最大化:将窗口放大到全屏幕;
- 关闭:关闭窗口。

3. Windows 的菜单

菜单是应用程序中事先定义好的命令集成,提供了应用程序的不同功能选项。Windows 菜单提供了一种进行人机对话的界面,通过菜单用户可以执行各种功能。前面介绍过的开始菜单就是 Windows 菜单的一种,除此之外,还有下拉式菜单和弹出式快捷菜单两种类型。下面主要介绍下拉式菜单和弹出式快捷菜单的特点。

(1)下拉式菜单

下拉式菜单是指在屏幕或窗口中垂直放置的、由若干命令项组成的菜单。位于应用程序窗口上方的菜单栏,均采用下拉式菜单方式。每个菜单栏上有若干类命令,每一类命令对应一个菜单项。单击菜单栏中的菜单按钮,就会出现一个下拉式菜单,如图 2-7 左图所示。下拉式菜单中的每一项称为命令项,单击命令项即执行该命令项对应的功能。当前能够执行的有效菜单命令以深色显示,不能使用的无效命令则呈浅灰色。在命令项的两侧还有一些约定的标记。如果命令项的左侧有对号(√)标记,说明该命令项当前正在起作用。如果菜单命令项右侧带有省略(…)标记,则表示选择该命令将弹出一个对话框,用户可以在对话框中输入必要的信息或作进一步的选择。如果命令项的右侧是一个三角形标记,说明该命令项是级联式命令,选择级联式命令后,命令项旁边会列出一个级联菜单,在级联菜单中将列出若干个子命令。此外,在命令项右侧还可能是一个括号,括号中间是带有下划线的字母,这个字母就是执行该命令的快捷键;有些命令项的最右侧还有组合快捷键,键入组合快捷键可以直接执行该命令,而无须打开菜单。

(2)弹出式快捷菜单

弹出式快捷菜单是一种独立于菜单栏而显示在窗体内的浮动菜单,将鼠标指向某个选中对象或屏幕的某个位置,右击鼠标将打开一个弹出式菜单,如图 2-7 右图所示。弹出式快捷菜单总是提供与当前鼠标光标所指对象相关的操作命令。在不同的对象上右击,弹出的菜单命令也不同。

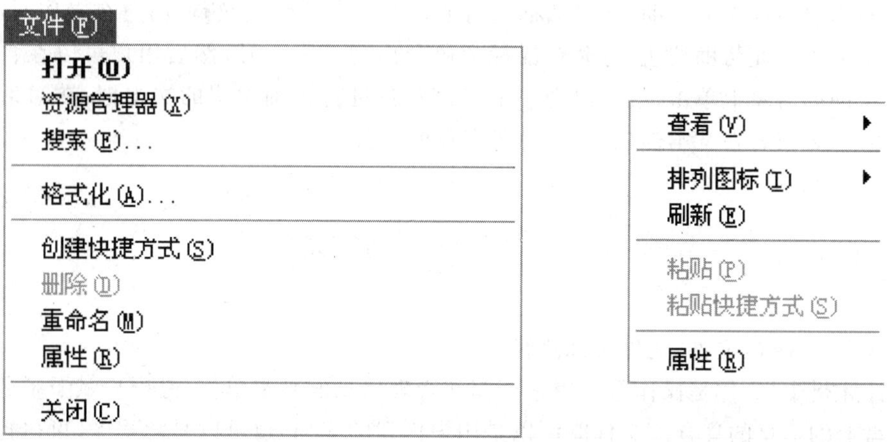

图 2-7 下拉菜单和弹出式菜单

4. Windows 菜单的基本操作

(1)下拉式菜单的基本操作

- 使用鼠标:单击菜单栏上的菜单项按钮,可以列出此菜单项中的所有命令项。移动鼠标光标,选中所需命令项,单击即可执行相应的命令。
- 使用键盘:按下键盘上的 Alt 键或 F10 键,即可激活菜单栏,然后用方向键选择并打开所需菜单项,在菜单项中选中命令项后按回车键即可执行相应命令。按下 Esc 键可退回上一级菜单。
- 使用快捷键:如果命令项的右边列出了快捷键,则可以使用该快捷键直接执行相应命令,而无须打开菜单进行选择。
- 退出菜单:单击菜单外的任何区域可退出菜单。

(2)弹出式快捷菜单的基本操作

- 在所选对象上右击即可打开弹出式菜单,右击命令项即可执行相应命令。

5. Windows 对话框的基本操作

对话框的基本操作包括对话框的移动、关闭,对话框中的切换及使用对话框中的帮助信息等。

- 移动对话框:在对话框的标题上按住鼠标左键并拖动对话框,在到达目标位置后松开;也可以在标题栏上右击,在弹出菜单中选择“移动”命令,然后使用键盘上的方向键改变对话框的位置,在目标位置单击或者按回车键确认。
- 关闭对话框:如果要在关闭对话框的同时保存用户所做的修改,可以单击对话框的“确认”按钮或者“应用”按钮;如果用户要关闭对话框但取消所做的改动,可以单击“取消”按钮,或者直接在标题栏上单击关闭按钮,也可以在键盘上按 Esc 键实现退出对话框。
- 切换选项卡:一个对话框可能包含多个选项卡,在选项卡之间切换时既可以使用鼠标进行选择,也可以先选择一个选项卡,即该选项卡出现一个虚线框时,按键盘上的方向键来移动虚线框实现切换。另外还可以使用 Ctrl+Tab 组合键从左到右切换各个选项卡,使用 Ctrl+Tab+Shift 组合键进行反向顺序切换。
- 使用对话框中的帮助:在对话框的右上角有一个帮助按钮,用户在操作对话框时,可以单击此帮助按钮,这时在鼠标旁边会出现一个问号,然后用户可以在自己需要帮助的对象上单击,就会出现一个对该对象进行详细说明的文本框,在对话框内任意位置或者在文本框内单击,说明文本框即会消失。

2.5 Windows 的资源管理

1. Windows 的文件、文件夹和路径

在计算机中,文件是操作系统用来存储和管理信息的基本单位,是用户赋予了名字并存储在磁盘上的信息的集合。文件既可以是用户创建的文档,也可以是源程序、可执行程序或者图片、视频等。文件通常存放在软盘或硬盘等磁盘介质上,用户通过文件名对文件进行管理。文件名由主文件名和扩展名(后缀)两部分组成,主文件名和扩展名之间用一个小圆点

“.”隔开，如“help.txt”。Windows 使用长文件名，文件名可以使用不超过 255 个字符来表示，可以是英文字母、汉字、数字等，但是不能包含/、\、*、:、?、”、<、>、| 这些符号。扩展名是用来标示文件类型的，相同类型的文件其扩展名也相同，如扩展名 exe、com 表示是可执行的程序文件，bat 是可执行的批处理文件，doc 表示是 Word 文档。每个文件都对应一个文件图标，具有相同扩展名的文件，图标也是一样的。

为了将磁盘中的文件分类存放，便于管理，Windows 允许用户在磁盘中建立树形结构的目录，即文件夹。文件夹中可以存放文件和下一级文件夹。树形结构的文件夹中除显示文件名外，还显示文件属性、文件长度、文件建立(或修改)的时间等。

在计算机中，外存储器一般都是硬盘，为了便于数据管理，硬盘又被划分成几个逻辑磁盘，并用英文字母同示的盘符(如 C、D 等)来加以标识。

在计算机的树形结构文件系统中，常常需要在目录结构中按照目录层次顺序沿着一系列的子目录去查找，才能确定一个文件在目录结构中的位置。相应地，我们把描述文件位置的这样一条通路称为文件的路径，它由一组连续的、由路径分隔符“\”分隔的文件夹名组成。根据起始位置的不同，路径可以分成两种：绝对路径和相对路径。

(1)绝对路径

从文件所在的磁盘作为根目录开始到文件所在文件夹的路径称为“绝对路径”，绝对路径总是以“盘符:\”作为开始符号，例如访问存储在 C 盘上 document 目录下的子文件夹 files 中的文件 abc.exe 的绝对路径可以表示为：C:\document\files\abc.exe。

(2)相对路径

与绝对路径相对应，我们把从当前文件夹开始到文件所在文件夹的路径称为“相对路径”，一个文件的相对路径会随着当前文件夹的不同而不同。如果当前文件夹是 C 盘根目录下的 computer 文件夹，则访问文件 abc.exe 的相对路径是：..\document\files\abc.exe，这里的“..”代表 computer 文件夹的父文件夹。

2. Windows 的资源管理器

资源管理器是 Windows 系统的资源管理中心，可以显示本机上的所有资源或联网的计算机上的共享资源信息。这些资源包括文件和文件夹、驱动器、打印机、控制面板、计划任务等。资源管理器可以以分层的方式显示计算机内所有资源的详细图表，这样用户在一个窗口中就可以浏览所有的磁盘和文件夹。用户可以不必打开多个窗口，就能方便地实现浏览、查看、移动和复制文件或文件夹等操作。

资源管理器的窗口包括标题栏、菜单栏、工具栏、左窗口、右窗口和状态栏等几部分。“资源管理器”也是窗口，其各组成部分与一般窗口大同小异，特别之处在于资源管理器的窗口中包括文件夹窗口和文件夹内容窗口。左边的文件夹窗口以树形目录的形式显示文件夹，右边的文件夹内容窗口是左边窗口中所打开的文件夹中的内容。

(1)资源管理器的组成

- 标题栏。位于资源管理器窗口的最上方。标题栏最左边是资源管理器标识按钮和当前打开的文件夹名称，最右侧是最小化按钮、最大化或还原按钮和关闭按钮。
- 窗口菜单。在资源管理器窗口标题栏的下方是菜单栏，主要菜单项有“文件”、“编辑”、“查看”、“收藏”、“工具”和“帮助”等。
- 工具栏。在菜单栏的下一行。工具栏也可以隐藏起来。打开菜单栏中“查看”菜单的“工具栏”子菜单，可以控制工具栏的显示。

- 文件夹窗口。位于资源管理器的左窗口，文件夹窗口中是文件夹树形结构，显示计算机资源的结构组织。文件夹树的最上方是“桌面”图标，计算机所有资源都组织在这个图标下，包括我的文档、我的电脑、网上邻居、回收站及桌面上的文件夹。在文件夹窗口视图中，若文件夹图标左侧有“＋”标记，表示该文件夹含有子文件夹，可双击该文件夹图标或单击其左侧的“＋”在文件夹窗口中展开。展开的文件夹左侧标记变为“－”号，再次双击其图标或单击其左侧的“－”即可关闭。若文件夹左侧没有“＋”和“－”号，表示该文件夹中不含子文件夹。单击文件夹图标，可以在右侧的文件夹内容窗口中显示该文件夹中的内容。被选择的文件夹叫活动文件夹。单击工具栏中的“文件夹”工具按钮可以关闭文件夹窗口。也可单击工具栏中的搜索工具按钮，在文件夹窗口中会打开搜索助理窗口，可以方便地搜索需要的文件。
- 文件夹内容窗口。位于资源管理器的右窗口，显示活动文件夹中包含的子文件夹或文件。通过菜单栏中的“查看”菜单可以改变文件夹内容窗口中文件的显示方式，有缩略图、平铺、图标、列表、详细信息等几种方式。
- 窗口分隔条。位于文件夹窗口和文件夹内容窗口之间。窗口分隔条可以用鼠标进行拖动，左移或者右移，从而改变左、右窗口的相对大小。
- 状态栏。在资源管理器窗口的底部是状态栏，显示当前活动文件夹中对象的个数、占用磁盘空间和所处位置等信息。

(2)资源管理器的启动

启动资源管理器可以有以下多种方式：

- 单击“开始”‖“所有程序”‖“附件”‖“Windows 资源管理器”；
- 双击“资源管理器”快捷方式图标；
- 右击桌面上“我的电脑”、“回收站”、“我的文档”中的任一图标，在弹出的快捷菜单中选择“资源管理器”命令；
- 右击“开始”按钮，在弹出快捷菜单中选择“资源管理器”命令。

(3)在桌面上创建资源管理器的快捷方式

安装完 Windows 后的初始桌面上没有资源管理器的图标，要在桌面上创建资源管理器的图标，可以先单击“开始”按钮，在开始菜单中选择“所有程序”‖“附件”，然后在附件子菜单的“Windows 资源管理器”命令项上右击，在弹出的快捷菜单中选择“发送到”‖“桌面快捷方式”命令。

3. Windows 文件夹与文件的使用及管理

使用资源管理器可以打开、复制、移动、删除或者重新组织文件和文件夹，各种操作的方法和步骤如下：

(1)创建新的文件夹及文件

- 创建文件夹：在资源管理器的文件夹窗口中选中创建新文件夹的位置，可以是一个磁盘或一个文件夹，然后使用菜单命令“文件”‖“新建”‖“文件夹”即可新建一个文件夹，在新建的文件夹名称文本框中输入文件夹的名称，按 Enter 键或单击窗口空白处即可完成新文件夹的创建。
- 创建新文件：在资源管理器的文件夹窗口中选中新文件所处的磁盘或文件夹，然后使用菜单命令“文件”‖“新建”，在子菜单中选择新文件的类型，如“文本文档”，在新建的文件名称文本框中输入文件的名称，按 Enter 键或单击窗口空白处即可完成新文件的创建。

(2)选择文件或文件夹

- 选择一个文件或文件夹：用鼠标单击文件或文件夹即可选中。
- 选择连续的多个文件或文件夹：先单击要选择的第一个文件，然后按住 Shift 键，用鼠标在最后一个文件上单击或者使用方向键进行选择，再释放 Shift 键，即可将一组连续的文件选定。
- 选择不连续的多个文件或文件夹：按住 Ctrl 键，逐个单击要选择的文件。或者按住 Ctrl 的同时使用方向键移动到要选择的文件上，然后按空格键进行选定。
- 选择所有的文件或文件夹：使用菜单命令“编辑”‖“全部选定”，或使用 Ctrl＋A 组合键即可全部选定。
- 取消选择：如果只取消选定的文件夹和文件中的一部分，可以按住 Ctrl 键，用鼠标逐个单击要取消的对象。如要全部取消，则只需用鼠标单击窗口的空白处即可。
- 反向选择：选择菜单命令“编辑”‖“反向选择”，可以取消前面的选择，同时将前面没有选择的所有对象选择上。

(3)移动文件及文件夹

- 鼠标拖动：选定要移动的对象，如果移动的目标位置和当前位置在同一个逻辑盘上，可以直接用鼠标拖动到目标位置即可；如果两者不在同一个逻辑盘上，则需要在鼠标拖动的同时按下 Shift 键。
- 使用剪贴板：选定要移动的对象，选择菜单命令“编辑”‖“剪切”，然后选定目标文件夹，执行菜单命令“编辑”‖“粘贴”。

(4)复制文件及文件夹

- 鼠标拖动：选定要复制的对象，如果复制的目标位置和当前位置不在同一个逻辑盘上，可以直接用鼠标拖动到目标位置即可；如果两者在同一个逻辑盘上，则需要在鼠标拖动的同时按下 Ctrl 键。
- 使用剪贴板：选定要移动的对象，选择菜单命令“编辑”‖“复制”，然后选定目标文件夹，执行菜单命令“编辑”‖“粘贴”。

(5)发送文件及文件夹

- 右击要发送的对象，在弹出的菜单中选择“发送到”命令，然后选择发送的目的地，如“桌面快捷方式”、“我的文档”等。

(6)删除文件或文件夹

- 单击资源管理器窗口工具栏上的“删除”按钮。
- 单击资源管理器窗口菜单栏上的文件菜单中的删除命令。
- 右击要删除的文件夹或文件，在弹出的快捷菜单中单击删除命令。
- 用鼠标将要删除的文件夹或文件拖动到资源管理器左窗口的“回收站”文件夹中。

(7)删除或还原“回收站”中的文件或文件夹

回收站是 Windows 为用户提供的一个安全删除文件或文件夹的解决方案，用户从硬盘中删除文件或文件夹时，Windows 会将其自动放入“回收站”中，直到用户将其清空或还原到原位置。

删除或还原“回收站”中文件或文件夹的方法有以下几种：

- 在“回收站”窗口中，选定要删除或还原的文件，单击此窗口菜单栏的文件菜单，选择菜单中的“删除”或“还原”命令，即可将文件彻底删除或还原到原来所处的位置。
- 在“回收站”窗口中，右击要删除或还原的文件，在弹出的快捷菜单中，单击“删除”或“还原”命令。
- 若要删除“回收站”中所有的文件和文件夹，可在“回收站”窗口的菜单栏中，选择菜单命令“文件”‖“清空回收站”，或者单击回收站左窗口“回收站任务”中的“清空回收站”命令，则“回收站”内容被清除干净。
- 若要还原所有的文件和文件夹，可单击回收站左窗口“回收站任务”中的“恢复所有项目”命令，即可将回收站中的所有对象还原到原位置。

需要注意的是，从回收站清除的信息是永久性删除，不能再恢复，所以在清理前应慎重。另外如果想直接删除文件或文件夹，而不将其放入“回收站”中，可在将其拖到“回收站”时按住 Shift 键，或选中该文件或文件夹，按 Shift＋Delete 键。

(8)重命名文件或文件夹

- 选择要重命名的文件或文件夹，再次单击文件夹或文件名，也可以选择菜单命令“文件”‖“重命名”，或右击并在弹出的快捷菜单中选择“重命名”命令，这 3 种方法都可以使文件或文件夹的名称变成编辑状态(蓝色反白显示)，用户可直接键入新的名称进行重命名操作。

(9)文件夹和文件的排序

在资源管理器的文件夹内容窗口中，把文件的显示方式改成“详细信息”后，文件和文件夹会按照一定的顺序进行排列。一般来说文件夹显示在最上面，下面的文件都按照字母顺序从上到下进行排列。我们也可以按文件类型、文件的字节多少、最后存储的日期以及文件名称的前后顺序等方式来组织文件夹和文件的排列。在资源管理器菜单栏的“查看”菜单中，单击“排列图标”命令，在其子菜单中有 4 个选项分别为“按名称”、“按类型”、“按大小”和“按日期”，选择其中一种，系统即按选定的方式排列文件夹和文件。或者在“详细信息”显示方式下，分别单击文件列表框上面的“名称”、“大小”、“类型”和“修改日期”，就可以按不同顺序进行排列。

(10)查看对象属性

通过资源管理器，可以查看计算机各种资源的属性信息，包括计算机硬件设置、磁盘驱动器当前状况、文件及文件夹等的属性。

- 查看计算机系统的属性：在资源管理器文件夹窗口中选定“我的电脑”图标，使用菜单命令“文件”‖“属性”，或右击并在弹出的快捷菜单中选择“属性”命令，会弹出一个“系统属性”对话框，对话框中有“常规”、“计算机名”、“硬件”、“高级”、“系统还原”及“自动更新”等多个选项卡。选择一个选项卡，会出现一个相应的窗口，可以在窗口中查看计算机的性能和系统配置的详细情况。
- 查看磁盘驱动器属性：在资源管理器文件夹窗口选定某个逻辑盘，使用菜单命令“文件”‖“属性”，或右击并在弹出的快捷菜单中选择“属性”命令，会弹出属性对话框，对话框中有“常规”、“工具”、“硬件”、“共享”等选项卡。选择一个选项卡，会出现一个相应的窗口,可以在窗口中查看逻辑磁盘的相关信息。

- 查看文件及文件夹属性:选中一个文件后右击,或者使用菜单命令“文件”‖“属性”,会弹出属性对话框。在属性对话框中会显示文件或文件夹的名称、大小、类型、创建时间以及存放的目录等信息,在对话框的最下面显示有“只读”、“隐藏”和“存档”3个属性。选择“只读”属性,则该文件或文件夹不允许更改和删除;选择“隐藏”属性,则该文件或文件夹在常规显示中将不被看到;选择“存档”属性,则表示该文件或文件夹已存档,有些程序用此选项来确定哪些文件需做备份。

(11)查找文件、文件夹和应用程序

有时候用户需要查看某个文件或文件夹的内容,却忘记了该文件或文件夹存放的具体的位置或具体名称,这时可以通过资源管理器来快速查找文件夹或文件。

单击资源管理器工具栏上的“搜索”按钮,在文件夹窗口部分会出现搜索对话框。在“要搜索的文件或文件夹名为”文本框中输入文件或文件夹的名称,然后在“包含文字”文本框中输入该文件或文件夹中包含的文字,接着在“搜索范围”下拉列表中选择要搜索的范围,最后单击“立即搜索”按钮,即可开始搜索。Windows 会将搜索的结果显示在对话框右边的窗口内。若要停止搜索,可单击“停止搜索”按钮。双击搜索后显示的文件或文件夹,即可打开该文件或文件夹。

(12)显示和隐藏文件

利用 Windows 资源管理器,可以将属性设置为“隐藏”文件夹或文件保护起来,不显示出来,这样可以避免对其误操作。使用资源管理器的菜单命令“工具”‖“文件夹选项”,可以打开“文件夹选项”对话框,在对话框中选择“查看”选项卡,在“高级设置”选项中选择“不显示隐藏的文件和文件夹”选项,即可避免显示所有隐藏的文件和文件夹。要想显示隐藏文件或文件夹,只要取消选择此选项即可。

4. Windows 的剪贴板

剪贴板是在 Windows 系统中单独预留出来的一块内存,它用来暂时存放在 Windows 应用程序之间、文件之间和文件内部要交换的数据。剪贴板并不是一个独立的应用程序,而是 Windows 中的一类 API 函数(应用程序编程接口函数),各种应用程序通过调用这类函数来管理数据的交换。

通过剪贴板,可以实现复制、剪切或粘贴等操作,还可以对计算机屏幕信息进行复制。

- 复制:选中要复制的内容,选择“复制”命令(一般在程序的“编辑”菜单中),或者按下 Ctrl+C 组合键,可以将选定的内容复制到剪贴板中。
- 剪切:选中要剪切的内容,选择“剪切”命令(一般在程序的“编辑”菜单中),或者按下 Ctrl+X 组合键,将选定的内容剪切后移到剪贴板中。
- 粘贴:选择“粘贴”命令(一般在程序的“编辑”菜单中),或者按下 Ctrl+V 组合键,可以将剪贴板中的内容插入到指定的位置。
- 复制整个屏幕:按下键盘上的 Print Screen 键,可以将当前整个屏幕信息复制到剪贴板中。
- 复制活动窗口:同时按下 Alt 与 Print Screen 键,可以将当前活动窗口中的信息复制到剪贴板中。

5. Windows 的快捷方式

Windows 的快捷方式包括快捷图标和快捷键。快捷图标是一个左下角带有弧形箭头的图标，可以和用户界面中的任意对象相连，通过双击该快捷方式图标，即可快速打开该对象。快捷键是通过键盘来快速打开各种应用程序、文件、文件夹、打印机等的方式。

- 创建快捷图标：在“资源管理器”或“我的电脑”窗口中，选定要创建快捷图标的应用程序、文件、文件夹、打印机或计算机等。要在当前位置创建快捷图标，可以单击菜单栏中“文件”‖“创建快捷方式”命令，或者右击选定的对象，再单击快捷菜单中的“创建快捷方式”命令。如果要把对象的快捷图标创建在桌面上，可以选择菜单栏中“文件”‖“发送到”‖“桌面快捷方式”，或者右击选定的对象，再单击快捷菜单中的“发送到”‖“桌面快捷方式”命令。
- 设置快捷键：在创建了桌面快捷方式后，用户还可以为其设置快捷键。首先右击要设置快捷键的项目。在弹出的快捷菜单中选择“属性”命令，打开“属性”对话框。选择对话框中的“快捷方式”选项卡。在该选项卡中的快捷键文本框中直接按所要设定的快捷键，单击“应用”和“确定”按钮即可。
- 删除快捷图标：选中要删除的快捷图标，右击该图标并在弹出的快捷菜单中选择“删除”命令，或者直接按下 Delete 键，均可将快捷图标放入回收站中。需要注意的是，对象的快捷方式图标不是对象本身，也不是它的副本，删除、移动或重命名快捷方式均不会影响原有的对象。

2.6 Windows 系统环境设置

在 Windows 系统中，“控制面板”是一个重要的系统工具，是用户对计算机系统环境进行控制的工作台面。启动控制面板功能会出现控制面板窗口。

1. Windows 控制面板的启动

在 Windows XP 中，有以下几种启动控制面板的方法：

- 用单击桌面上的“开始”按钮，在打开的开始菜单中选择“控制面板”。
- 双击桌面上“我的电脑”图标，在出现的左窗口中单击“控制面板”图标。
- 打开资源管理器窗口后，在文件夹窗口中，单击“我的电脑”左侧的“＋”号，在打开的列表中单击“控制面板”图标。

2. Windows 中日期、时间、语言和区域设置

使用控制面板可以设置系统的日期、时间、语言和所在区域。打开控制面板，在窗口中单击“日期、时间、语言和区域设置”图标，打开“日期、时间、语言和区域设置”对话框。通过该对话框，可以选择一个任务或选择窗口下面的一个图标来进行设置。具体操作方法如下：

(1)日期和时间设置

选择“更改日期和时间”任务或“日期和时间”图标，打开“日期和时间属性”对话框。对话框中有三个标签，分别是“时间和日期”选项卡、“时区”选项卡和“Internet 时间”选项卡。打开不同的标签，可以对系统的时间进行设置。

- 在对话框中选择“时间和日期”选项卡，打开的窗口中左边是日期调整部分，可以选择当前的年、月、日。对话框右边是时间调整部分，上面是一个表盘形状，显示当前

时间，表盘下面是一个白色矩形的选值框，选值框中是以"："分隔的当前的时、分和秒值，修改表示时间的数字，即可完成时间的修改。

- 在对话框中选择"时区"选项卡，打开时区对话框窗口，可以在时区下拉列表框中选择某一地区作为系统所处的时区。
- 在对话框中选择"Internet 时间"选项卡，在打开的窗口中可以选择使本机与网络上的某服务器的时间同步。

(2)区域和语言选项设置

选择"更改数字、日期和时间的格式"任务、"添加其他语言"任务中的一个，或选择"区域与语言"图标，打开"区域与语言选项"对话框。打开对话框的"区域选项"选项卡，可以设置时间和日期的显示格式；打开对话框的"语言"选项卡，可以添加和删除输入语言、设置默认输入语言等。

3. Windows 中程序的添加和删除

打开控制面板，选择"添加/删除程序"图标，打开 "添加或删除程序"对话框。选择窗口左边的"更改或删除程序"按钮，在窗口右边会显示出系统中安装的所有程序，在其中选择一个程序，会出现一个"更改/删除"按钮，单击该按钮可以对程序进行更改/删除操作。选择窗口左边的"添加新程序"按钮，按对话框中向导的引导，可完成添加新程序的操作。

4. Windows 显示属性的设置

在控制面板中，选择"外观和主题"类别，控制面板窗口显示外观和主题对话框，在对话框中选择一个任务或控制面板下的"显示器"图标，会弹出一个"显示属性"对话框。"显示属性"对话框上部有"主题"、"桌面"、"屏幕保护程序"、"外观"、"设置"等选项卡。单击其中的一个选项卡，可以在打开的窗口中对 Windows 的显示属性进行设置。另外，除了通过控制面板，也可以在桌面空白处右击鼠标，在弹出的快捷菜单中选择"属性"命令，也可以打开"显示属性"对话框。设置完毕，单击"确定"按钮，系统就会按照用户的设置改变显示属性。

2.7 Windows 附件常用工具

Windows 的"附件"为用户提供了许多使用方便而且功能强大的工具，包括一些常用系统工具以及实用工具软件。利用附件中的工具可以方便地完成用户的一些常用工作，比如使用附件中的系统工具对系统进行维护，使用附件中的"计算器"可以进行基本的算术运算，使用"写字板"可以进行文本文档的创建和编辑工作。进行以上工作虽然也可以使用专门的应用软件，但是运行程序要占用大量的系统资源，而附件中的工具都是非常小的程序，运行速度比较快，不像专用软件要占用系统大量的资源，这样可以有效节省用户的时间和系统资源，提高工作效率。

在开始菜单中选择所有程序菜单组中的附件子菜单组，选择其中相应工具的命令即可以方便地启动这些工具。

1. Windows 附件的系统工具

打开附件菜单中的系统工具子菜单，如图 2-8 所示，该子菜单包含多个维护系统的强大

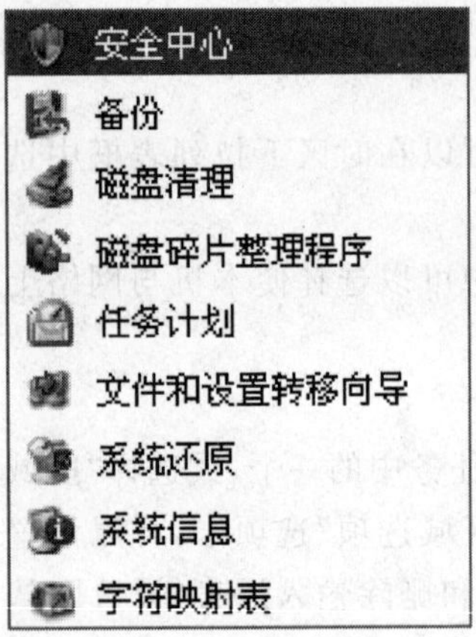

图 2-8　系统工具子菜单

功能程序。其中比较常用的工具介绍如下：

- 磁盘清理：帮助用户释放磁盘空间，删除临时文件、Internet 缓存文件和可以安全删除的不需要的文件，腾出它们占用的系统资源，以提高系统性能。
- 磁盘碎片整理程序：磁盘在经过长时间的使用后会出现很多零散的空间和磁盘碎片，使文件可能存放在不同的存储空间，影响系统运行的速度。使用磁盘碎片整理程序可以重新安排文件在磁盘中的存储位置，将文件的存储位置整理到一起，同时合并可用空间，实现提高运行速度的目的。
- 系统还原：可以对系统进行备份，当系统出现故障甚至崩溃时，可以使用系统还原使系统恢复到选择的还原点。
- 系统信息：可以查看当前使用系统的版本、资源使用情况等信息。

2. Windows 附件的常用工具

在 Windows 附件中有许多常用工具，包括画图工具、计算器、记事本、命令提示符等，下面对其中一些常用工具的功能进行简单的介绍。

- 画图：画图程序是一个位图编辑器，可以对各种位图格式的图画进行编辑。用户可以在画图程序中绘制图画，也可以将扫描好的图片在画图程序中进行编辑修改。编辑完成后，可以将编辑好的图画以 BMP、JPG、GIF 等格式存档，用户还可以选择发送到桌面和其他文本文档中。
- 记事本：用于纯文本文档的编辑，适于编写一些篇幅短小的文件。记事本常用来查看或编辑纯文本（.txt）文件，也可以用来编写 HTML 文档。它使用方便、快捷，但仅支持很基本的文本格式，不能设置特殊的格式。
- 写字板：写字板是一个使用简单、功能强大的文字处理程序，用户可以利用它进行日常工作中文件的编辑。它不仅可以进行中英文文档的编辑，而且还可以图文混排，插入图片、声音、视频剪辑等多媒体资料，是一个比“记事本”功能稍强的处理工具，接近标准的字处理软件。
- 计算器：计算器可以帮助用户完成数据的运算，它可分为“标准计算器”和“科学计算器”两种，“标准计算器”可以完成日常工作中简单的算术运算，“科学计算器”可以完成较为复杂的科学运算。它的使用方法与日常生活中使用计算器的方法一样，可以通过鼠标单击计算器上的按钮来取值，也可以通过从键盘上输入来操作。
- 命令提示符：也就是 Windows 95/98 下的“MS-DOS 方式”，通过命令提示符用户可以在 Windows 系统下运行 DOS 命令。

第3章

文字编辑

3.1 Word概述

Word 2003是微软公司推出的文字处理软件，该软件主要用于编排电子文档，用户可以方便地利用它编辑文档内容，设置文档的格式，在文档中插入图形、图片、表格和图表等，此外，利用Word 2003还可以方便地编排长文档，例如，利用样式规范各级标题格式，可以自动提取目录、创建索引等。

3.1.1 Word的主要功能和特点

Word 2003优秀、友好的界面和丰富的编辑功能可满足不同行业对文档的不同需求，其便捷易学的操作和所见即所得的效果深受广大用户喜爱。其主要功能如下。

(1)文字编辑功能：可以进行文字的输入、修改、删除、移动、复制、查找、替换等操作。

(2)文字校对功能：可以进行拼写与检查、自动更正等操作。

(3)格式编排功能：可以进行字体格式、段落格式及页面格式的编排操作。

(4)图文处理功能：可以绘制和插入图形、图片、艺术字等，可以编排出图文混排的版式，还可以设置三维效果。

(5)表格绘制功能：可以创建或修改表格，可以将文字转换为表格，也可将表格转换为文本。

(6)帮助功能：系统提供的Office助手可以为用户排忧解难。

此外，Word 2003还具有如下特点。

(1)系统提供丰富的文档编辑模板，可充分利用这些模板方便地完成各类标准规范的文稿。

(2)软件编辑命令丰富，可实现公文、期刊、广告宣传品、书稿等多种编辑效果。

(3)文档的编辑还可以与Office软件包中的一些工具，如Microsoft Graph图表、MS组织结构图工具、Microsoft公式等插件联合使用，全面反应信息内容。

3.1.2 启动Word 2003

安装完Office 2003后，在Windows XP开始菜单的程序组中会产生Microsoft Office应用程序小组，单击屏幕左下角的“开始”按钮，依次选取弹出菜单中的“程序”‖“Microsoft Office”‖“Microsoft Office Word 2003”项，即可打开Word 2003应用程序。

如果桌面上有 Word 的快捷方式图标，双击该图标也可以打开 Word 2003 应用程序。

利用资源管理器在 Microsoft Office 的安装目录中找到 Word 的可执行文件 WINWORD. EXE，双击该文件也可以打开 Word 2003 应用程序。一般来说 Word 2003 的可执行文件应该在 ..\Program files\Microsoft Office\OFFICE11 目录下。

双击后缀为 .doc 的 Word 文件，也可以打开 Word 2003 应用程序。

3.1.3 工作界面

启动 Word 2003 后，即进入 Word 2003 的工作界面，它包括标题栏、菜单栏、工具栏、标尺、滚动条、状态栏、编辑区以及任务窗格等几个部分，如图 3-1 所示。

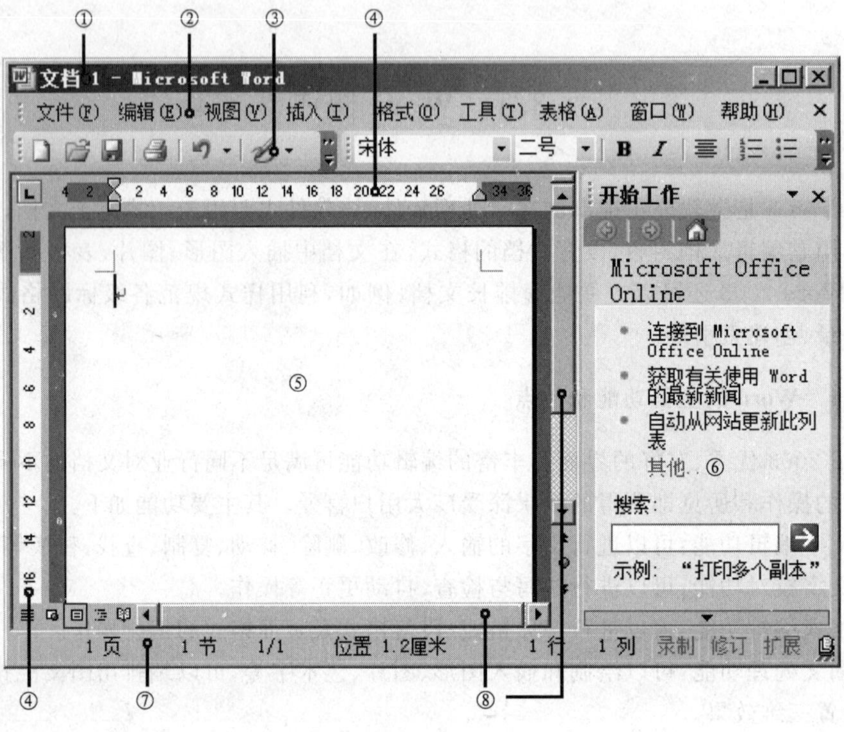

图 3-1 Word 工作界面

①标题栏：位于窗口顶端，显示当前文档名称。单击左侧图标可显示其控制菜单，右侧包含“最小化”、“还原”和“关闭”3 个窗口控制按钮。

②菜单栏：位于标题栏下方，包括“文件”、“编辑”、“视图”、“插入”、“格式”、“工具”、“表格”、“窗口”和“帮助”共 9 个菜单。每个菜单中还包含有子菜单，单击菜单项，可执行相关的命令。

③工具栏：一般位于菜单栏下方，软件将一些常用命令和功能用按钮表示，并将功能相近的图标集中在一起组成不同的工具栏，如格式工具栏、常用工具栏等。

④标尺：位于窗口的左方和上方，分别是垂直标尺和水平标尺。标尺有两个主要作用：一是通过标尺可以进行页面设置、段落设置及制表位的设置；二是可以查看正文、图片、文本框在页面中的位置以及宽度和高度。

⑤编辑区：位于窗口中央，是进行文档编辑的重要区域，在不同的视图方式下可在其中进行不同的工作。

⑥任务窗格：一般位于窗口右方，是一个可以执行多任务的区域，包括十四种任务窗格。利用任务窗格可以快速执行对文档内容的操作命令、对文档文件的操作命令、帮助和信息检索命令以及与邮件和 Internet 相关的操作命令等，用户可以一边使用这些命令，一边继续处理文件。在默认情况下，启动 Word 2003 时，“开始任务”窗格被打开。要打开其他任务窗格，可以单击任务窗格最上面的任务窗格名称按钮，然后从弹出的任务窗格名称列表中进行选择。要关闭任务窗格，可以单击任务窗格右上角的✖按钮。当任务窗格关闭后，可以选择“视图”‖“任务窗格”命令，重新打开任务窗格。

⑦状态栏：位于窗口底部，用于显示文档编辑状态和位置信息，包括页数、节、插入点所在位置、行和列的信息等。

⑧滚动条：位于窗口右方和下方，分别是垂直滚动条和水平滚动条，可以配合页面显示比例滚动，查看文档中的内容。

3.1.4 使用帮助

在 Word 2003 中，可以使用 3 种方法使用帮助功能。首先，选择菜单栏上的“帮助”‖“Microsoft Office Word 帮助”命令，将会在 Word 窗口的右侧出现“Word 帮助”任务窗格。其次，直接按 F1 键，将会在 Word 窗口的右侧出现“Word 帮助”任务窗格。在帮助窗格中，列出了可以获得帮助的内容和方法，单击“目录”就可以很快找到相应的帮助说明。最后，使用 Word 工作界面右上角的帮助工具栏，在其中输入所要查询的问题后按 Enter 键，将会在 Word 窗口右侧出现“搜索结果”的任务窗格，并列出查找到的结果。

3.2 Word 的基本操作

3.2.1 创建文档

1. 新建文档

新建文档是 Word 中最基本的操作，因为每次启动 Word 2003 后，系统都会自动建立一个空白文档，其默认的文件名是“文档 1”，用户可以直接在此输入、编辑内容。用户也可以自己新建文档，主要方法有以下几种：

(1)单击“常用”工具栏上的“新建空白文档”按钮🗋，即可新建一个空白 Word 文档，并自动以“文档 1”、“文档 2”……命名。

(2)单击菜单栏上的“文件”‖“新建”命令，将会打开“新建文档”任务窗格，选择“空白文档”选项，就能新建立一个空白文档。

(3)直接按下 Ctrl＋N 组合键，即可新建一个空白 Word 文档。

2. 输入文本

当建立一个新文档后，在文本工作区中将出现一个闪烁的光标，它表明了目前文档的输入位置，用户可以在光标处输入、修改或删除文字。

Word 2003 可以输入英文、标点符号、字符等，可以在文档工作区的光标位置直接使用键盘输入中英文和标点符号，当输入文本后，光标会自动向右移动，当输入到行尾时会自动换行。当需要开始新的一段时，按下 Enter 键，光标会移动到下一行最左边的起始位置，并在上一段末尾出现一个段落符号“↵”。

输入文本时经常需要插入一些特殊符号，如“㊣”、“︹”、“ⅷ”等，Word 提供了丰富的特殊符号列表，具体操作方法如下。

(1)单击工作区中需要插入特殊符号的位置，从而定位光标，选择菜单栏中“插入”‖“符号”命令，打开符号对话框。

(2)在“符号”选项卡中选择“字体”和“子集”，查找所需字符，选定后单击“插入”按钮，该字符就会插入到当前光标所在位置。

(3)如果需要插入特殊符号，可以选择菜单栏中的“插入”‖“特殊符号”命令，打开插入特殊符号对话框，插入所需特殊符号。

3. 保存文档

保存文档的重要性相信所有人都知道，只有保存了文档，工作成果才得以保留。Word 为用户提供了多种保存方式，并且具有自动保存功能，以便发生意外情况导致文档内容丢失。

(1)保存新文档

当用户在新建文档中完成一部分工作，需要保存文档时，可以使用以下几种方法。

①选择菜单栏中的“文件”‖“保存”命令，打开“另存为”对话框。

②单击常用工具栏中的“保存”按钮，打开“另存为”对话框。

③按下 Ctrl+S 组合键打开“另存为”对话框。

在“另存为”对话框中，设置以下内容：在“保存位置”中选择要保存文件的目标文件夹，在“文件名”文本框中输入文件名称，在“保存类型”中确认所需要的文件类型，单击“保存”按钮，文档即可按照设置保存到硬盘中的指定位置。

(2)保存已有文档

在保存了新文档后，对文档内容做了修改并需要保存，如果保存位置及文件名均不需改动，则可以直接单击“保存”按钮，对文档进行保存，此时文档以原文件名保存在原文件夹中。

(3)另存为

文档需要备份或根据需要调整保存位置及文件名时，可以选择“文件”‖“另存为”命令，打开“另存为”对话框，重新设置保存位置、文件名等。

(4)自动保存

Word 2003 具有自动保存功能，自动保存就是 Word 自动在一定时间内保存一次文档。这样可以有效地防止用户在进行了大量工作之后，没有保存而又发生死机、断电等意外情况时导致文档大量丢失。可以设置 Word 自动保存的时间间隔，操作如下：

选择“工具”‖“选项”命令，打开“保存”选项卡，设置“自动保存间隔时间”并单击“确定”按钮。

4. 关闭文档与退出 Word 2003

关闭文档即关闭不需要再进行编辑的 Word 文件，但不一定要退出 Word 2003；退出 Word 2003 则一定要关闭所有打开的 Word 文档。关闭 Word 文档而不退出 Word 2003 的操作方法有以下几种。

(1)选择菜单栏中“文件”|“关闭”命令。

(2)单击窗口右上角的“关闭”按钮,不是标题栏上的“关闭”按钮。

此时,如果当前文档在最后一次保存之后没有经过修改,就会被关闭;如果对该文档进行了修改而没有经过保存,则会弹出提示对话框,单击“是”按钮在执行保存操作后关闭文档,单击“否”按钮后在不保存对文档所致的改动而直接关闭,单击“取消”按钮则返回文档。

如果需要直接退出 Word 2003,此时不需要关闭打开的文档,也不用担心没有保存,可以使用以下几种操作来退出。

(1)选择菜单栏中“文件”|“退出”命令。

(2)单击窗口右上角标题栏上的“关闭”按钮。

(3)双击窗口标题栏最左边的 Word 图标。

(4)直接按下 Alt+F4 组合键。

此时,如果当前文档在最后一次保存之后没有经过修改,将关闭该文档,同时退出 Word 2003;如果对该文档进行了修改而没有经过保存,则会弹出提示对话框,单击“是”按钮在执行保存操作后关闭文档并退出 Word 2003,单击“否”按钮后在不保存对文档所致的改动而直接关闭,单击“取消”按钮则返回文档,并不退出 Word 2003。

5. 打开已有文档

若要对以前保存过的文档进行修改或使用,则必须打开此文档才能工作,通过以下几种方法可以弹出“打开”对话框。

(1)选择菜单栏中“文件”|“打开”命令。

(2)在“常用”工具栏中单击“打开”按钮。

(3)直接按下 Ctrl+O 组合键。

在“查找范围”中查找到文件保存的文件夹,选择要打开的文档,单击“打开”按钮。此外,还可以在硬盘中找到所要打开的 Word 文件,直接双击该文件,即将该文档打开。

3.2.2 文本编辑

文本编辑是使用 Word 软件最基本,也是最常用的操作,包括文本的插入、删除、移动、复制、查找与替换等操作,从而使内容更加完整、美观、准确。

1. 选定文本

若要对部分文本进行各项编辑操作,首先需要选定这部分文本,使文本的底色变成黑色。选定文本的效果如图 3-2 所示。

工作簿由若干个工作表构成,工作表是通过工作表标签来标识的。工作表标签显示在工作簿窗口的底部,用户可以单击不同的工作表标签来进行工作表的切换。有些工作表中包含一些图表,这些图表与工作表数据相链接,并随工作表数据的变化而自动更新。在 Excel 中,还可以更改工作表标签的颜色,以便于区分和选择。

图 3-2 选定文本效果

可以使用鼠标和键盘选定文本,最常用的选定文本的方法有如下几种。

(1)双击选定:适用于选定某个词或词组,如用户想选中文档中"计算机"这个词,那么可以将鼠标光标移动到这个词上,然后双击即可。

(2)拖动鼠标选定:适用于选定任意文本区,将鼠标光标停留在所要选定内容的开始处,然后按住鼠标左键拖动鼠标,直到所要选定部分的结尾处,松开鼠标即可。

(3)选定一行:将鼠标光标停留在该行左侧,鼠标光标变成一个箭头,此时单击鼠标,即可选中该行。

(4)选定多行:操作同选定一行,只是当鼠标光标处于某行左侧变成箭头时,按住鼠标左键同时上下移动鼠标,即可选定多行文本。

(5)选定一个段落:将鼠标光标停留在该段落的左侧,鼠标光标变成箭头时,双击鼠标,即可选定该段落;将鼠标光标放置在该段落中任意一处,连续单击鼠标 3 次,也可以选定该段落。

(6)选定多个段落:将鼠标光标停留在该段落左侧,鼠标光标变成箭头时,双击并上下移动鼠标,即可选定多个段落。

(7)选定整篇文档:将鼠标光标停留在文档中任意正文的左侧,鼠标光标变成箭头时连续单击鼠标 3 次,即可选定整篇文档;执行菜单栏中的"编辑"‖"全选"命令,也可以选定整篇文档;此外,直接按 Ctrl+A 组合键,同样可以选定整篇文档。

(8)选定矩形区域的文本:该方法和拖动鼠标选定类似,只是在拖动过程中按下键盘上的 Alt 键即可。其选中效果如图 3-3 所示。

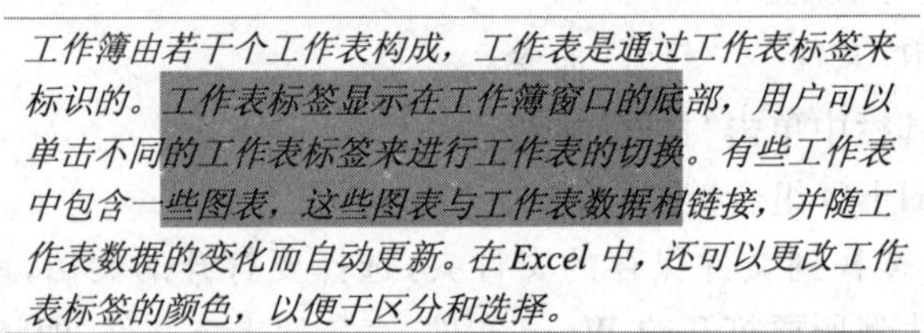
工作簿由若干个工作表构成,工作表是通过工作表标签来标识的。工作表标签显示在工作簿窗口的底部,用户可以单击不同的工作表标签来进行工作表的切换。有些工作表中包含一些图表,这些图表与工作表数据相链接,并随工作表数据的变化而自动更新。在 Excel 中,还可以更改工作表标签的颜色,以便于区分和选择。

图 3-3 选定矩形区域文本

除了以上介绍的选定文本的方法,还可以使用组合键进行文本选定,用键盘选择文本的组合键如表 3-1 所示。

表 3-1 选择文本组合键

按 键	功 能	按 键	功 能
Shift+→	右选取一个字符	Shift+←	左选取一个字符
Shift+↑	选取上一行	Shift+↓	选取下一行
Shift+Home	选取到当前行首	Shift+End	选取到当前行尾
Shift+PageUp	选取上一屏	Shift+PageDown	选取下一屏
Shift+Ctrl+→	右选取一个字或单词	Shift+Ctrl+←	左选取一个字或单词
Shift+Ctrl+Home	选取到文档开始	Shift+Ctrl+End	选取到文档末尾

2. 插入和删除文本

(1)插入文本

Word 默认以插入方式进行文本录入,在状态栏上有"改写"按钮,通常情况下该按钮为灰色，表示目前正在使用插入方式，可以双击此按钮或按 Insert 键，此时“改写”按钮变成黑色，则表示目前处于改写方式。

在插入方式下，将光标移动到目标位置，输入新文本即可，此时插入点右边的字符随着输入向右移动。在改写方式下，插入点右边的字符将被新输入的字符所替代。

(2)删除文本

删除光标左侧字符：光标在字符右侧，按 BackSpace 键。

删除光标右侧字符：光标在字符左侧，按 Delete 键。

选定删除：选定需要删除的文本，按 BackSpace 键，Delete 键，也可以选择“编辑”‖“剪切”命令或单击“剪切”按钮。

3. 剪切、复制、粘贴文本

剪切文本，即将文本删除并放到剪贴板中，并将该文本从文档中删除；复制文本同样是将文本放到剪贴板中，但并不删除文本。放到剪贴板中的文本即可在目标位置执行粘贴操作，一般通过剪切和粘贴实现文本的移动，通过复制和粘贴实现文本的拷贝。剪切、复制和粘贴文本的操作步骤如下。

(1)选定要剪切或复制的所有文本，如要剪切文本，可以按下 Ctrl＋X 组合键，或单击菜单栏中“编辑”‖“剪切”命令，或单击“常用”工具栏上的“剪切”按钮；如要复制文本，可以按下 Ctrl＋C 组合键，或单击菜单栏中“编辑”‖“复制”命令，或单击“常用”工具栏上的“复制”按钮。

(2)将光标移动到目标位置，按下 Ctrl＋V 组合键，或单击菜单栏中“编辑”‖“粘贴”命令，或单击“常用”工具栏上的“粘贴”按钮，则剪贴板中的内容即被粘贴到指定位置。

4. 移动文本

移动文本是文档编辑中常用的操作，如果要移动的文本和目标位置在同一页内，可以使用拖动鼠标的方法完成，操作步骤如下：

选中要移动的文本，将鼠标移到选定文本上，此时鼠标指针变成箭头，按住鼠标左键不放，拖动鼠标，此时会出现一个表示插入点的虚竖线，当该虚竖线到达目标位置后，释放鼠标，选定文本就会被移动到目标位置。另外，如果在拖动鼠标时同时按下 Ctrl 键，则在目标位置释放鼠标后，完成的则是复制文本。

如果要移动的文本和目标位置不在同一页面内，可以使用以下两种方法：

(1)选定要移动的文本，按 Shift＋Delete 组合键，选定的文本在原位置消失；然后将光标移动到要插入文本的位置，再按 Shift＋Insert 组合键。

(2)使用剪切的方法进行文本的移动，即选定要移动的文本，按 Ctrl＋X 组合键，然后将光标移动到要插入文本的位置，再按 Ctrl＋V 组合键。

5. 查找、替换和定位

查找、替换和定位是一种常用的编辑方法，可以对需要查找或者要替换的文字进行快速而准确的操作，提高编辑效率。

(1)查找文本

- 选择菜单栏“编辑”‖“查找”命令，或直接按住 Ctrl＋F 组合键，打开“查找和替换”对话框。

- 在“查找”选项卡中的“查找内容”中输入要查找的文本，单击“查找下一处”按钮，则开始自动在当前文档中查找，当找到对应内容后，在工作区内以反白形式显示找到的文本。
- 查找到相应内容后，如果单击“取消”，可以关闭对话框，光标停留在找到的文本上，若需继续查找，可选择“查找下一处”按钮，一直查找到文档结束。

(2)替换文本

查找与替换配合使用，可以快速、准确地对文档中多次出现的同一内容进行更改替换，两者操作基本类似。

- 选择菜单栏中的“编辑”‖“替换”命令，或直接按 Ctrl＋H 组合键，打开“查找和替换”对话框，并自动切换到“替换”选项卡上。
- 在“查找内容”和“替换为”列表框中分别输入需要查找与替换的内容，单击“查找下一处”按钮，则在文档中以反白形式显示第一处查找到的结果。
- 如果需要替换，可以单击“替换”按钮，否则继续单击“查找下一处”按钮，直到找到需要替换的位置，反复执行这两步操作，可以根据需要边查找边替换。
- 如果需要全部替换，则单击“全部替换”按钮，整篇文档一次性替换完毕。
- 如果需要特殊替换形式，可以单击“高级”按钮，展开对话框，使用其中的多种选项配合完成查找和替换工作。

(3)定位文本

除了查找和替换外，Word 还提供了定位功能，可以根据要求快速定位到指定位置，便于长文档的编辑与查询。

- 选择菜单栏中的“编辑”‖“定位”命令，或直接按 Ctrl＋G 组合键，打开“查找和替换”对话框，并自动切换到“定位”选项卡上。
- 在“定位目标”下的菜单中选择定位的方式，包括页、节、行、书签、批注等，然后在右侧输入定位内容，单击“定位”按钮，在文档会自动跳转到相应位置。

6. 撤消、重复与恢复

Word 提供了撤消前一步和多步操作、重复上一次操作与恢复撤消操作的功能，可以对错误操作予以反复纠正。

(1)撤消前一步操作：选择菜单栏中“编辑”‖“撤消××”命令，或按 Ctrl＋Z 组合键，或直接单击“常用”工具栏中的“撤消”按钮。

(2)撤消多步操作：多次重复选择“编辑”‖“撤消××”命令，或单击“撤消”按钮旁的下拉按钮，从下拉列表中选择多步操作。

(3)重复操作：选择菜单栏中“编辑”‖“重复××”命令，或按 Ctrl＋Y 组合键，可以重复前一次的操作，此命令同样可以连续不断地使用。

(4)恢复撤消操作：选择菜单栏中“编辑”‖“恢复撤消××”命令，当完成撤消任务后即会出现该命令，或直接单击“常用”工具栏中的“恢复撤消”按钮，同样也可以在下拉列表中完成多次恢复撤消操作。

7. 视图

Word 中视图就是查看文档的方式。同一个文档在不同的视图下查看文档的内容不变，但显示的方式不同。视图可以通过菜单栏“视图”菜单选择相应命令，也可以从水平滚动条左侧的视图切换按钮进行切换。

(1)普通视图:主要用于文章处理工作,能完成输入、编辑、格式、插入图片等功能,但不能实现插入页眉页脚、分栏、首字下沉等。这种视图占用系统资源少,反应速度快。

(2)Web页视图:可以直接以Web页形式查看在浏览器中的效果,可以创建能在屏幕上显示的Web页或文档,可以看到背景。

(3)页面视图:主要用于版面设计,可实现“所见即所得”的效果,能完成各种编辑工作及普通视图下不能实现的版面设置功能。但在此视图下因占用系统资源较多,使得处理速度较慢。

(4)大纲视图:主要用于编辑文档的大纲体系,以便能审阅和修改文档结构。用缩进文档标题的形式表示标题在文档结构中的级别。

(5)阅读版式:以电子书形式全面浏览文档内容,可以查看文档结构并可同时多页浏览。

3.3 版　　式

3.3.1 字符格式

要使编辑的文档更具可读性、更加美观,就需要对字符格式进行设置。字符是指汉字、英文字母、数字和标点符号等,字体的格式化是指改变字符的外观,包括字体、字号、字形、字符间距和特殊效果等的设置。

1. 设置字体、字号、字形

设置字符格式可以通过简单或者复杂格式设置的方法完成,简单的字符格式在“格式”工具栏上就可以完成。如果设置的格式比较复杂或者要设置的内容较多,则可以通过选择“格式”‖“字体”命令,在弹出的“字体”对话框中选择相应的选项卡后,进行相关设置。

(1)设置字体

字体体现字符的形状,分西文字体和中文字体,其中英文和数字使用西文字体,Word 2003默认的英文字体是“Times New Roman”,默认的中文字体是“宋体”。

选中要设置字体的内容,单击“格式”工具栏上的字体按钮 Times New Roman ▾ 右边的下拉箭头,会出现下拉字体列表,选择需要设置的字体后单击鼠标,则选中的文本就会设置成该字体。也可以在“字体”设置对话框中的“中文字体”和“西文字体”下拉列表中分别对中文和英文符号设置相应的字体。

(2)设置字号

字号体现字符的大小,可以单击“格式”工具栏上的字号按钮 五号 ▾ 右边的下拉箭头,在弹出的下拉列表中选择合适的字号即可。同样,也可以在“字体”设置对话框中“字号”列表中选择合适的字号。

(3)设置字形

字形是指附加于文本的属性,包括常规、加粗、倾斜或下划线等。Word 2003的默认字形为常规字形。

单击“格式”工具栏上的“加粗”按钮**B**，或按 Ctrl＋B 组合键，选定的文本将变为加粗格式。

单击“格式”工具栏上的“倾斜”按钮*I*，或按 Ctrl＋I 组合键，选定的文本将变为倾斜格式。

单击“格式”工具栏上的“下划线”按钮U ▾，或按 Ctrl＋U 组合键，选定的文本下方将会出现单线形式的下划线。

只要再次单击相应的按钮就可以取消字形的设置。

也可以在“字体”设置对话框中“字形”列表中选择字形，在“下划线线形”下拉列表中选择下划线。

2. 设置字符间距

如果觉得文本过于紧凑或疏松，可以对字符间距进行调整，具体操作如下：

①选定要调整间距的文本。

②单击菜单栏中“格式”‖“字体”命令，弹出“字体”对话框，单击“字符间距”选项卡。

③在该选项卡中，单击“间距”下拉列表框右边的下拉箭头，在弹出的列表中选择“加宽”或“缩紧”，再在“磅值”框中直接输入“加宽”或“紧缩”的磅值，也可以通过单击右端的上下微调按钮来设置。

④单击“确定”按钮，即可完成字符间距设置。

3. 设置字符的动态效果

Word 2003 还可以设置字符的动态效果，包括赤水情深、礼花绽放、七彩霓虹、闪烁背景、乌龙纹柱、亦真亦幻等动态效果，具体操作如下：

①选定要设置动态效果的文本。

②单击菜单栏中“格式”‖“字体”命令，弹出“字体”对话框，单击“文字效果”选项卡。

③在“动态效果”列表中选择合适的效果，在“预览”中会显示设置的效果。

④如果效果满意，单击“确定”按钮，完成设置。

4. 对文本添加边框和底纹

为突出个别文本的显示效果，可以对其添加边框或底纹，同时也可以增加美观效果。具体操作如下：

①选定文本，选择菜单栏中“格式”‖“边框和底纹”命令，打开“边框和底纹”对话框。

②在“边框”选项卡中依次设置所需的“线形”、“颜色”、“宽度”等参数，在“应用于”下拉列表中选择“文字”。

③切换到“底纹”选项卡，选定颜色和图案，在“应用于”下拉列表中选择“文字”。

④查看预览框中的效果，确认正确后单击“确定”按钮。

5. 格式的复制与清除

若想将多处文本设置成同一格式，或想清除格式而又保留文本内容，可以使用“常用”工具栏中的“格式刷”按钮，进行格式的复制和清除。

①格式的复制

选定已经设置好格式的文本，单击“格式刷”按钮，此时鼠标指针变成刷子样式，将鼠标指针移动到准备复制格式的文本处，使用选定文本的方法，选定需要复制格式的文本，释放鼠标左键，则格式复制完成。

②格式的清除

方法同格式的复制，只是需要先选定默认格式的文本，使用格式刷对目标文本进行格式清除；也可以选定文本后，使用 Ctrl＋Shift＋Z 组合键清除格式。

3.3.2 段落格式

在 Word 2003 中，段落是指文本、图形、对象或其他项目等的集合，在段落的末尾一般会带有一个段落标记。对段落内容进行排版，可以使段落显得更加符合规范、美观大方。

1. 设置段落对齐方式

段落对齐是指段落在水平方向上以某种方式对齐，Word 提供左对齐、居中对齐、右对齐、两端对齐和分散对齐 5 种对齐方式，在工具栏的图标分别为。其中两端对齐是 Word 默认的对齐方式，指段落中的每一行都在首和尾同时对齐，各行之间的字体大小不同时，将自动调整字符间距，以保持段落的两端对齐。

5 种段落对齐方式的设置方法基本相同，可以通过菜单栏中“格式”‖“段落”对话框进行设置，在“段落”对话框中的“缩进和间距”‖“常规”‖“对齐方式”下拉菜单中可以选择需要的对齐方式。

除了以上设置方法外，还可以通过“格式”工具栏上的段落对齐按钮进行段落对齐设置，只需在选中所要设置的段落后单击相应的对齐按钮即可。

2. 设置段落缩进

段落缩进指文本与页边距之间保持的距离。段落缩进包括首行缩进、悬挂缩进、左缩进和右缩进 4 种缩进方式。各缩进的说明如下：

- 首行缩进：当前段或选定各段的首行与页面左边距的距离。
- 悬挂缩进：当前段或选定各段的所有行距离页面左边距的距离。
- 悬挂缩进：当前段或选定各段中首行以外各行与页面左边距的距离。
- 右缩进：当前段或选定各段与右边距的距离。

4 种段落缩进的设置方法基本相同，可以通过单击菜单栏中“格式”‖“段落”打开“段落”对话框进行设置，在“段落”对话框中的“缩进和间距”‖“缩进”栏目下可以进行段落缩进设置，同时可以对缩进量进行精确的设置。

另外一种设置段落缩进的方法是拖动标尺滑块来进行设置，如图 3-4 所示，标尺上有 4 个滑块，它们依次分别是首行缩进、悬挂缩进、右缩进和左缩进。应用这些滑块可以直观地设置段落的缩进距离，只要在相应滑块上方按住鼠标拖动到合适位置后放开鼠标即可。

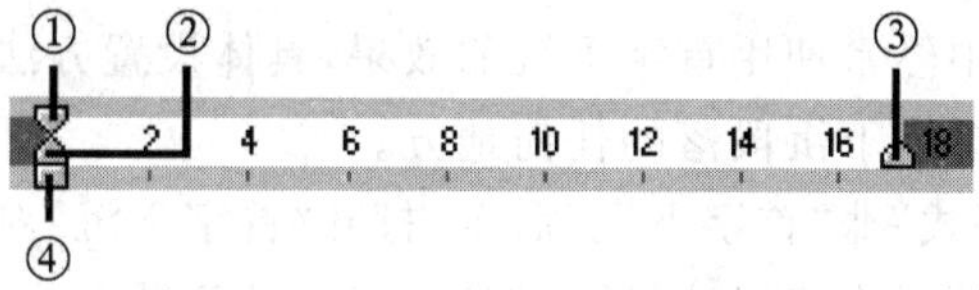

图 3-4 标尺上的缩进滑块

3. 行距、段前和段后间距

对行距、段前和段后间距的设置可以通过选择“格式”‖“段落”对话框中的“缩进和行距”选项卡进行相关设置。

行距是设置文字行之间的垂直间距，在“行距”下拉菜单中可以选择单倍行距、1.5 倍行距、2 倍行距、最小值、固定值和多倍行距几种方式，此外，可以在“设置值”中输入行距的具体数值。

段前间距是指本段与上段之间的距离，段后间距是指本段与下段时间的距离。段之间间距的单位是行，可以在“缩进和间距”选项卡中单击“段前”或“段后”右侧的上、下按钮调整数值，或直接输入数值进行设置。

4. 设置段落边框和底纹

在编辑文档时为段落添加边框和底纹，可以突出显示重点内容，使文档更美观。给段落添加边框和底纹的方法与对文本添加边框和底纹的方法类似，在选中需要添加边框和底纹的段落后，通过选择菜单栏中“格式”‖“边框和底纹”命令进行设置，需要注意的是设置时在“应用于”下拉列表中应选择“段落”，查看预览框中的效果，确认正确后单击“确定”按钮即可完成设置。

5. 隐藏段落标记

Word 中在每段的结尾都会有一个段落标记↵，以表明此处为段落的末尾，如果不想显示该段落标记，可以将其隐藏，最简单的方法是选择“视图”‖“显示段落标记”命令，该行命令前的勾就会消失，此时，文档中的段落标记就被隐藏了。

此外，还可以通过选择菜单栏中“工具”‖“选项”命令，打开“选项”对话框，选择“视图”选项卡，在“格式标记”栏中单击取消对“段落标记”复选框的选择即可。

6. 分栏设置

分栏可以使版面显得更加生动，Word 提供以段落为单位的分栏功能。具体操作方法如下：

①如需对整篇文档进行分栏，则不需选定文本；如需对部分段落进行分栏，则需选定该段落。

②选择菜单栏中“格式”‖“分栏”命令，打开“分栏”对话框。

③在“预设”选项组里选择分栏样式，也可在分栏中进行输入，最多可以设置 11 栏，并根据需要选择“栏宽相等”和“分隔线”两个复选框。

④可以在“分栏”对话框的“栏宽”和“间距”编辑区中设置栏宽，当分栏设置好后也可以使用水平标尺来调整栏宽。

⑤在“应用于”下拉菜单中选择“整篇文档”或“插入点之后”，进行分栏区域设置。

⑥完成以上设置后，单击“确定”即可完成分栏。

7. 首字下沉

在报纸或杂志排版中经常使用首字下沉的效果，具体设置方法如下：

①将光标置于用于首字下沉段落的任何地方。

②选择菜单栏中“格式”‖“首字下沉”命令，打开“首字下沉”对话框。

③在对话框的“位置”栏中可以选择“下沉”和“悬挂”两种方式，对字体、下沉行数和距正文距离等进行设置，单击确定即可完成设置。

8. 段落编号和项目符号

在编辑条目性文本时，需要添加编号或使用特定的符号，使文档条理清晰，增强可读性。操作步骤为：选定各段落，选择菜单栏中“格式”‖“项目符号和编号”命令，打开“项目符号和编号”对话框，在“项目符号”选项卡中预设了 7 种项目符号，可以选择其中的一种后单击“确定”按钮即可给段落设置项目符号。

在“项目符号和编号”对话框中切换到“编号”选项卡，可以给段落设置编号。“编号”选项卡下预设了7种编号供选择，如果有特殊要求，可以对“编号”进行自定义，单击“自定义”按钮，打开“自定义编号列表”对话框，可以对“编号格式”、“编号样式”等进行自定义设置。

3.3.3 页面设置

通过设置“页面设置”对话框中的选项，可以自定义页面设计方案，文档在编辑排版之后就可以打印输出，在打印前，可以利用打印预览查看排版效果。

1. 页面设置

选择菜单栏中“文件”‖“页面设置”命令，打开“页面设置”对话框。在“页边距”选项卡中可以设置上下左右四个方向的页边距、装订线及其位置、页面方向等。在“纸张”选项卡中可以设置纸张大小、纸张来源等。在“版式”选项卡中可以设置文档在整个页面的垂直对齐方式、页眉和页脚等。

2. 分页与分节

(1)分页，Word中有自然分页和强制分页两种分页方式，其中自然分页是指在普通视图下，录入的内容随着页面的设置大小自动分页，文字或图形每排满一页时，屏幕上会出现一条横向虚线，称为分页符。在许多情况下，虽然一页内容未满，但仍需要分页，此时就需要使用强制分页。

可以将光标放置在需要分页的位置，选择菜单栏中“插入”‖“分隔符”命令，打开“分隔符”对话框，在“分隔符”选项组中单击选中“分页符”，单击“确定”，即可插入分页符，进行强制分页。

(2)分节，建立一个新文档时，Word默认将整篇文档视为一节，为了便于格式化，可以将文档分割为任意数量的节，再对每节进行不同的格式化操作。

插入分节符与插入分页符的方法基本类似，即在要插入分节符的位置单击鼠标，然后选择菜单栏中“插入”‖“分隔符”命令，打开“分隔符”对话框，在“分节符类型”中选择一个合适的选项，单击“确定”完成分节符的插入操作。

在“分节符类型”选项组中，“下一页”表示插入一个分节符并分页，新节从下一页开始；“连续”表示插入一个分节符，新节从当前页开始；“偶数页”表示插入一个分节符，新节从下一个偶数页开始；“奇数页”表示插入一个分节符，新节从下一个奇数页开始。

此外，在进行页面设置时也可以插入新节，只需在“页面设置”‖“页边距”选项卡中的“应用于”下列列表框中选择“插入点之后”即可，此时，既插入了新节，又对新节采用在该“页面设置”对话框所设置的页面格式。

3. 添加页眉和页脚

页眉和页脚是在文档中存放特殊内容的区域，其中页眉位于文本区的顶部，页脚位于文本区的底部。可以根据需要在页眉或页脚中放置一些与本节内容有关的信息，如章、节、本章标题、作者、日期、时间及页码等。具体操作方法如下：

(1)创建页眉和页脚：选择菜单栏中“视图”‖“页眉和页脚”命令，在页面的顶部和底部打开页眉和页脚编辑区。文档正文部分灰色显示，同时显示“页眉/页脚”工具栏。

(2)编辑页眉和页脚：直接在页眉和页脚区输入内容(如文档标题、页码、日期等)，在正文区双击鼠标或单击“页眉和页脚”工具栏中“关闭”按钮，就可以关闭页眉和页脚及“页眉和页脚”工具栏。

(3)创建奇偶页不同的页眉和页脚：在“页眉和页脚”工具栏中单击“页面设置”按钮，在弹出的“页面设置”对话框中选择“版式”选项卡。在“页眉和页脚”框中选定“奇偶页不同”复选框，单击“确定”按钮，返回页眉编辑区，此时页眉编辑区左上角出现“奇数页页眉”或“偶数页页眉”，分别设置不同的页眉和页脚。

(4)设置页码

- 在菜单栏上选择“插入”‖“页码”命令，弹出“页码”对话框。
- 在对话框中选择页码的位置、对齐方式。
- 单击“格式”按钮，在“页码格式”对话框中可对页码的数字格式等进行设置。
- 单击“确定”按钮，返回文档编辑区，系统为当前节的各页加上了页码。

(5)删除页眉和页脚：单击“视图”‖“页眉和页脚”命令，在页面的顶部和底部打开页眉和页脚编辑区，选择内容，按 Delete 键删除即可。

4. 打印参数设置

在文档进行打印之前，需要对打印参数进行设置。选择菜单栏中“文件”‖“打印”命令，打开“打印”对话框。在该对话框中可以选择打印机、设置打印的页面范围、打印副本的份数、打印内容、缩放打印等属性，根据需要设置好相应选项后，就可以单击“确定”，此时，文档就输出打印机了。

此外，还可以选择菜单栏“工具”‖“选项”命令，在打开的“选项”对话框中选择“打印”选项卡，在这里对打印属性进行高级设置。在“打印”选项卡中可以对打印选项、打印文档的附加信息、双面打印选项等属性进行详细配置。

5. 打印预览

Word 提供了打印预览的功能，以便在打印之前查看打印效果，如果效果不好还可以再重新进行设置。

选择菜单栏中“文件”‖“打印预览”命令，或直接单击“常用”工具栏上的“打印预览”按钮，即可预览打印的效果。在预览状态下单击“多页”按钮，拖动鼠标，可以选择同时预览多页。在预览状态下单击“关闭”按钮，即可回到文档的编辑页面。

6. 打印文档

在打印预览后确认无误就可以打印了，单击“常用”工具栏中的“打印”按钮，即可直接打印单份文档。

如果需要一次打印多份文档，可以选择菜单栏上“文件”‖“打印”命令，打开“打印”对话框，在“份数”数值框中填入所需份数，此外，还可以在该对话框中进行一些打印设置。

3.4 样式和模板

3.4.1 使用样式

所谓样式，就是系统或用户定义并保存的一系列排版格式，包括字体、段落的对齐方式、制表位和边距等。它是由多个格式排版命令组合而成的集合，是一系列预置的排版指令。当希望改变某个特定文本的所有格式时，可以使用 Word 的样式来改变。因此，使用样式可以极大地提高工作效率。样式通常应用于标题，也可以应用于目录、页面等。

1. 新建样式

用户可以根据需要自己设计样式来满足排版的需要，也可以对已有样式进行修改，然后再使用。新建样式的操作步骤如下：

①选择菜单栏中"格式"‖"样式和格式"命令，打开"样式和格式"任务窗格。

②在"样式和格式"任务窗格中单击"新样式"按钮，打开"新建样式"对话框。

③在"属性"选项组中设置样式名称、类型和所参考的样式；在"格式"选项组中设置该样式的格式，完成样式的基本设置。

④如果需要进行高级设置，可以单击"格式"按钮，会弹出"格式"下拉菜单，此处可以选择字体、段落、制表位、边框、语言、图文框、编号、快捷键等进行相应的高级设置。

⑤完成各项设置后，单击"确定"按钮，新建样式操作完成。

2. 查看样式

若需查看文档中使用的样式列表，可以采用以下两种查看方法：

(1)单击"格式"工具栏上"样式"按钮右侧的下拉箭头，会弹出"样式"下拉列表，在此下拉列表中可以查看系统中已有的样式以及当前使用的样式。

(2)选择菜单栏上"格式"‖"样式和格式"菜单，打开"样式和格式"任务窗格，在其中查看即可。

3. 修改样式

创建样式的过程相对比较复杂，在原有样式上进行修改较为简单，修改样式的操作步骤如下：

①在"样式和格式"任务窗格的样式列表中单击选择需要修改的样式名，再单击其右侧的下拉箭头，在弹出的下拉菜单中选择"修改"命令，打开"修改样式"对话框。

②在"修改样式"对话框中进行样式属性、格式的修改，同时可以单击"格式"按钮对字体、段落、制表位等进行高级设置，此过程与新建样式类似。

③完成各项设置后，单击"确定"按钮，样式修改完成。此时，所有应用该样式的内容均被更改，包括以前应用该样式的内容。

4. 删除样式

对于不再使用的样式，可以将其删除，具体操作步骤如下：

①打开"样式和格式"任务窗格，单击需要删除样式名称右侧下拉箭头，在弹出的菜单中选择"删除"命令，弹出删除确认提示框。

②单击该提示框"是"按钮，则该样式被删除，如果不想删除，则单击"否"按钮。

5. 重命名样式

如果觉得样式的名称不够直观，可以更改样式名称，具体操作步骤如下：

①选择菜单栏中"工具"‖"模板和加载项"命令，弹出"模板和加载项"对话框。

②单击"管理器"按钮，打开"管理器"对话框，在"样式"选项卡左侧列表中选定要重命名的样式，单击"重命名"按钮，在弹出的"重命名"对话框中输入新名称。

③输入完成后，单击"确定"，再单击"管理器"上的"关闭"按钮，完成样式名称的修改。

3.4.2 使用模板

1. 模板的概念

在日常处理各种文档中，很多文档具有相同或类似的文档格式。例如，报告、信函、请柬、合同等。所谓模板是 Word 中采用 *.dot 为扩展名的特殊文档，它由多个特定的样式组合而成，能为用户提供一种预先设置好的最终文档外观框架，也允许用户加入自己的信息。新建一个文档时，用户可选择系统提供的模板建立文档。用户也可自建一个新的模板。

一般而言，文档模板是建立新文档的一个蓝本，它决定了在文档中使用的字符格式和段落格式，并为文档自动设置页边距，创建页眉和页脚等。用户编辑不同的文档，只需选择不同的模板，将自己的内容填入格式中即可，大大提高了工作效率。

Word 提供了常用、Web 页、报告、备忘录、出版物等十几种格式模板。

2. 使用模板创建文档

在 Word 中所创建的任何一个文档，都是以某一个模板为基础的，其中模板文件 normal. dot 是船舰文档时使用的默认模板。使用模板创建文档的操作步骤如下：

①选择菜单栏中"文件"‖"新建"命令，打开"新建文档"任务窗格，单击任务窗格"模板"区域中的"本机上的模板"，打开"模板"对话框。

②单击"模板"对话框中需要创建的文档类型，可以在预览窗口看到该模板的格式，在"新建"选项组中选中"文档"复选框，用该模板建立一个新文档。

③单击"确认"按钮，则立即进入以该模板方式建立的文档。

3. 根据已有文档创建模板

Word 提供的模板，并不能适合所有文档的需要，可以通过新建文档任务窗格上的 Office Online 模板登录网站进行模板搜索，此外，用户可以用自己的格式建好文档，并根据此文档创建一个新的模板。具体操作步骤如下：

①打开要创建模板所选用的文档，并完成文档中的修改。

②选择菜单栏中"文件"‖"另存为"命令，弹出"另存为"对话框，在其中的"文件名"文本框中，填入新模板名，在"文件类型"列表框中，选择"文档模板"。

③单击"保存"，则该模板创建成功，默认情况下该模板被保存在 Word 的"常用"类型模板文件夹中。

4. 根据一个模板创建另一个模板

用户也可以根据一个模板创建另一个模板，具体操作步骤如下：

①使用前面介绍的使用模板创建文档方法，打开一个模板文件，在其中做所需的修改。

②选择菜单栏中"文件"‖"另存为"命令，弹出"另存为"对话框，在其中的"文件名"文本框中，填入新模板名，在"文件类型"列表框中，选择"文档模板"。

③单击"确定"按钮，则模板创建成功。

3.5 表格处理

表格是形象表示数据的有效手段，表格的特点是简明扼要、信息丰富、效果直观。特别是在处理大量信息时，使用表格显得尤其重要，因此，Word 也提供了非常强大的表格制作和编辑功能，使得用户通过简单的操作就可以制作出非常精美的表格样式，轻松完成各种表格的编辑。

3.5.1 建立表格

一个表格由多个单元格组成，在单元格中输入数据资料后，即构成了一个完整的表格。在 Word 2003 中可以使用多种方法建立一个新表格。

1. 使用"常用"工具栏"插入表格"按钮生成表格

在工具栏中单击"插入表格"按钮，便会弹出一个表格雏形，拖动鼠标来设置行、列数，单击鼠标，即可在文档中插入相应行列的表格。

2. 使用菜单命令生成表格

选择菜单栏"表格"‖"插入"‖"表格"命令，打开"插入表格"对话框，在"表格尺寸"栏填入表格行数和列数，单击"确定"，即可在文档中插入相应行列的表格。

3. 手工绘制表格

在 Word 中有绘制自由表格功能，利用此功能，用户可以像使用笔一样在屏幕上画出一张表格，对其中的线可以随意擦除、修改。绘制自由表格操作步骤如下：

选择菜单栏"表格"‖"绘制表格"命令，打开"表格和边框"工具栏，单击工具栏上的按钮，则鼠标变成笔的形状，此时，按住鼠标左键并拖动鼠标即可绘制表格。在绘制表格线时，可以先对线型、粗细和颜色进行设置，再画线。如果需要擦除表格线，单击"表格和边框"工具栏中"擦除"按钮，并在要擦除的表格线上拖动即可。

4. 将文本转换成表格

以上几种方法都是先建立一张空表格，然后在表格中输入数据，将文本转换成表格则是先有了表中数据，然后将它们转换成表格，在转换前需要对文字进行一些处理。下面以图 3-5 所示内容为例，说明具体的转换步骤。

学号 姓名 高等数学 英语 计算机基础 总分
0701 李明 67 89 73 229
0702 张宇 82 84 90 256

学号	姓名	高等数学	英语	计算机基础	总分
0701	李明	67	89	73	229
0702	张宇	82	84	90	256

图 3-5 将文本转换成表格实例

①将拟转换为表格的文字先按表格的行、列排列，行间以换行符分隔，同行的列间以制表符、空格或其他自定义符号分隔。

②选定拟转换为表格的文字，再选择菜单栏中"表格"‖"转换"‖"文本转换成表格"命令，弹出"将文字转换成表格"对话框。

③查看系统给出的行数和列数是否正确，选择一种"自动调整"操作，选择文字的分隔符或在文本框中输入自定义的其他字符，单击"确定"按钮，完成转换。

3.5.2 修改表格

1. 选择单元格、行、列或表格

对表格进行修改时，必须先选定需要修改的表格对象，主要有以下几种选择方式：

- 选定一个单元格：单击单元格左边框。
- 选定一行：单击该行的左侧。
- 选定一列：单击该列顶端的虚框或边框。
- 选定连续的多个单元格、行或列：用鼠标拖过要选定的单元格、行或列。
- 选定不连续的多个单元格、行或列：单击所需的第一个单元格、行或列，按住 Ctrl 键，再单击所需的下一个单元格、行或列。
- 选定整张表格：在页面视图中，单击表格移动控点。
- 选择菜单栏“工具”‖“选择”子菜单中的“表格”、“行”、“列”、“单元格”等命令选项来选定所需的表格对象。

2. 插入单元格、行、列

插入单元格、行或列的操作步骤如下：

①在要插入单元格或者行和列的位置单击鼠标以选中一个单元格。

②选择菜单栏“表格”‖“插入”命令，在弹出的子菜单中单击，选择相应的选项即可实现单元格、行、列的插入。

③选择“列(在左侧)”、“列(在右侧)”、“行(在上方)”、“行(在下方)”命令，则直接在选定单元格所在行的左侧或右侧插入一列，或者在所在列的上方或下方插入一行。

④选择“单元格”命令，则会弹出“插入单元格对话框”，在其中选择相应的单元格移动方式，单击“确定”即可。

3. 删除单元格、行、列

删除单元格、行或列的操作步骤如下：

①在要删除单元格或者行和列的位置单击鼠标以选中一个单元格。

②选择菜单栏“表格”‖“删除”命令，在弹出的子菜单中单击选择相应的选项即可。

③选择“行”、“列”命令，则直接将选定单元格所在的行或列删除。

④选择“单元格”命令，会弹出“删除单元格”对话框，在其中选择相应的单元格移动方式，再单击“确定”按钮即可。

⑤选择“表格”命令，则直接将整个表格删除。

4. 合并和拆分单元格

①合并单元格，可以将同一行或同一列中的两个或多个单元格合并为一个单元格，也可以将相邻的多行多列的单元格合并为一个单元格。具体操作步骤如下：

选择要合并的单元格后，选择菜单栏“表格”‖“合并单元格”命令，或直接单击“表格与边框”工具栏中的“合并单元格”按钮，或右击鼠标，在菜单中选择“合并单元格”命令均可实现所选单元格的合并。

②拆分单元格，将表格中的一个单元格拆分成多个单元格。具体操作步骤如下：

将光标定位在要拆分的单元格中，选择菜单栏“表格”‖“拆分单元格”命令，或单击“表格与边框”工具栏中的“拆分单元格”按钮，或右击鼠标，在菜单中选择“拆分单元格”命令，均可打开“拆分单元格”对话框。在“拆分单元格”对话框中选择所需要的行或列，单击“确定”按钮，完成单元格的拆分。

3.5.3 设置表格格式

1. 设置单元格文字对齐方式

在表格中输入的文字默认为左对齐（水平方向）和靠上对齐（垂直方向），用户也可以根据需要自己设置对齐方式。主要有以下几种设置方法：

(1)调整水平方向对齐方式：选择需要设置的单元格，单击“格式”工具栏中的“两端对齐”、“居中”、“右对齐”、“分散对齐”按钮即可。

(2)调整水平和垂直两个方向的对齐方式：选择需要设置的单元格，单击“表格和边框”工具栏中的“对齐方式”按钮，在弹出的列表中选择合适的对齐方式即可。

2. 设置单元格文字方向

用户可以设置单元格中的文字方向，具体操作步骤如下：

①选择需要设置的单元格，选择菜单栏“格式”‖“文字方向”命令，弹出“文字方向-表格单元格”对话框。

②在该对话框中的“方向”栏中选择需要的文字方向，并可以查看预览效果，单击“确定”按钮完成设置。

3. 设置表格边框和底纹

表格的边框及底纹可以根据需要进行设置，具体操作步骤如下：

①选定需要设置的单元格或整个表格，选择菜单栏中“格式”‖“边框和底纹”命令，打开“边框和底纹”对话框。

②在“边框”选项卡中依次设置所需的“线型”、“颜色”、“宽度”等参数，在“应用于”下拉列表中选择“单元格”或“表格”。

③切换到“底纹”选项卡，选定填充颜色和图案，在“应用于”下拉列表中选择“单元格”或“表格”。

④查看预览框中的效果，确认正确后单击“确定”按钮。

4. 设置文字到表格线的距离

在表格中输入文字后，可以对文字到表格线的距离进行调整，具体操作步骤如下：

①单击鼠标将输入焦点置于表格中的任意位置，选择菜单栏“表格”‖“表格属性”命令，弹出“表格属性”对话框，单击选择“表格”选项卡。

②单击“选项”按钮，弹出“表格选项”对话框，在其“默认单元格边距”栏中设置表格中文字距离上、下、左、右表格线的距离，单击“确定”完成设置。

5. 自动套用表格格式

Word 2003 提供了多种表格样式，可以套用这些样式来制作精美的表格，同时也节省了设置表格格式的时间。具体操作步骤如下：

①在表格中任意位置单击鼠标或选定整个表格，选择菜单栏“表格”‖“表格自动套用格式”命令，打开“表格自动套用格式”对话框。

②在“类别”下拉列表中选择一种类别，在“表格样式”列表框中单击要选择的表格样式，此时可以从预览栏查看效果。

③单击“应用”按钮，即可完成表格自动套用格式操作。

6. 表格属性设置（格式化表格）

用户可以对表格属性进行详细设置，格式化表格。具体操作步骤如下：

①选定表格，选择菜单栏“表格”‖“表格属性”命令，打开“表格属性”对话框。

②在“表格”选项卡中可进行表格对齐方式、文字环绕方式的设置，单击“边框和底纹”按钮，可以对选择的表格进行边框和底纹设置。

③在“行”选项卡中可进行表格行高的设置。

④在“列”选项卡中可进行表格栏宽的设置。

⑤在“单元格”选项卡中可进行单元格内容垂直对齐格式的设置。

3.5.4 表格数据的计算与排序

在 Word 2003 的表格中，可以对表格中的数据进行一些基本运算，如求和、求平均值等，也可以对数据进行简单的排序。

1. 自动求和

单击要进行求和计算的单元格，在“表格和边框”工具栏中单击“自动求和”按钮∑，则自动给出该单元格所在行或列的求和结果。

2. 简单排序

单击要进行排序的列中的任意单元格，在“表格和边框”工具栏中单击“升序排序”按钮A/Z↓或“降序排序”按钮Z/A↓，即可实现对该列数据的排序。

对于简单排序，如果表格列中的内容为中文，则按照笔画顺序排列；如果为中文、英文和数字混合，则默认的排序顺序为数字、英文、中文。

3.6 自选图形制作

在编写文档过程中，图形绘制是必不可少的，Word 提供了非常丰富的图形种类，包括直线、箭头、矩形以及各式各样的复杂图形。用户可以自行修改图形的属性，调整图形的位置和高度，修改图形边框设置并对图形进行各种美化和修饰。

3.6.1 自选图形绘制

Word 提供了一套强大的用于绘制图形的工具，对于一般用户来说，这套工具可以完全满足在文档中绘制图形的要求。

1. 绘制自选图形

绘制自选图形主要使用绘图工具栏，可以选择菜单栏中“视图”‖“工具栏”‖“绘图”命令，或直接单击常用工具栏上的“绘图”按钮，打开“绘图”工具栏，如图 3-6 所示。“绘图”工具栏中有许多绘图按钮，各按钮的功能如表 3-2 所示。

绘制自选图形的方法比较简单，例如，如果需要绘制直线、箭头、矩形和椭圆等，只需单击绘图工具栏上对应的直线按钮╲、箭头按钮↘、椭圆按钮○，此时，鼠标指针变成十字形状，在需要绘图的地方按住鼠标左键并拖动鼠标调整图形大小，调整到合适大小后，释放鼠

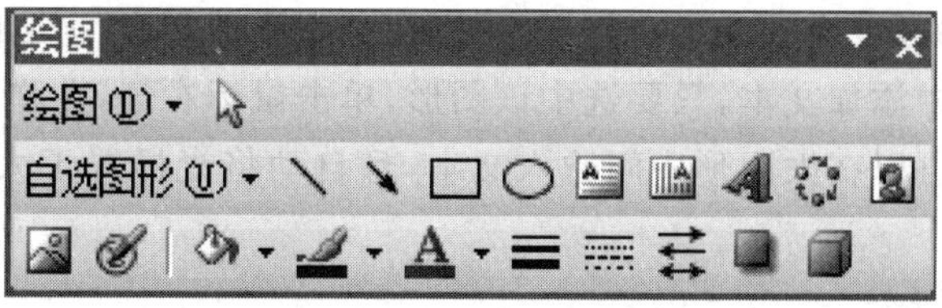

图 3-6 “绘图”工具栏

表 3-2 “绘图”工具栏各按钮功能一览表

按 钮	功 能	按 钮	功 能
绘图(D)▾	提供调整绘制后图形的菜单		选择单个或多个图形对象
自选图形(U)▾	提供 Word 自带的基本图形		绘制直线
	绘制带箭头的直线		绘制矩形
	绘制椭圆		插入横排文本框
	插入竖排文本框		插入艺术字
	插入组织结构图或其他图示		插入 Word 自带的剪贴画
	插入图片		设置图形的填充颜色
	设置绘制线条颜色		设置字体颜色
	设置线型		设置线型的虚实
	设置箭头类型		设置图形的阴影类型
	设置图形的三维效果		

标即完成绘制。

2. 绘制图形的选择

Word 提供多种方法来选定已经绘制的自选图形：

- 选择单个图形：直接在该自选图形上方单击鼠标即可。
- 选择多个对象：单击第一个自选图形后按住 Ctrl 键，再接着单击其他需要选择的自选图形，直到所有图形都被选中后，松开 Ctrl 键。
- 使用绘图工具栏“选择对象”按钮：单击该按钮，在已经绘图的区域用鼠标拖动，选中一个或多个已经绘制的图形，再次单击该按钮或按 Esc 键可以退出选择对象。

3. 使用 Word 自带的自选图形

Word 提供了自选图形功能，自带了包括线条、基本形状、箭头汇总、流程图、星与旗帜、标注等各类自选图形，利用这些已有图形基本可以满足一般用户的绘图需求。单击绘图工具栏上的“自选图形”按钮，打开“自选图形”菜单。

在“自选图形”菜单中，选择所需要的图形类型，例如箭头汇总，则会弹出箭头汇总子菜单，在该子菜单中选择需要的箭头类型，即可进行该图形的绘制。

3.6.2 图形的基本操作

1. 添加文本

多数自选图形都可以当成文本框使用，可以在其中添加文本。例如，绘制一个基本形状中的“太阳形”，在其中添加文本，只要选中该图形，单击鼠标右健，在弹出的快捷菜单中单击“添加文字”命令，即可以在太阳形中间输入文本，且自动将光标置于太阳形的空白处，如图3-7所示。

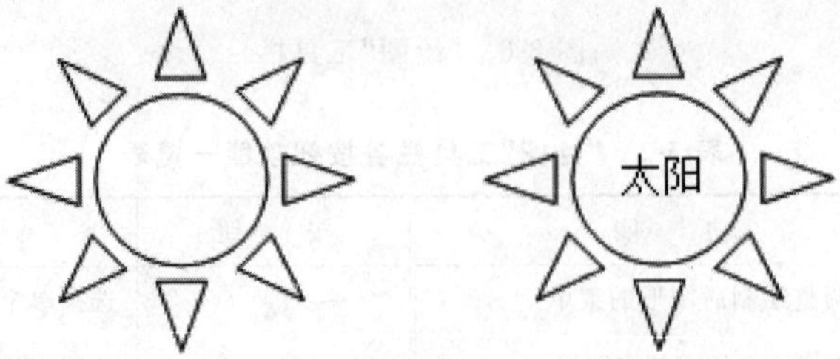

图 3-7　给自选图形添加文字

2. 图形的对齐和排列

可以选定多个图形对象，再将它们对齐和排列。对齐图形：当选定的多个图形对象相互间是垂直关系时，可用左对齐、水平居中和右对齐；当选定的多个图形对象相互间是水平关系时，可用顶端对齐、垂直居中和底端对齐；此外，还可以在有关的整页中进行对齐。排列图形：指使图形相互之间等距离分布，有纵向分布和横向分布两种。

需要对齐或排列的图形对象数目必须在两个以上，选定需要对齐或排列的对象后，单击绘图工具栏上的绘图按钮，从打开的快捷菜单中选择“对齐或分布”命令，在弹出的子菜单中选择相应的命令即可实现该种对齐方式。

3. 设置图形填充色和边框线颜色

可以设置图形的填充色和边框线颜色，以使图形更加生动、美观。有以下两种方法设置图形填充色和边框线颜色。

(1)右击选中的图形后，在弹出的快捷菜单中选择“设置自选图形格式”命令，打开“设置自选图形格式”对话框，可在此设置自选图形颜色和线条、大小和版式等。

(2)选中图形后，直接在“绘图”工具栏上单击“填充颜色”按钮或“线条颜色”按钮，即可给选中图形填充当前默认的颜色，使边框线变为当前默认的颜色，如果需要自定义颜色，可以单击这两个按钮右侧的三角形，在弹出的选色菜单中选择需要的颜色。

4. 图形的叠放次序

当绘制的多个图形位置相同时，它们会重叠起来，有可能会互相遮挡，可以对多个图形的叠放次序进行调整，以满足用户的需要。

在选定需要调整叠放次序的图形后，可以单击绘图工具栏上的绘图按钮，选择“叠放次序”命令会弹出子菜单，选择叠放方式，也可以右击选中的图形，在弹出的快捷菜单中选择“叠放次序”命令打开子菜单。

5. 设置阴影和三维效果

选中图形后，在“绘图”工具栏上单击“阴影样式”按钮或“三维效果样式”按钮，在弹出的菜单中选择所需的效果样式，即可给图形添加阴影或三维效果，使图形更加立体、美观。

6. 旋转和翻转图形

对图形进行自由旋转、水平翻转或垂直翻转等，以满足用户对图形自身位置角度的不同需求。在选定需要旋转或翻转的图形后，可以单击“绘图”工具栏上的“绘图”按钮，选择“旋转或翻转”命令会弹出子菜单，选择旋转或翻转方式，即可按照所选方式实现图形的旋转或翻转。

7. 图形的组合

设置好所有自选图形之后，可以把几个自选图形组合成一个整体，这样每次移动时，各个图形会同时移动，方便编辑和排版。

选择要组合的多个图形后，单击绘图工具栏上的“绘图”按钮，选择“组合”命令，即可将所选多个图形组合成一个整体。此外，还可以直接在选中图形上右击，在弹出的快捷菜单中选择“组合”子菜单中的“组合”命令，完成图形组合操作。

如果要取消图形的组合，方法与对图形进行组合类似，只需在选中图形后，单击“绘图”工具栏上的“绘图”按钮，选择“取消组合”命令，或直接在选中图形上右击，在弹出的快捷菜单中选择“组合”子菜单中的“取消组合”命令即可。

3.7 图文混排

Word 2003 提供了强大的图形处理功能，使用户能够美化文档，增强表达和视觉效果。Word 2003 自带了图片库，并可以进行艺术字设置、公式编写等，也允许用户插入自己的图片，提供了自由的个性化空间。

3.7.1 插入剪贴画和图片

1. 插入剪贴画

Word 的“剪辑库”中包含大量图片，可以用来装饰文档，包括从地图到人物、从建筑到风景的各类型图片。具体在文档中插入剪贴画的方法如下：

①选择菜单栏“插入”‖“图片”‖“剪贴画”命令，打开“剪贴画”任务窗格。

②在“搜索范围”栏的下拉列表中选择搜索范围，例如“Office 收藏集”。

③在“结果类型”栏的下拉列表中选择所需搜索的文件类型，可以为“剪贴画”、“照片”、“影片”、“声音”等，例如选择“剪贴画”。

④单击“搜索”按钮，搜索结果将出现在“剪贴画”任务窗格中，单击所需剪贴画即可将其插入到文档中。

2. 插入图片

可以将“来自文件”的图片插入到文档中，只需选择菜单栏“插入”‖“图片”‖“来自文件”命令，打开“插入图片”对话框，选择要插入的图片后，单击“插入”按钮即可。

3. 调整图片大小

插入图片后，用户可以对图片大小进行调整。

在选中所要调整的图形的四周会出现控制点，鼠标放置在这些控制点上时会变成一个双向箭头，指明放大或缩小的方向，直接拖动这些控制点就可以改变图形的大小。

上面的方法虽然简单，但所调整的图片大小不够精确，当然也可以对图形大小进行精确调整。具体步骤如下：

①右击选中的图片，在弹出的快捷菜单中选择“设置图片格式”命令，打开“设置图片格式”对话框，切换到“大小”选项卡。

②可以在“高度”和“宽度”文本框中输入所需的尺寸，同时可以在“旋转”文本框中输入旋转角度，旋转图片。

③设置完成后单击“确定”按钮即可完成。

4. 设置图片版式

可以对图片版式进行设置，这是图文混排的重要设置，可以对图片在文档中的环绕方式和对齐方式进行设置，具体操作步骤如下：

①右击选中的图片，在弹出的快捷菜单中选择“设置图片格式”命令，打开“设置图片格式”对话框，切换到“版式”选项卡。

②可以在“环绕方式”栏目下选择图片的环绕方式，包括嵌入型、四周型、紧密型、衬于文字下方和浮于文字上方等。

③可以在“水平对齐方式”栏目下选择图片的对齐方式，包括左对齐、居中、右对齐和其他方式等。

④设置完成后单击“确定”按钮即可完成。

3.7.2 插入文本框

1. 插入文本框

文本框可以用于在图片、文档中单独插入其他元素，使得这些元素与周围独立出来，增强效果。文本框包括横排和竖排两种，但插入方法相同。具体操作步骤如下：

选择菜单栏中“插入”‖“文本框”‖“横排”或“竖排”命令，则弹出一个“在此处创建图形”方框，如图 3-8 所示，在这个区域中单击并拖动鼠标至合适大小，释放鼠标即可插入一个文本框，也可以先按 Esc 键退出“在此处创建图形”方框，再执行插入文本框操作，此时就可以在文本框中输入文本了。

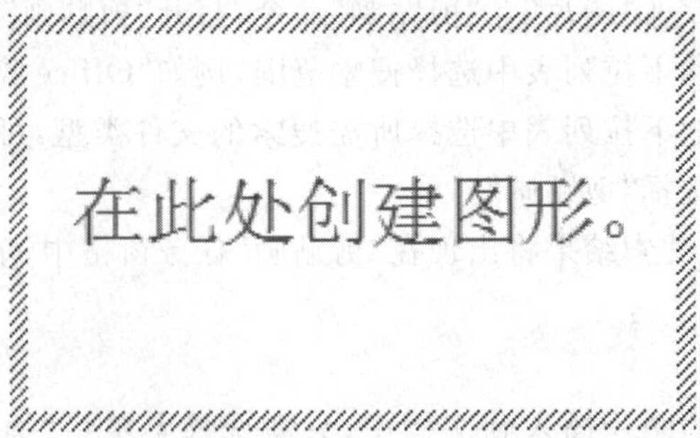

图 3-8 插入文本框

除以上方法外，还可以直接单击绘图工具栏上的“文本框”按钮或“竖排文本框”按钮，实现文本框的插入。

在文本框中进行文本输入，同样可以进行插入、删除、修改、剪切、复制等操作，处理方法同文本内容一样。此外，将鼠标移动到文本框边框，当鼠标图形变成✣形状时，按下鼠标拖动到目的地后松开鼠标，可以移动文本框。

2. 设置文本框格式

对所插入文本框的格式可以进行设置，具体操作步骤如下：

①右击文本框的边框，并在弹出快捷菜单中选择“设置文本框格式”命令，打开“设置文本框格式”对话框。

②选择“颜色和线条”选项卡，可以进行文本框填充色设置，线条颜色、线型、虚实、粗细设置等。

③“大小”和“版式”选项卡中选项的设置和设置图片大小和版式相同。

④选择“文本框”选项卡，可以对文本框内部边距进行微调。

⑤所有设置完成后，单击“确定”完成设置。

3.7.3 插入艺术字

在文档中可以插入艺术字，使得重点内容更加突出，页面更加美观。具体步骤如下：

①选择菜单栏“插入”‖“图片”‖“艺术字”命令，打开“艺术字库”对话框。

②在“艺术字库”对话框中选择好“艺术字”样式后，单击“确定”按钮，弹出“编辑‘艺术字’文字”对话框。

③在“编辑艺术字文字”文本框中输入要插入的内容，单击“确定”按钮，即可将艺术字插入到文档中。

3.8 综合排版技术

3.8.1 大纲视图和文档结构图

大纲视图方式主要用于查看文档的结构。在大纲视图方式下，可以清晰地看到文档的标题及其层次关系，并且可以方便地重新组织文档。

要切换到大纲视图方式，可以选择菜单栏中“视图”‖“大纲”命令，或单击水平滚动条左侧的“大纲视图”按钮。

1. 使用大纲视图构建文档结构

在开始一篇长文档的写作之前，首先应切换到大纲视图方式，然后输入标题并设置好标题的级别，如图 3-9 所示。

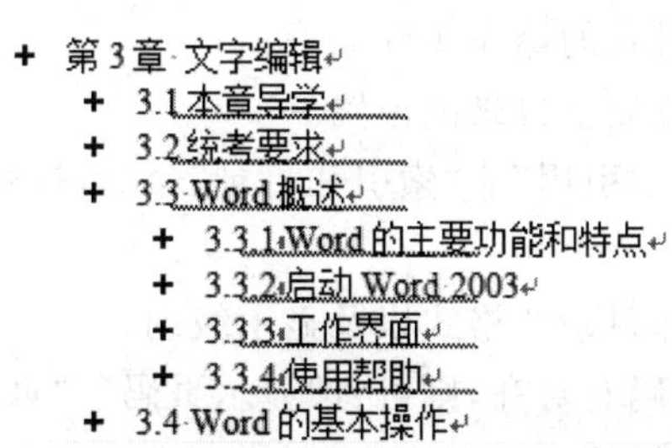

图 3-9 在大纲视图方式下创建新文档

在大纲视图模式下，利用大纲工具栏中的工具，可以控制大纲视图的显示和标题的级别。在大致构建出文档大纲后，可切换到普通视图方式下，输入文本、图形等，直到完成文档的写作。

2. 使用大纲视图编辑文档

大纲视图非常适合文档的重新组织，因为在大纲视图中移动或复制标题时，可以将该标题下的所有下级标题及正文一起移动或复制，这使得重新安排各级标题的次序变得十分方便。

在不改变标题级别情况下，平级移动标题及其内容，具体操作步骤如下：

①将鼠标移动至一个标题前的"+"号或一个正文段落前的小方块符号上。

②当鼠标指针变成十字箭头形状时，向上或向下拖动该标题或正文段落，拖动时会出现一条水平线，如图 3-10 所示。

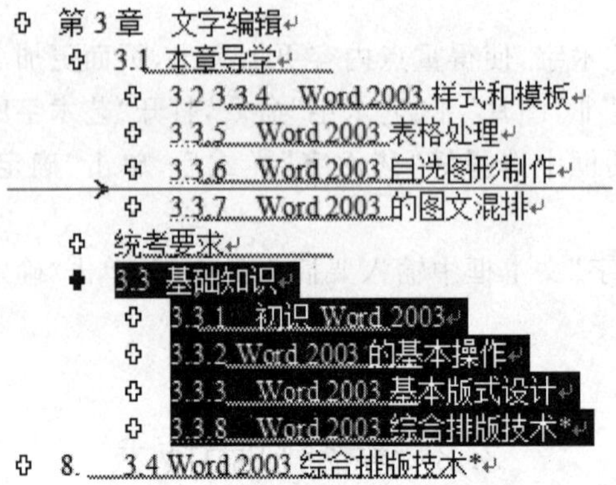

图 3-10　移动标题及其内容

③将该标题或正文段落拖到所需位置时释放鼠标即可。

此外，将光标定位在某个段落中，然后单击大纲工具栏重点"上移"按钮或"下移"按钮，也可以完成同样操作。

3.8.2　目录操作

Word 具有自动创建目录功能，创建目录后，用户只要单击目录中的某个标题，就可以跳转到该标题对应的页码。

1. 创建目录

要创建目录，首先要用内建的标题样式(标题 1 到标题 9)对各级标题进行格式化，并且必须为文档加上页码。创建目录的操作步骤如下：

①将插入点置于文档中要放置目录的位置。

②选择菜单栏中"插入"‖"引用"‖"索引和目录"命令，打开"索引和目录"对话框，并切换到"目录"选项卡上。

③在"常规"栏中可以选择目录的格式以及显示级别。

④如果需要显示页码、页码右对齐，则可将"显示页码"、"页码右对齐"前的复选框选中，此外，还可以选择制表符的前导符。

⑤所有设置完成后单击"确定"，即可在文档中插入目录，如图 3-11 所示。

第 3 章　文字编辑 .... 1↵
3.1 本章导学 .... 1↵
3.2 3.3.4　Word 2003 样式和模板 .... 2↵
3.3.5　Word 2003 表格处理 .... 10↵
3.3.6　Word 2003 自选图形制作 .... 20↵
3.3 基础知识 .... 26↵
3.3.1　初识 Word 2003 .... 26↵
3.3.2 Word 2003 的基本操作 .... 30↵
3.3.3　Word 2003 基本版式设计 .... 41↵

图 3-11　Word 自动生成的目录

2. 更新目录

创建目录后，如果修改了文档中的内容或层次标题，就需要更新目录，此时只需右击自动生成的目录区域，在弹出的快捷菜单中选择“更新域”，打开“更新目录”对话框，在对话框中选择“只更新页码”或“更新整个目录”前的复选框，单击“确定”即可对目录进行更新。如果选择“更新整个目录”，则会弹出对话框询问是否要替换当前目录，选择“是”则删除当前目录，插入一个新目录；选择“否”，则在另外的位置上插入新目录。

3.8.3　批注与修订

当有多人对同一文稿进行审阅和修改时，可以使用批注和修订功能，给指定位置加上批注，记录文档修改过程。

1. 加入批注

当审阅者只是评论文档，而不能直接修改文档时，可以使用批注命令。批注是审阅者为文档添加的注释、说明、建议、意见等信息。在文档中插入批注的步骤如下：

①将插入点置于要插入批注的位置，或选择要添加批注的文本。

②选择菜单栏中“插入”‖“批注”命令，会出现一个红色的批注框，同时显示出“审阅”工具栏，如图 3-12 所示。

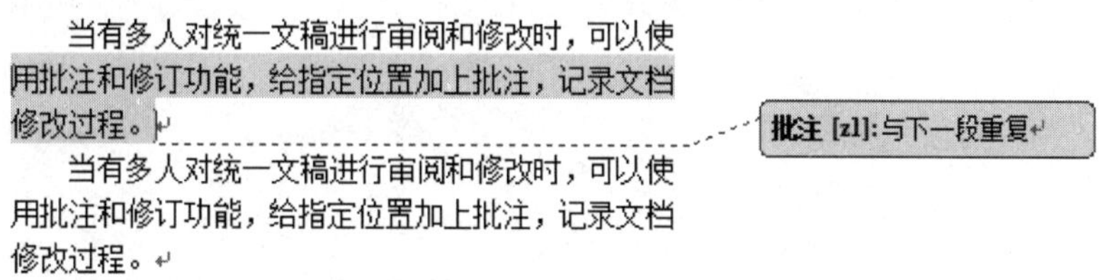

图 3-12　给文档插入批注

③在批注框中输入所要批注的文字即可。

④将插入点移至其他需要插入批注的地方重复以上操作。

2. 查看、修改和删除批注

在文档中插入批注后，要隐藏或显示批注，可以选择菜单栏“视图”‖“标记”命令。

①查看批注：可以单击“审阅”工具栏中的“前一处修订或批注”按钮或“后一处修订或批注”按钮来查看批注。

②修改批注:可以直接在批注框中进行修改。

③删除批注:右击被批注的文本或文本框,从弹出的快捷菜单中选择“删除批注”命令即可删除该批注。此外,也可以单击“审阅”工具栏上的“拒绝所选修订”按钮右侧的三角形,在弹出的列表中选择“拒绝修订/删除批注”(此时只删除当前批注)或“删除文档中的所有批注”。

3. 修订文档

利用 Word 提供的文档修订功能,可以跟踪多位审阅者对文档所做的修改,用户可以逐个审阅这些修改,并决定接受或拒绝该修订。

在默认情况下,Word 用单下划线标记为审阅者添加修订文字,而且每位审阅者都有不同的修订颜色,以便用户审阅。

要修订文档并显示修订标记来记录文档的修改,可以直接双击状态栏中的“修订”框,进入修订模式,此时对文档进行一切编辑操作都会被记录并显示,修订后的文档如图 3-13 所示。

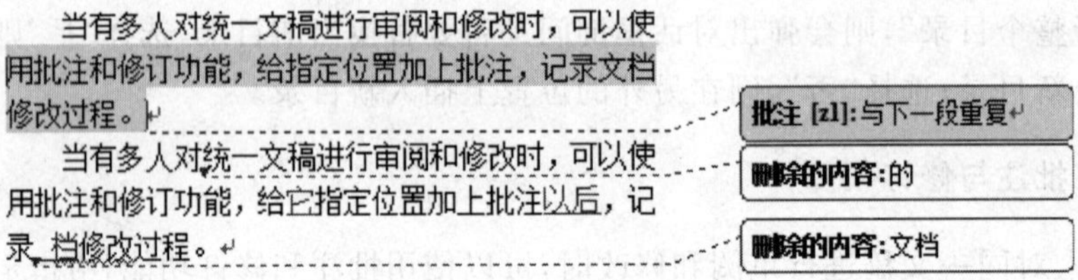

图 3-13 修订文档

对于多个审阅者审阅后的文档,用户可在打开文档后,借助“审阅”工具栏决定接受修订(即使修订内容成为文档正文)、拒绝修订(取消修订内容)以及接受或拒绝所有修订等操作。

第 4 章

电 子 表 格

4.1 Excel 基本知识

4.1.1 Excel 的基本功能

Excel 2003 在需要处理大量数据和报表的行业有着广泛的应用，如统计分析、财务管理分析、股票分析和经济、行政管理等各个方面，过去人们花费大量时间与精力处理的名目繁多的表格、繁琐的数据计算现在都可以用 Excel 2003 轻松地解决。

Excel 2003 是基于 Windows 平台最流行的一种电子表格处理软件之一，是 Microsoft Office 办公组合中的一个组件，具有功能强、简单易学、使用方便等特点。

Excel 2003 具有以下功能。

1. 输入数据

可以采用多种方式向电子表格中输入数据，包括键盘输入数据，通过公式自动生成数据，从其他数据库导入数据，以及采用超链接功能直接访问其他类型的数据。

2. 工作簿编辑

工作簿由多个电子表格组成，可以同时提取并处理不同工作簿中的不同电子表格，并向电子表格中增加、删除、修改数据。

3. 数据计算

可以调用公式和函数对电子表格中的全部或部分数据进行计算。

4. 数据处理

具有强大的数据处理能力，可以对电子表格中的数据进行查询、排序、分类和汇总，还可以根据设定的条件进行数据的筛选。

5. 工作表格式化

可以通过设置单元格格式、使用模板、设置工作表背景、采用背景图片等方式对电子表格进行各种美化和修饰。

6. 创建图表

使用图表工具可以根据表格的具体格式创建不同类型的图表，这样可以使枯燥的数据变得更加直观。

7. 管理信息权限

Excel 2003 提供信息管理权限新功能，可以防止敏感信息扩散。

8. 自动化处理

宏是 Excel 2003 中的一个重要功能，使用宏可以进行自动化处理，大大提高了工作效率。

4.1.2 Excel 的启动和退出

1. 启动

安装完 Office 2003 后，在 Windows XP 的开始菜单的程序组中会产生 Microsoft Office 应用程序小组，单击屏幕左下角的“开始”按钮，依次选取弹出菜单中的“程序”‖“Microsoft Office”‖“Microsoft Office Excel 2003”项，即可打开 Excel 2003 应用程序。

如果桌面上有 Excel 的快捷方式图标，双击该图标也可以打开 Excel 2003 应用程序。

利用资源管理器在 Microsoft Office 的安装目录中找到 Excel 的可执行文件 EXCEL.EXE，双击该文件也可以打开 Excel 2003 应用程序。一般来说 Excel 2003 的可执行文件应该在..\Program files\Microsoft Office\OFFICE11 目录下。

双击后缀为 XLS 的 Excel 文件，也可以打开 Excel 2003 应用程序。或者单击“开始”菜单，选“我最近的文档”项，从列出的 Excel 文件中选择一个 Excel 文档，系统将启动 Excel，并把该文件打开。

2. 退出

单击“文件”‖“退出”选项、单击 Excel 窗口右上角的关闭按钮、双击左上角的窗口控制菜单按钮或者按 Alt+F4 组合键均可退出 Excel 应用程序。

3. Excel 的界面组成

启动 Excel 2003 之后，进入 Excel 2003 的工作界面，Excel 2003 的工作窗口主要由标题栏、菜单栏、工具栏、工作表区、状态栏、任务窗格以及编辑栏组成。其中，标题栏显示 Microsoft Excel 和工作簿的名称。标题栏最左端是 Excel 的控制菜单图标，单击它可以打开 Excel 的控制菜单。内容分别是“移动”、“大小”、“还原”、“最小化”、“最大化”和“关闭”(Alt+F4)按钮，如图 4-1 中④所示。菜单栏用于选择 Excel 2003 的各种执行命令。通常由 9 个菜单项组成，分别是“文件”、“编辑”、“视图”、“插入”、“格式”、“工具”、“数据”、“窗口”和“帮助”菜单项，单击每个菜单项，都会弹出其下拉菜单，其中集中了与此菜单相关的命令或子菜单。菜单栏的最右端是关于当前工作簿文件的“最小化”、“最大化”和“关闭”按钮，如图 4-1 中③所示。Excel 2003 中将常用的菜单命令以工具按钮的形式显示在工具栏中，如图 4-1 中⑤所示，用鼠标单击就可执行相应的命令，具有快捷、方便和形象的特点。系统的默认设置是显示常用工具栏和格式工具栏。Excel 2003 提供很多工具栏，按以下 3 种方法可以显示所需的工具栏。

(1) 右击工具栏，弹出工具栏快捷菜单。

(2) 选择菜单中“视图”‖“工具栏”命令。

(3) 选择菜单中“工具”‖“自定义”命令，弹出自定义对话框，选择“工具栏”。

工作表区是工作表数据的输入、编辑、排版及存放的区域，主要由单元格组成。在Excel工作区中显示的是Excel工作簿窗口，在工作区中可以有一个或多个工作表窗口，也可以没有。工作表由标题栏、工作表标签栏（如图4-1中⑧所示）、列号标志（如图4-1中①所示）、行号标志（如图4-1中⑥所示）、水平和垂直滚动条（如图4-1中⑬所示）以及工作表区域（如图4-1中⑪所示）组成。工作表区域中的当前编辑的表格为活动单元格，如图4-1中⑫所示。在工作表区的上方为名称框和编辑栏，如图4-1中②和⑦所示。名称框显示活动单元格或单元格区域的地址、名称或对象。编辑栏用于输入、编辑或显示活动单元格中的数据和公式，在编辑栏的左边有3个按钮✕ ✓ fx，它们分别是取消按钮、输入按钮和编辑公式按钮。状态栏位于窗口的底部，显示与当前工作状态相关的各种状态信息，帮助用户减少表格的编排错误。启动Excel时，任务窗格会自动出现在窗口的右部，单击窗格右上角的按钮✕，可以关闭任务窗格。选择菜单中“文件”‖“新建”或“视图”‖“任务窗格”命令，都可以显示任务窗格。有效地使用任务窗格可以提高操作效率。

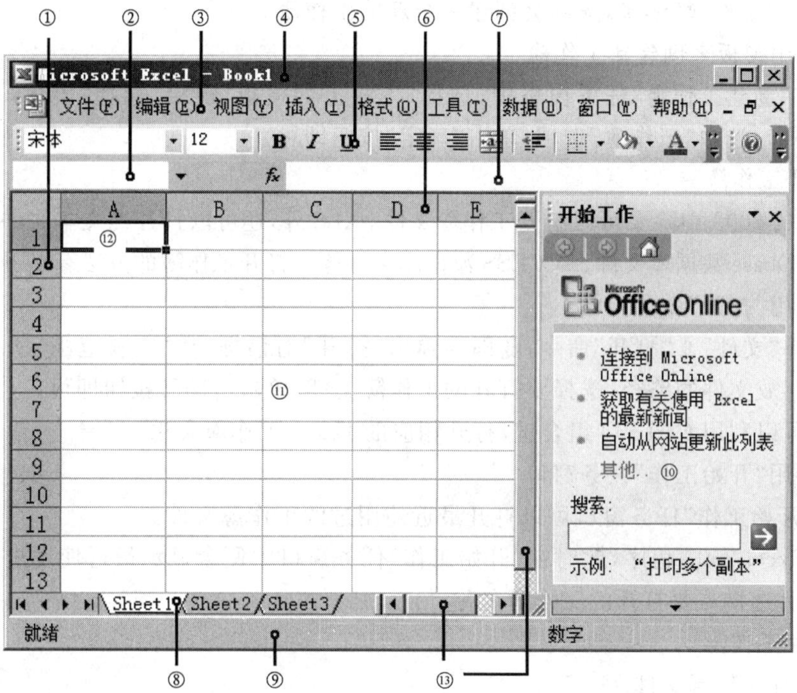

图4-1 Excel 2003窗口

4.1.3 Excel工作簿的建立、保存与打开

工作簿是Excel 2003储存和处理数据的文件，包含一个或多个工作表，是若干个相关完整作业的汇集。可以通过这些工作表来组织各种相关信息。在启动Excel 2003程序后，系统会默认新建一个空白工作簿Book1，新开启的工作簿由3个工作表组成，对应的工作表标签显示在工作簿窗口的下部，依次为Sheet1、Sheet2和Sheet3，其中Sheet1默认为当前活动工作表。

对于工作簿和工作表的关系，可以把工作簿视作活页夹，把每一工作表视作活页夹的一页。工作表还相当于存放在文件夹中的表格。一个工作簿最多可以存放 256 种不同类型的工作表。文件的默认扩展名为“.XLS”，

当打开某一工作簿时，它包含的所有工作表也同时被打开，工作表名均出现在 Excel 工作簿窗口下面的工作表标签栏里。

1. 新建工作簿

在 Excel 2003 中新建工作簿可以采用以下 4 种方法。

(1) 启动 Excel 2003

启动 Excel 2003 程序，系统会自动打开一个新的工作簿 Book1。

(2) 利用工具栏和快捷键

单击常用工具栏上的按钮或按 Ctrl＋N 组合键，即可创建新的空白工作簿。

(3) 利用“新建”命令

选择“文件”‖“新建”命令，此时在 Excel 2003 主窗口右侧出现“新建工作簿”任务窗口，单击“空白工作簿”链接，随即会创建一个新的工作簿。

(4) 利用模板来创建新工作簿

可以在“新建工作簿”任务窗格中，选择“本机上的模板”链接，选择“模板”对话框中的“常用”选项卡，选中“工作簿”选项，单击“确定”按钮即可。

2. 打开工作簿

在 Excel 2003 中除了可以打开工作簿文件 .XLS 外，还可以打开纯文本文件、网页文件、XML 文件、Dbase 数据库文件、ACCESS 数据库文件等。打开工作簿的方法有以下几种：

(1) 利用“打开”命令

- 选择“文件”‖“打开”命令，随即会弹出“打开”对话框，在“查找范围”下拉列表中选择存放文件的路径，选择要打开的工作簿文件，单击“打开”按钮即可。
- 也可以利用 Ctrl＋O 组合键，打开相应的 Excel 工作簿文件。

(2) 利用“开始工作”任务窗口

利用“开始工作”任务窗口可以打开最近使用过的工作簿文件。

启动 Excel 2003 程序，此时在“开始工作”任务窗口中便会显示最近使用过的工作簿文件明细，然后选择需要打开的工作簿名称。

3. 保存工作簿

(1) 保存工作簿文件

选择“文件”‖“保存”命令或利用 Ctrl＋S 组合键，即可保存当前工作簿。如果初次保存新建的工作簿，Excel 提示为其命名。工作簿初次保存后，下次再保存的时候。直接单击常用工具栏的“保存”按钮即可。

(2) 另存为工作簿

选择“文件”‖“另存为”命令，在“文件名”框中输入文件的新名称。单击“保存”按钮。

要将副本保存到其他文件夹中，则在“保存位置”下拉列表中单击其他驱动器，或者在文件夹列表中单击其他文件夹。如果要将副本保存在新文件夹中，请单击“新建文件夹”按钮。

在 Excel 2003 中除了可以将编辑的文档保存成 2002 版本的工作簿文件(.XLS)外，还可以保存成纯文本文件、网页文件、XML 文件、模板文件、Dbase 数据库文件等。

在打开和保存工作簿时，需要注意工作簿所在的盘符和文件夹。工作簿的"打开"和"另存为"对话框的大小可以调整，以显示一个文件夹中的所有文件。

(3) 自动保存工作簿

Excel 2003 提供工作簿的自动保存功能，每隔一段时间自动保存正在编辑的工作簿，避免不确定因素造成的数据丢失。

选择"工具"‖"选项"命令，在弹出的"选项"对话框中，切换到"保存"选项卡，然后在"保存自动恢复信息，每隔"复选框中调整工作簿文件的自动保存时间间隔。

4. 关闭工作簿

Excel 2003 提供了以下几种关闭工作簿的方法。

(1) 选择"文件"‖"关闭"命令。

(2) 单击工作簿左上角的图标，在弹出的下拉菜单中选择"关闭"命令。

(3) 双击工作簿左上角的图标。

(4) 单击工作簿中的关闭窗口按钮。

(5) 按下 Ctrl+F4 组合键。

4.1.4 Excel 帮助功能

在具体使用 Excel 2003 的过程中，用户难免会遇到各种不同的问题和困难，Microsoft Excel 2003 提供了的强大的帮助功能。

1. 帮助菜单

在菜单栏选择"帮助"命令，或按下 Alt+H 组合键，打开"帮助"菜单栏，选择"Microsoft Excel 帮助"即可打开帮助任务窗格。可以通过在任务窗格的"搜索"框中输入需要搜索的关键字，取得帮助。还可以通过单击任务窗格中的"目录"，打开目录界面，选择需要寻求的帮助选项即可。

2. Office 助手

用户在操作中遇到困难时，可以随时单击 Office 助手取得帮助，Office 助手将根据目前的操作内容给予提示。用户还可以根据自己的喜好选择 Office 助手的动画形象。

4.2 Excel 工作表的建立与编辑

4.2.1 工作表的基本操作

工作簿由若干个工作表构成，工作表是通过工作表标签来标识的。工作表标签显示在工作簿窗口的底部，用户可以单击不同的工作表标签进行工作表的切换。有些工作表中包含一些图表，这些图表与工作表数据相链接，并随工作表数据的变化而自动更新。在 Excel 中，还可以更改工作表标签的颜色，以便于区分和选择。

工作表由排成行和列的单元格组成，一个工作表最多由 65 536 行和 256 列组成，其中行号由 1～65 536 编号，列号采用 A～IV 字母从左至右编号组成，工作表能输入、存储和处理包含数字、公式、图表等丰富的信息或数据。工作表内容太多不能完全显示的时候，可以采用拉动水平或垂直滚动条的方法进行查看。

工作表的基本操作包括工作表的激活、插入、删除、重命名、隐藏、移动、复制以及保护等。

1. 激活工作表

要对某一个工作表进行操作，必须先激活它，使之成为当前工作表。操作方法是：单击工作簿底部的工作表标签，选中的工作表以高亮度显示。如果要选择多个工作表，可在按 Ctrl 键的同时，用鼠标逐一单击所要选择的工作表标签。若要取消选择，可松开 Ctrl 键后，单击其他任何未被选中的工作表标签即可。如果所要选择的工作表标签看不到，可按标签栏左边的标签滚动按钮|◀ ◀ ▶ ▶|。这四个按钮的作用按自左至右依次为：移动到第一个、向前移一个、向后移一个、移动到最后一个。如果用户需要激活当前工作表的前一个或后一个工作表，还可以按下 Ctrl＋PageUp 或 Ctrl＋PageDown 组合键。

2. 重新命名工作表

工作表的名称即工作表下面的标签名称。Excel 2003 默认的工作表名为：Sheet1、Sheet2…，在实际的应用中，最好给工作表起一个有意义的名字，下面 3 种方法可以用来对工作表改名：

(1) 选择一个工作表，然后选菜单中“格式”‖“工作表”‖“重命名”命令。

(2) 右击某工作表标签，然后从快捷菜单中选择“重命名”。

(3) 双击工作表标签。

这 3 种方法都会使标签上的工作表名高亮度显示，此时工作表的标签处于可编辑状态，输入新的工作表名称，再按回车键即可。工作表的名称不能超过 31 个字符，允许出现空格，但是不能出现/(斜线)、\(反斜线)、？(问号)以及 *(星号)等符号。

3. 设置工作表标签的颜色

除了通过改变工作表标签名称来确认工作表以外，还可以改变工作表标签的颜色来辨认不同的工作表。有两种方法可以更改工作表标签的颜色。

(1) 选择一个工作表，然后选择菜单中“格式”‖“工作表”‖“工作表标签颜色”命令。

(2) 右击某工作表标签，然后从快捷菜单中选择“工作表标签颜色”。

这两种方法都会打开“设置工作表标签颜色”对话框，然后可以从调色板中选择一种颜色，按“确定”按钮即可。

4. 插入工作表

系统默认的工作簿只含有 3 个工作表。实际工作中经常会遇到工作簿中原有工作表不够用的情况，此时，可以通过插入工作表的方式来增加工作表的数量。插入工作表的方法有以下 3 种：

(1) 选择菜单中“插入”‖“工作表”命令，一个新的工作表就插入在当前工作表的前面，并成为新的当前工作表。新插入的工作表采用默认名，如 Sheet4 等，用户可以将它改成有意义的名字。

(2) 也可以右击工作表标签，然后从快捷菜单中选择“插入”项插入工作表。

(3) 按下 Shift＋F11 组合键插入工作表。

5. 删除工作表

要删除一个工作表，先选中该表，然后选择菜单中“编辑”‖“删除工作表”命令，此时弹出对话框要求用户确认，经确认后才能删除。也可以右击要删除的工作表标签，在快捷菜单中选择“删除”项。

6. 移动或复制工作表

如果需要调整工作簿中的工作表顺序，则可以通过以下方法移动或复制工作表。

(1) 在同一个工作簿内移动和复制工作表。若要移动工作表，单击并按住要移动的工作表标签，然后沿着工作表标签行将该工作表标签拖放到新的位置。若要复制工作表，单击并按住要复制的工作表标签，按住 Ctrl 键，然后沿着工作表标签行将该工作表标签拖放到新的位置。

也可以用菜单进行移动或复制。选定要移动或复制的工作表后，选择菜单中“编辑”‖“移动或复制工作表”命令，或右击鼠标，在出现的快捷菜单中选“移动或复制工作表”项，出现“移动或复制工作表”对话框，在对话框中“下列选定工作表之前”列表中选择插入点，单击“确定”按钮即完成移动操作。在对话框中选中“建立副本”复选框，则可完成复制操作。

(2) 在不同的工作簿间移动或复制工作表。可以一次选择多个工作表一起进行移动或复制，有两种方法。其一是直接用鼠标拖曳。由于要在两个工作簿之间进行操作，因此应该把两个工作簿同时打开并出现在窗口上。选择菜单中“窗口”‖“重排窗口”命令，在弹出的“重排窗口”对话框中选择一种排列方式，已打开的多个窗口就会同时出现。在一个工作簿中选定要移动或复制的工作表标签，然后直接拖曳(或按住 Ctrl 键再拖)到目的工作簿的标签行中。其二是使用菜单操作，与在同一工作簿中的操作一样，不过这里需要在“移动或复制工作表”对话框的“工作簿”列表中选择目的工作簿，然后单击“确定”按钮即可。

工作表的移动和复制，在实际应用中有很大的用途。例如，如果要把多个工作表的数据汇总到一个工作簿文件中，这时就可以依次打开并将相应的工作表复制到汇总的工作簿文件中，便于进行数据处理。

7. 隐藏或显示工作表

如果不希望某些工作表的内容被别人看见，可以将其隐藏起来，在需要的时候再将其显示出来。

选中需要隐藏的工作表，选择菜单中“格式”‖“工作表”‖“隐藏”命令，就可以将其隐藏了，如果需要显示隐藏的工作表，可以选择“格式”‖“工作表”‖“取消隐藏”命令，会弹出“取消隐藏”对话框，然后选取需要显示的工作表，单击“确定”按钮即可。

8. 设定工作簿中工作表数量

一个工作簿默认只有三个工作表，根据需要可以增加工作表的数量。方法如下：

选择菜单中“工具”‖“选项”，弹出选项对话框，在“常规”选项卡的“新工作簿内的工作表数”设置自己需要打开的工作表数。

9. 拆分和冻结工作表

冻结和拆分工作表都可以将当前工作表窗口拆分为窗格的形式，每个窗格都可以用滚动条显示工作表的各个部分。下面分别介绍操作方法：

(1) 菜单命令拆分窗口。选定活动单元格，选择菜单中“窗口”‖“拆分窗口”命令，工作簿就会在活动单元格处拆分为四个独立的窗格。

(2) 鼠标拆分窗口。在水平滚动条的右端和垂直滚动条的顶端个有一个小方块,称为拆分框,拖动拆分框到要拆分的单元格处即可。

(3) 撤消拆分窗口。选择菜单中"窗口"‖"取消拆分"命令即可,

(4) 冻结窗格。在工作表中有大量数据的时候,如果拖动工作表则有可能前面的数据或标题就不能显示了,造成不知道哪些数据对应哪个标题了,鉴于这种情况,Excel 2003 提供了窗口冻结功能。选定活动单元格,选择菜单中"窗口"‖"冻结窗口"命令,此时,拖动活动单元格上边和左边的所有单元格被冻结。选择菜单中"窗口"‖"取消冻结"命令,就可以恢复工作表原样。

10. 查看工作表

当一个工作簿包含多个工作表,每个工作表的内容又很多的时候,如何寻找需要查看的工作表就显得格外重要,方法如下:

选择菜单中"窗口"‖"新建窗口"命令,创建一个视图窗口。

选择菜单中"窗口"‖"重排窗口"命令,在弹出的"重排窗口"对话框中,选择不同的排列方式,单击"确定"按钮。

11. 保护工作表

对工作簿中的某一个工作表的数据进行保护,防止未经授权的用户对工作表中的数据进行修改。方法如下:

(1) 保护工作表。选择需要保护的工作表,选择"工具"‖"保护"‖"保护工作表"命令,弹出"保护工作表"对话框,选中"保护工作表及锁定的单元格内容"复选框,然后在"取消工作表保护时使用的密码"文本框中输入密码,在"允许此工作表的所有用户进行"列表框中选中"选定锁定单元格"复选框和"选定未锁定的单元格"复选框。

单击"确定"按钮弹出"确认密码"对话框,在"重新输入密码"文本框中输入刚才输入的密码,单击确定即可完成工作表的保护。

(2) 撤消工作表保护。选择需要撤消保护的工作表,选择菜单中"工具"‖"保护"‖"撤消工作表保护"命令,随即会弹出"撤消工作表保护"对话框,然后在"密码"文本框中输入已设置的保护密码,单击"确定"按钮即可撤消工作表的保护。

4.2.2 单元格和单元格区域

1. 单元格

单元格是 Excel 表格中最基本的元素,也是 Excel 处理信息的最小单位,工作表中行和列的交叉处为一个长方格子,即单元格。单元格内可以包含文字、数字或公式。当单击一个单元格时,该单元格就成为活动单元格或称当前单元格。一个活动单元格的边框是自动加黑加粗显示的,我们可以在活动单元格中输入新的数据或编辑单元格中原有的数据信息。

单元格是由它在工作表中的位置来识别的,工作表中每一个单元格的位置,称为单元地址。通常用工作表上作为列标的英文字母和作为行标的数字组合来确定某个工作单元格的地址,如 A6 表示第 A 列第 6 行的单元格。列标用字母及字母组合 A～Z,AA～AZ,BA～BZ,…,IA～IV 表示,共计 256 列。行标用自然数 1～65 536 表示。一个工作表中最多可以有 256×65 536 个单元格。

单元格地址还有另外一种表示方法。如第3行和第4列交点的那个单元格可以表示为R3C4,其中R表示Row(行),C表示Column(列)。这种形式可通过选择菜单中"工具"‖"选项"命令,选择"常规"标签,在"设置"栏勾选"R1C1引用样式"即可。

2. 单元格区域

在Excel中,也可以对一组被选中单元格进行操作,一组单元格可以是相邻的也可以是不相邻的。这样的一组单元格被称为单元格区域。单元格区域被选中后,所选范围内的单元格都会高亮度显示,取消时又恢复原样。

连续区域的单元格地址由矩形对角的两个单元格的地址组成,中间用冒号(:)相连。如B2:E8表示从左上角是B2的单元格到右下角是E8单元格的一个连续区域。

对于不连续区域的选定,先选择第一个区域,然后,在按住Ctrl键的同时,选择其他区域。不连续区域之间用逗号隔开表示,如(C4,F4),仅表示两个单元格。

3. 单元格的基本操作

单元格是构成工作表最基本的单位,熟练掌握单元格的基本操作才能提高工作效率,单元格的基本操作主要包括:单元格的选择、清除单元格信息、插入和删除单元格、合并和拆分单元格、隐藏和显示单元格、复制单元格区域等内容。

(1) 单个单元格的选择

- 直接单击所需要选择的单元格。
- 在活动单元格的基础上,采用键盘中的上、下、左、右方向键以及Tab或者Shift+Tab组合键选定单元格。
- 在名称框中输入单元格地址。

(2) 相邻单元格的选择

- 选中需要选定的单元格区域中的第一个单元格,然后释放鼠标,按住Shift键,单击需要选择单元格区域的最后一个单元格。如单击A1单元格,释放鼠标,按住Shift键的同时单击D8,则选择了区域A1:D8。
- 采用鼠标拖动的方法选择单元格区域。即,先点选单元格区域第一个单元格,按住鼠标左键不放拖动至最后一个单元格,再释放左键。如在A1单元格单击鼠标左键后,拖曳至D8,则选择了区域A1:D8。
- 在名称框中输入需要选择单元格区域即可,如输入A5:D7,即可选中区域A5:D7。

(3) 不相邻单元格的选择。如果要选择多个不连续的单元格、行、列或区域,可以在选择一个单元格或区域之后,按住Ctrl键,再选取第2个区域。

(4) 整行或整列单元格选择。将指针移动至所选单元格的行标或列标上,当指针变为➡或者⬇时,按下鼠标左键。

(5) 全部单元格的选择。单击工作表行标题和列标题交叉处,或按下Ctrl+A组合键即可选择所有单元格。

(6) 利用"定位"菜单选项选中单元格。选择菜单栏中"编辑"‖"定位"命令,随后在弹出的"定位"对话框中的"引用位置"文本框中输入单元格地址。如:单元格C3,或单元格区域B3:F8。

(7) 清除单元格信息。清除单元格信息包括清除单元格内容、格式,或者两者全部清除。

- 清除单元格内容

选中需要清除的单元格，选择菜单栏中“编辑”‖“清除”‖“内容”命令，也可以直接用键盘 Delete 键删除选中的单元格或单元格区域内容。

- 清除单元格格式

  选中需要清除的单元格，选择菜单栏中“编辑”‖“清除”‖“格式”命令。

- 单元格内容和格式同时清除

  选中需要清除的单元格，选择菜单栏中“编辑”‖“清除”‖“全部”命令。

(8) 插入和删除单元格

- 插入单元格

  选择需要插入的单元格，右击单元格，选择快捷菜单中的“插入”命令，弹出插入对话框，选择活动单元格下移，然后单击“确定”按钮，这时在原来单元格的上面插入了一个新的单元格。也可以选择菜单栏中“插入”‖“单元格”命令插入单元格。

- 删除单元格

  选择需要删除的单元格，右击单元格，选择快捷菜单中的“删除”命令，弹出删除对话框，选择“右侧单元格左移”，然后单击“确定”按钮，这时被选中的单元格被删除，同时原来右侧的单元格填充至原单元格的位置。也可选择“插入”‖“单元格”命令删除单元格。

(9) 合并单元格

- 选择需要合并的单元格，选择菜单中“格式”‖“单元格”命令，随即会弹出“单元格格式”对话框，切换到“对齐选项卡”，然后选中“文本控制”组合框中的“合并单元格”复选框，单击“确定”即可。
- 选中需要合并的单元格区域，单击格式工具栏中的“合并及居中”按钮即可。

(10) 拆分单元格。选择需要拆分的单元格，选择菜单中“格式”‖“单元格”命令，随即会弹出“单元格格式”对话框，切换到“对齐选项卡”，然后撤选“文本控制”组合框中的“合并单元格”复选框，单击“确定”即可。

(11) 隐藏和显示单元格。如果不希望看到部分单元格内容，可以将其隐藏起来，Excel 只能隐藏整行或整列单元格。选择需要隐藏的行，选择菜单栏中“格式”‖“行”‖“隐藏”命令，就会把选中的行隐藏起来。选择菜单栏中“格式”‖“行”‖“取消隐藏”命令，就会把隐藏的行显示出来。

(12) 复制和粘贴单元格。在处理数据表格的时候，经常需要把一些单元格的内容复制到另外一些地方。选择需要复制的单元格，然后选择菜单栏中“编辑”‖“复制”命令，此时单元格被虚线框住，然后单击需要粘贴的位置，再选择菜单栏中“编辑”‖“粘贴”命令就可以了。选择需要复制的单元格，然后再右击鼠标弹出快捷菜单，选择“复制”命令，此时单元格被虚线框住，然后右击需要粘贴的位置，在弹出快捷菜单中选择“粘贴”命令即可。

(13) 单元格或区域的命名。在 Excel 中，许多操作都是和单元格区域直接相关的。如在公式中直接引用单元格区域地址是很不方便的，可以给区域命名，以后使用它们时就可以直接引用名字，而且可以多次引用，达到快速定位的目的。单元格区域命名有以下两种方法。

- 利用编辑栏的名字框命名。首先选中要命名的单元格或区域，然后单击编辑栏的“名称”框，该框进入编辑状态，在“名称”框内输入一个名称，然后按下回车键，所命名的名字会出现在“名称框”的下拉列表中。

- 首先选定单元格区域，然后选择菜单栏中“插入”‖“名称”‖“定义”命令，显示“定义名称”对话框，在“在当前工作簿中的名称”栏输入单元格区域名称即可。

4.2.3 工作表的编辑方法

1. 输入数据

在单元格中输入数据后，数据会出现在选择的单元格和编辑栏中，用回车键、Tab 键或单击编辑栏上的“√”3 种方法确认输入。如果要放弃刚才输入的内容，单击编辑栏上的“”或按键盘上的 Esc 键。

(1) 输入文本数据。文本可以作为表格的行列标题或者工作表的标签、说明分类等，输入文本数据有以下 3 种方法：

- 编辑栏输入：选中需要输入文本的单元格，将鼠标移至编辑栏处单击进行插入。
- 单元格输入：双击需要输入文本的单元格进行输入即可。
- 下拉列表输入：

  当用户需要在同一列单元格中输入相同的文本时，可以从下拉列表中选择需要输入的文本选项。方法如下：

  右击目标单元格，选择“从下拉列表中选择”菜单项，随即会在选中单元格下方出现一个下拉列表，选择需要输入的内容即可。

(2) 输入数值。进行数值计算是 Excel 最重要的功能之一，Excel 中的数据主要包括整数、小数和货币型数据等，输入数值型数据和文本型数据方法基本一致。有时候需要用到分数，分数的输入采用固定的模式。单击目标单元格使其处于可编辑状态，在单元格中输入 5、4/9，5 和 4/9 之间必须含有一个空格，按回车键，此时在编辑栏显示该分数的小数形式。

(3) 输入时间和日期。输入日期和时间的方法不同于文本和数据的输入，要特别注意输入的格式。单击需要输入日期的单元格，通过添加“/”或者“－”的方法直接在单元格中输入日期后按回车即可，如：“2007/11/25”。如果只输入日期，则默认当年为输入的年份。输入时间和输入日期一样，必须使用固定的模式，否则 Excel 会将输入的内容当成数值型数据处理。在单元格中输入的时间系统默认为 24 小时制，如果需要按照 12 小时制输入时间，则需要在输入时间的后面添加一个空格，然后在后面添加字母“AM”(表示上午)或“PM”(表示下午)。

(4) 输入符号。有时候需要在 Excel 表格中插入一些特殊的符号。选中单元格，然后选择“插入”‖“特殊符号”命令，弹出“插入特殊符号”对话框，选择需要插入的符号，单击“确定”按钮即可。

(5) 输入批注。批注附加在单元格中，是一种十分有用的提醒方式，添加了批注的单元格的右上角会出现一个红色的小三角。当光标移动到添加有批注的单元格时就会在单元格的旁边显示批注的内容。

批注的输入可通过菜单命令“插入”‖“批注”来完成。或者右击鼠标，在弹出的快捷菜单中选择“批注”命令，随即会在单元格的右侧出现一个批注框，然后输入需要注释的内容，输入完毕，将指针移至批注框的小圆点上，按住左键不放可以调整批注框的大小，单击批注框外其他的区域，即可完成批注的输入。

用户可以对输入的批注内容进行修改，也可以对批注的字体、对齐方式、边框颜色或者属性等进行修改。选中要修改批注的单元格，右击弹出“编辑批注”菜单项，此时即可以编辑添加的批注，修改完后单击批注框以外的区域完成修改。

如果需要修改批注内容字体、对齐方式、边框颜色等属性，右击该批注框，在弹出的快捷菜单中选择“设置批注格式”，在弹出的“设置批注格式”对话框中分别对批注的相关属性进行修改。如果不需要批注了，选中含有批注的单元格，右击在弹出的快捷菜单中选择“删除批注”即可。

2. 填充数据

在向工作表输入数据时，有时会需要在不同单元格填充相同的数据，或者在不同工作簿中的不同工作表输入相同的数据。例如，在某一列或某一行填相同的邮编，或一月，二月，…，十二月；1，2，3，…等。

为了快速输入数据，Excel 提供了数据自动填充输入功能，用户使用该功能可以快速地完成系列数据的输入。

(1) 同一工作表相同数据的输入。选定输入相同数据的区域，输入数据，按 Ctrl＋Enter 组合键即可。多个不相邻单元格输入相同数据时，可以按住 Ctrl 键一次选中需要输入相同数据的多个不同单元格，在选中的最后一个呈现白色的单元格中输入需要的数据，按下 Ctrl＋Enter 组合键，或者选定一个输入数据的单元格，用鼠标指向该单元格右下角的填充柄(此时鼠标指针变为实心十字形)，按下左键拖曳到最后一个单元格。

(2) 多个工作表相同数据的输入。按住 Ctrl 键，逐个单击其他工作表，选定要输入相同数据的工作表，输入数据，输入完毕，单击任意一个工作表的标签即可。

(3) 有规律的数据输入。如果要在工作表某一个区域输入有规律的数据，如：1、2、3…或一、二、三等序列数据时，可以使用 Excel 的数据自动填充功能。它是根据输入的初始数据，然后到 Excel 自动填充序列登记表中查询，如果有该序列，则按该序列填充后继项，如果没有该序列，则复制初始数据进行填充。

方法：选择需要填充单元格区域中的第一个单元格。输入初始数据，选定包含这个初始数据的单元格，将鼠标移到数据所在区域的右下角，待出现黑色的“＋”填充柄时，按下鼠标左键向下或向右拖过要填充的区域。要按升序填充，必须从上到下或从左到右拖动。要按降序填充，则从下到上或从右到左拖动。

例如：输入初始数据“星期一”，并拖曳该单元格右下角的填充柄，自动填充将为后继项填入“星期二”、“星期三”、…。

如果输入的初始数据为一个数值，则应先按住 Ctrl 键，再拖曳该单元格右下角的填充柄，自动填充才给后继项填入数值的递增值。若没有按下 Ctrl 键，则只是复制该数值到后继项。

如果输入初始数据为文字数字的混合体，在拖曳该单元格右下角的填充柄时，文字不变，其中的数字递增。例如：输入初始数据“第 1 组”，在拖曳该单元格右下角的填充柄，自动填充给后继项填入“第 2 组”、“第 3 组”、…。

Excel 允许用户自定义序列，操作方法：选择“工具”‖“选项”命令，在“选项”对话框，选“自定义序列”标签。然后选择“自定义序列”对话框中的“新序列”选项。此时在“输入序列”文本框中输入自定义序列项，每输入一项，要按一次回车键作为分割。整个序列输入完毕后单击“添加”按钮。

如果已经在工作表中输入了数据项，则只需在“导入序列所在的单元格”框中选择工作表中输入的数据项，然后单击“导入”按钮即可。

3. 编辑数据

在工作表中输入数据之后，还经常需要对已经输入的数据进行修改、移动、复制、删除、查找替换等操作。

(1) 数据复制。选择单元格数据，单击工具栏中的“复制”按钮，或者选择菜单栏中“编辑”‖“复制”命令，此时被复制数据区域的边框呈虚线闪烁显示。在复制单元格数据之后，把鼠标移到需要粘贴数据的区域的左上角并单击鼠标选择该单元格，然后单击工具栏中的“粘贴”按钮或者选择菜单栏中“编辑”‖“粘贴”命令，被复制或剪切区域的数据就被移动到了新的位置，也可以选定要移动的单元格区域，将鼠标指针移动到选定单元格区域的边框上，此时鼠标指针变成“十字”形状时，按住 Ctrl 键，然后按住鼠标左键拖曳到目标位置，释放左键即可。

(2) 数据移动。在 Excel 中可以通过移动单元格中的数据来调整单元格的位置，即将选定单元格或单元格区域的数据从一个位置移动到另一个位置，原位置的数据会消失。可以通过选择菜单栏中“编辑”‖“剪切”命令剪切数据，然后选中需要移动的目标单元格或单元格区域，选择“编辑”‖“粘贴”命令。也可以选定要移动的单元格区域，将鼠标指针移动到选定单元格区域的边框上，此时鼠标指针变成“十字”形的箭头，按住鼠标左键拖曳到移动的目标位置。在移动鼠标指针的时候，会显示一个虚线框代表位置提示，帮助用户确定移动位置。如果目标区域含有数据，系统会自动弹出“是否替换目标单元格内容?”的信息，单击“确定”按钮即可。

(3) 数据修改。单击需要修改数据的单元格，使之处于被选择的状态，从键盘上输入新的数据，则原有的内容被清除；若双击已被选择的单元格，则文字光标出现在单元格内，或单击“编辑栏”右边的编辑框，则文字光标落在编辑框内，此时可以利用 Backspace 键删除光标前面的字符，利用 Delete 键删除光标后面的字符，利用键盘在光标位置插入字符。重写或修改数据后，按下 Enter 键，就完成了数据的修改。

(4) 数据清除。选择待清除数据的单元格或单元格区域，然后单击菜单栏中“编辑”‖“清除”命令，打开下拉(级联)菜单，出现 4 个选项：全部、格式、内容和批注。从下拉菜单中选择有关清除命令。“格式”、“内容”和“批注”命令将分别删除选定区域中的格式、内容或批注，“全部”命令将会把选定区域中的格式、内容和批注全部清除。

清除所选区域中的数据，只删除本身，不涉及移动后面或下面的数据，这是同删除操作的根本区别。按下 Delete 键也能够清除所选区域的数据，但是只能删除内容，不删除格式和批注。

(5) 数据的查找和替换。利用该功能可以快速地查看或替换表格中的数据，大大提高工作效率。选择“编辑”‖“查找”命令或者直接按下 Ctrl+F 组合键打开“查找和替换”对话框，在查找和替换对话框中，单击“选项”按钮打开所包含的具体选项，可进行精确查找。

(6) 数据插入和删除。使一个单元格或一个区域成为选择状态，然后选择菜单栏中“插入”，打开相应的下拉菜单，再从中根据需要单击“单元格”、“行”或“列”选项。

- 若单击的是“行”，则在当前单元格所在行或当前选择区域的上面插入一个或若干个新的空行。

- 若单击的是"列"，则在当前单元格所在列或当前选择区域的左面插入一个或若干个新的空列。

删除数据与插入数据类似。首先选择待删除数据的区域，然后选择菜单栏中"编辑"‖"删除"命令，打开一个"删除"对话框，对数据删除的处理也分为 4 种情况，删除整行、删除整列、删除当前所选择的区域内容后右侧单元格左移、以及删除当前所选择的区域内容后下方单元格上移。

(7) 撤消和恢复操作。Excel 会自动地记录下最近进行过的单元格数据操作，单击工具栏上的"撤消"按钮，可撤消刚做完的一次操作，多次单击此按钮可依次撤消所做过的多次操作。也可选择"编辑"‖"撤消"命令达到同样效果。当撤消过一种数据处理操作后，单击工具栏上的按钮，可恢复上一次的操作，多次单击此按钮可依次恢复所做过的多次操作。选择"编辑"‖"恢复"命令可达到同样效果。

4. 设置行和列

在工作表的操作过程中，用户根据需要，可能随时会插入行和列，或者需要调整行高和列宽。

(1) 插入行和列。可以采用以下两种方法插入行或列：

- 选择需要插入的行或列，选择"插入"‖"行"或"插入"‖"列"命令，随即会在选定行的上方加入新的一行，或在选定列的左侧加入新的一列。
- 使用快捷菜单，右击需要插入行或列的单元格，弹出快捷菜单，选择插入整行或整列即可。

(2) 删除行和列。当不再需要表格中的某行或某列的时候，可以采用以下两种方法将其删除。

- 单击需要删除的行或列，选择"编辑"‖"删除"命令，选中的行或列就会被删除。
- 单击需要删除的行或列，然后右击，在弹出的快捷菜单中选择"删除"命令，随即会删除选定的行或列。

(3) 调整行高和列宽。默认情况下，表格中的行高和列宽都是固定的，但是有时候用户在单元格中输入的数据可能大大超出表格本身的行高和列宽，这时候就需要进行调整。

- 鼠标拖曳，将鼠标移动至行和列之间的分隔线处，此时指针会变成"＋"形状，按住鼠标左键不放，向下或向右拖动，此时会显示当前位置的行高值或列宽值，拖动至适当的位置，释放鼠标即可。
- 菜单调整，选择需要调整的行和列，选择"格式"‖"行"‖"行高"，或"格式"‖"列"‖"列宽"命令，随即会弹出"行高"或"列宽"对话框，然后在文本输入框中输入需要的数值，单击"确定"按钮，返回工作表中，此时选中的行的高度和列的宽度将会随之改变。
- 使用"最合适的行高"和"最合适的列宽"菜单项，将鼠标指针移至行和列的交叉处，单击选中整个工作表，选中"格式"‖"行"‖"最合适的行高"或"格式"‖"列"‖"最合适的列宽"命令。随即可以将整个工作表所有的行高和列宽都调整到合适的数值。

4.2.4 格式化 Excel 工作表

1. 设置单元格格式

Excel提供了强大的格式化功能，使用它可以对已经建立和编辑的工作表进行数据和单元格格式设置等工作，从而使工作表的外观漂亮，重点突出、易于理解。

要对单元格或区域进行格式设置，可以先选中需要格式化的单元格或单元格区域，再选择菜单中“格式”‖“单元格”命令，或右击，在快捷菜单中选“设置单元格格式”命令，弹出的“单元格格式”对话框，然后在对话框中设置有关的信息。利用Excel的格式工具栏中的按钮也可以设置一些常见的格式。

(1) 设置数值格式。可以通过设置工作表上单元格的数值格式来突出重要的信息，使得整个工作表数据具有整体可读性。Excel提供了大量的数据格式，并将它们分成常规、数值、货币、百分比、时间、日期、特殊、自定义等，默认的输入是“常规”单元格格式。

设置方法是选定要进行设置的单元格或区域。右击弹出快捷菜单，在“单元格格式”对话框中先选择“数字”标签，然后在数字标签分类列表框中选择一种分类，例如，选择“数值”分类，对话框的右边会出现设置该分类格式的设置项，如设置“数值”分类的小数点位数等格式。最后单击“确定”。

(2) 设置对齐方式。Excel中输入不同类型的数据在单元格中的对齐方式是默认的，默认情况下，文本为左对齐，数字为右对齐，逻辑值和错误值居中对齐。设置数据对齐的方法有以下几种：

- 选择“格式”工具栏中的工具按钮☰ ☰ ☰，适用于简单设置。
- 选择“格式”‖“单元格”命令，弹出“单元格格式”对话框，选择“对齐”选项卡。选项卡中的“文本”项可设置“水平对齐”方式，包括左、居中、靠右、填充、两端对齐、分散对齐和跨列居中，“垂直对齐”方式包括靠上、居中、靠下、两端对齐和分散对齐。
- 在“方向”项可以直观的设置文本按某一角度方向显示。
- “文本控制”项包括“自动换行”、“缩小字体填充”和“合并单元格”。当输入的文本过长时，一般应设置为自动换行。一个区域中的单元格合并后，这个区域就成为一个整体，并把左上角单元的地址作为合并后的单元格地址。

(3) 设置字体格式。Excel中的字体设置包括字体(宋体、黑体等)、字形(加粗、倾斜等)、字号(大小)、颜色、下划线、特殊效果(上标、下标等)等内容。

设置方法为选择设置字体的文本或单元格(也可以是单元格区域)，打开“单元格格式”对话框，选择“字体”设置标签进行有关设置。

(4) 设置边框。用户可以根据需要对单元格边框的线型、颜色等进行定义。Excel工作表的表格线称为网格线，这只是为方便单元格的定义，这些网格线是不能打印出来的，可以通过“工具”‖“选项”命令，从中选择“视图”标签将网格线隐去。

边框设置方法为选择设置边框线的单元格或单元格区域(也可以是整个表格)，打开“单元格格式”对话框，选择“边框”设置标签，出现所示边框线选项对话框，在此对话框中应首先选择线条样式和颜色，然后选择预置选项、预览草图及边框按钮，即可设置新的边框，最后按“确定”按钮完成设置。

(5) 设置图案格式。可以对单元格或区域的底纹的颜色及图案等进行设置。为了使表格中的数据更加突出、醒目，使设计的表格更加生动活泼，可以通过“图案”格式设置，为单元格或单元格区域设置颜色及底纹图案。

设置方法为选择要设置“图案”的单元格或单元格区域，打开“单元格格式”对话框，选择

“图案”设置标签，然后选择颜色和图案，单击“确定”按钮即可。

(6) 设置保护格式。可以对单元格进行保护，主要是锁定单元格和隐藏公式，但这必须是在保护工作表(菜单栏中“工具”‖“保护”‖“工作表”)的情况下才有效。当工作表设置完成后，可将表格中的数据保护起来，不至于误操作而修改或删除表中的数据，或不希望别人看到表中一些重要数据。

“锁定”是使用户只能对单元格或单元格区域浏览不能修改；“隐藏”是使用户不能看到单元格或单元格区域内容。

2. 使用格式刷

在对单元格进行格式化的时候，经常需要对多个单元格区域设置成相同的格式，此时可以使用格式刷。

方法：选中已经设置好的单元格或单元格区域，然后单击常用工具栏中的“格式刷”按钮 ，此时选中的区域会显示闪烁的虚线，鼠标指针变成 形状，选择需要格式化的区域，指针就会变成原来的形状，所选区域中的数值格式就被格式化了。

3. 使用样式

当用户需要对单元格或单元格区域设置相同的格式的时候，可以通过创建样式的方法或者直接使用已有的模板快速地设置单元格格式。Excel 中的样式是指可以定义并保存的格式设置集合，定义了一个样式后，可以把它应用到其他单元格和区域，这些单元格和区域就具有相同的格式，如果样式改变，所有使用该样式的单元格都自动跟着改变。

样式包括内部样式和自定义样式。内部样式是 Excel 内部预定的样式，可以直接使用，自定义样式是用户根据需要创建的各种格式的组合。

(1) 使用内部样式。选定单元格区域，在选择菜单栏中“格式”‖“样式”命令，随即弹出样式对话框，在样式名下拉框中选择一个内部样式，单击“确定”按钮，选定的单元格区域就会被设置为样式的格式组合。

(2) 创建修改样式。使用样式之前首先要创建样式，将一个单元格中的已有格式设置为新创建的样式，操作步骤如下：

①选定一个单元格(该单元格中含有新样式中要包含的格式组合)。

②选择菜单栏中“格式”‖“样式”命令，弹出“样式”对话框。

③在“样式名”框中键入新样式的名称。如果要更改已有样式的格式，单击要修改的样式名。

④要定义样式并同时将它应用于选定的单元格，单击“确定”按钮；只定义而并不立即应用于当前单元格或区域，单击“添加”按钮。

(3) 应用样式。选择要格式化的单元格或区域，选择菜单栏中“格式”‖“样式”命令，在弹出的“样式”对话框的“样式名”下拉列表框中选择所需的样式，单击“确定”按钮即可。

(4) 删除样式。选择菜单栏中“格式”‖“样式”命令，在“样式”对话框的“样式名”下拉列表框中选择所需的样式，单击“删除”按钮即可。但是“常规”样式不能够被删除。

(5) 合并样式。合并样式是指在一个工作簿中使用另外一个工作簿中的样式，这样可以快速完成单元格或单元格区域的设置。

选择菜单栏中“格式”‖“样式”命令，在“样式”对话框的“样式名”下拉列表框中即可显示出系统默认的样式，单击“合并”按钮，弹出“合并样式”对话框，在合并样式来源列表框中选定要合并的源工作簿,单击“确定”按钮,原工作表中的样式就合并到目标工作簿当中。

4. 自动套用格式

为了提高制作电子表格的效率并且美化表格,Excel 2003 提供有 16 种专业的表格格式,用户可以直接选择一种格式套用到选定的工作表区域。选择要套用格式的单元格区域,选择“格式”‖“自动套用格式”命令,弹出“自动套用格式”对话框,在对话框中选择一个满意的格式,单击“确定”按钮即可。

5. 设置工作表背景

用户可以为工作表添加背景,使制作的电子表格看上去更加漂亮。选择“格式”‖“工作表”‖“背景”命令,弹出“工作表背景”对话框,然后在“查找范围”下拉列表中选择存放图片的路径,选择背景图片,单击“插入”按钮即可在当前的工作表中插入背景图片。

4.2.5 使用图形和图片美化工作表

就像 Word 中可以插入图形和图片一样,用户也可以在 Excel 中加入精美的图片来美化工作表,下面介绍如何在 Excel 表格中插入图片和绘制自定义的图形。

1. 插入图片

如果工作表中只有文字和大量的数据,会使人感到单调,Excel 允许用户在表格中插入图片来美化工作表,具体方法是:打开需要插入图片的工作表,在菜单栏中选择“插入”‖“图片”‖“来自文件”命令,随即弹出“插入图片”对话框,选择合适的图片,然后单击“插入”按钮,所选图形就插入到了表格中。

用户还可以在表格中插入剪贴画,方法是在菜单栏中选择“插入”‖“图片”‖“剪贴画”命令,这时窗口右侧会弹出“剪贴画”任务窗格,在“搜索文字”栏中输入需要搜索的图片关键字进行剪贴画搜索,然后单击要插入剪贴画的单元格位置,双击任务窗格中要插入的图片就可以将所选图片插入工作表中了,用户还可以拖动图片边框来调整其大小。

2. 插入艺术字

在 Excel 中还可以插入艺术字,更好的修饰和美化表格,具体方法是:打开需要插入艺术字的工作表,单击需要插入艺术字的单元格,然后在菜单栏中选择“插入”‖“图片”‖“艺术字”命令,随即弹出“艺术字库”对话框,在其中选择合适的样式,然后单击“插入”按钮弹出“编辑艺术字文字”对话框。在“文字”文本框中输入艺术字的内容,然后设置字体、字号,最后单击“确定”按钮即可。

3. 绘制图形

除了插入剪贴画和图片,Excel 还允许用户自己绘制图形,具体方法是:首先选择菜单栏中“视图”‖“工具栏”‖“绘图”命令,随即弹出“绘图”工具栏,在工具栏上单击“自选图形”‖“星与旗帜”‖“十字星”命令,然后在表格中拖动鼠标,就可以绘制出所需的图形,用户还可以通过拖动绘制好的图形,调整其大小和位置。

4. 图形的操作

在 Excel 中插入图片之后,还可以对其进行进一步的编辑修改,更好地满足用户的需求,具体方法是:右击要编辑的图片,选择“设置图片格式”命令,在“设置图片格式”对话框中有“颜色与线条”、“大小”、“图片”、“保护”、“属性”和“Web”6 个选项卡的内容可供编辑。用户也可以采用同样的方式编辑自选图形的格式。

5. 添加文本

Excel 还允许用户在自选图形中添加文本，具体方法是：右击要添加文本的自选图形，然后在快捷菜单中选择“添加文字”命令，这样用户就可以在自选图形上输入文本了，文字输入完成后，选中输入的文本，可以利用格式工具栏上的各种工具设置其格式。

4.2.6 工作表的页面设置和打印输出

工作表的打印输出包括页面设置、打印预览和打印 3 个步骤。它同 Word 文档的打印过程类似。这 3 个选项都包含在菜单栏中文件选项下拉菜单中，当单击“页面设置”选项时打开“页面设置”对话框。

页面设置对话框包含有 4 个选项卡，对应的卡标签分别为“页面”、“页边距”、“页眉/页脚”、“工作表”。在“页面”选项卡中给出打印方向、缩放比例、纸张大小、打印质量、起始页码等选项；在“页边距”选项卡中，给出打印内容与纸张边界之间的左、右、上、下的距离，以及打印页眉离纸张上边界的距离和打印页脚离纸张下边界的距离、居中方式等选项；在“页眉/页脚”选项卡中，分别给出页眉和页脚的内容选项，还允许自定义页眉或页脚的内容，设置页眉页脚之后，在每打印一页工作表内容的时候，都会自动把页眉和页脚的内容打印在页的顶部和底部；在工作表选项卡中，可以设定打印区域和打印标题，还给出了是否打印网格线、是否打印行号和列标、是先列后行还是先行后列打印等选项。

页面设置不是必须的，其所有选项都含有默认值，能够满足简单打印的要求。页面设置完成后，可以进行打印预览，它将按照页面设置的状态按页显示出当前工作表中的全部内容，用户通过单击滚动条可以依次浏览每一个打印页。浏览结束后，单击所在窗口顶行的“关闭”按钮，则又返回到当前工作表窗口。

通过打印预览能够清楚地看到页面设置的效果，若不满意，再打开页面设置对话框进行修改，直到打印预览满意为止。打印预览之后，若你的计算机已连接好打印机，则可以单击“文件”‖“打印”命令，出现“打印内容”对话框，用户进行打印机、打印范围、打印内容、打印份数等设置后，单击“确定”按钮则执行打印，若单击“取消”按钮则放弃此次打印操作。

4.3 Excel 公式与函数

公式是对工作表中的数值执行计算的等式。公式以等号(＝)开头。例如，输入公式“＝5＋2＊3”，结果等于 2 乘 3 再加 5。公式也可以包括函数(Excel 中的函数是预先编写的公式，可以对一个或多个值执行运算，并返回一个或多个值，函数可以简化和缩短工作表中的公式，尤其在用公式执行很长或复杂的计算时)，引用，运算符(Excel 的运算符是一个标记或符号，指定表达式内执行的计算的类型，有数学、比较、逻辑和引用运算符等)和常量(Excel 常量是不进行计算的值，因此也不会发生变化，例如，数字 210 以及文本“每季度收入”都是常量，表达式以及表达式产生的值都不是常量)部分或全部内容。

4.3.1 数据类型

Excel 2003 中的数据分为文本、数值、日期时间、公式等几种数据类型，向工作表输入数据就是向工作表中的单元格输入数据。

1. 文本数据

文本数据是指在 Excel 工作表中输入的是文本文字，比如表格中的标题、注释、姓名、公司名称等，文本型数据可以使用任何字符串，每个单元格最多可以包含 32 000 个字符。系统默认的对齐方式是左对齐，以数字开头的文本仍视为文本，如 8ADF。如果在单元格中输入的文本字符太长，这时文本就会自动占用相邻的单元格，如果相邻单元格含有数据，则文本字符串会自动隐藏。

2. 数值数据

数值型数据是 Excel 表格中最重要的组成部分，进行数值计算是 Excel 最基本的功能，Excel 中的数值不仅包括普通的整数值，还包括小数型数值和货币数值等。数值型数据的输入方法和输入文本类似，选中需要输入的单元格，输入数字，然后按回车键即可。输入数值右对齐，数字前面的正号"＋"被忽略，数字项中的"。"作为小数点处理，在负数前面必须冠以"－"号。为避免将分数视作日期，应在分数前面冠以 0(零)，如输入：01/2 表示二分之一，否则 Excel 把它处理为日期数据(例如：1/2 处理为 1 月 2 日)。

在单元格输入 2 又 1/2 时，2 和 1/2 之间必须含有一个空格，在编辑栏会显示该分数的小数形式 2.5，需要输入百分号形式的数字，则同样单元格显示百分号格式，如 85%，而编辑栏显示 0.85。当输入的数值整数部分长度较长时，Excel 用科学记数法表示(如：2.222 2E＋12)，小数部分超过格式设置时，超过部分 Excel 自动四舍五入后显示。

Excel 在计算时，用输入的数值参与计算，而不是显示的数值。例如：某个单元格数字格式设置为两位小数，此时输入数值 5.326，则单元格中显示数值为 5.33，但计算时仍用 5.326 参与运算。

3. 时间和日期数据

Excel 提供现成的时间和日期输入格式，当输入数据与这些格式相匹配时，将它们识别为日期或时间并在单元格中显示。

Excel 常用的内置日期与时间格式有：dd-mm-yy、yyyy/mm/dd、yy/mm/dd、hh：mm AM、mm/dd 等。例如，输入 99/3/4，则单元格中显示为 1999-3-4。输入 3/4 则单元格中显示为 3 月 4 日。

输入日期时可以通过添加"/"或者"－"的方法直接在单元格输入日期，如：选中某一单元格后输入 2007/8/5 按下回车即可。

在单元格输入时间时，小时、分钟和秒之间用冒号分割。系统默认的是按照 24 小时制输入的，如果需要按照 12 小时制输入时间，则需要在时间后面添加一个空格，然后输入 AM 或 PM 表示上午或下午。例如，输入 15:25，则单元格中显示为 15:25；输入 11:30 a，则单元格中显示为 11:30 AM；输入 1:36:20 p，则单元格中显示为 1:36:20 PM。

如果要在同一单元格中键入日期和时间，请在中间用空格分离。如输入 1999 年 1 月 2 日下午 4:30，则可输入 1999-1-2 16:30(时间部分要用 24 小时制)。

按下 Ctrl＋；组合键可以输入当前日期，按下 Ctrl＋Shift＋；组合键可以输入当前时间。

4. 公式数据

在 Excel 工作表中，若某个单元格中的数据可以通过计算得到，则可以为该单元格输入一个公式。输入公式时，先选定活动单元格，通常是先输入符号"＝"，然后输入公式内容，当确认输入后，在该单元格中显示计算后的结果。

例如：分别在单元格 C2、D2 和 E2 中输入数值 15、20 和 10，在 F2 单元格中输入公式"＝C2＋D2＋E2"，当确认输入后，F2 单元格中显示 45。

4.3.2 公式的使用

1. 公式的基本概念

函数和公式使得 Excel 变得高效而实用，公式是对 Excel 表格中的数据进行计算和操作的等式，它既可以对工作表中的数据进行加、减、乘、除等运算，也可以对字符、日期型数据进行字符的处理和日期的运算。对一些复杂而常用的计算，Excel 还提供了函数供用户使用，从而减少了用户创建计算公式的麻烦。而且当数据更新后，将自动更新结果。使用公式使得 Excel 的功能可以得到最大程度的发挥。

(1) 公式的组成。Excel 的公式都具有相同的结构；它由等号(＝)开始，后面是用运算符连接的运算对象组成的表达式。公式中运算对象包括数值、常量、单元格引用(地址)、区域名称、工作表函数或者括号等，输入公式后，其计算结果显示在单元格中。当选定了一个含有公式的单元格后，该单元格的公式就显示在编辑栏中。Excel 公式中的各类运算码的含义如下：

- 数值或常量：是指通过键盘输入到表格中的数字或文本，如"32"或"快乐"。
- 单元格引用：通过使用一些固定的格式引用单元格的数据，如"C5"、"A5：J12"。
- 区域名称：直接引用为该区域定义的名称，如，为区域"C4：H8"命名为"Money"在计算的时候，就可以使用该名称代替此区域，如"＝SUM(Money)"。
- 工作表函数：工作表函数包括函数本身及其参数，如"＝TIME(11，26，45)"。括号是为了在进行数据运算的时候容易区分先后顺序而添加的一种符号，如"＝－7×(3＋9)"。表达式中可以使用圆括号改变运算优先级。

(2) 运算符的种类：运算符是连接公式当中的基本元素，完成特定计算的符号，如"＋、－、×、/"等。Excel 的运算符是公式计算不可缺少的部分，它主要包括：算术运算符、文本运算符、比较运算符和引用运算符。

- 算术运算符：算术运算符主要完成对数值型数据进行加、减、乘、除等数学运算，Excel提供的算术运算符见表 4-1。算数运算符连接数字并产生计算结果。

表 4-1 算术运算符

运算符	名称	举例
＋	加号	1＋3
－	减号	20－6
*	乘号	9＊4
/	除号	1/2
%	百分号	5%
^	乘幂号	6^2
＝	等号	A5＝26

- 文字运算符:文字运算符之间包含一个连字符“&”,它可以将多个文本(字符串)连接起来合成一个文本。

  例如:

  公式:=“Computer”&“Center”　　　　结果:Computer Center

  若 A1 中的数值为 1 680

  公式:=“My Salary is”& A1　　　　结果:My Salary is 1 680

- 比较运算符:Excel 的比较运算符可以完成两个运算对象的比较,Excel 提供的比较运算符详细见表 4-2。比较运算的结果为逻辑值 TRUE(真)或 FALSE(假)。例如,假设 A1 单元中有值 15,则公式“=A1>32”的值为 FALSE,公式“=A1<26”的值为 TRUE。

表 4-2　比较运算符

比较运算符	含义	举例
=	等于	B2=B3
<	小于	2<3
>	大于	3>2
<>	不等于	B2<>B3
<=	小于等于	A1<=A2
>=	大于等于	A2>=A1

- 引用运算符:引用运算符可以把单元格或单元格区域结合起来生成一个联合引用。引用运算符包括冒号(:)、逗号(,)和空格。其中,冒号(:)是区域运算符,可以对两个引用(含这两个引用在内)之间的所有单元格进行引用,如 A1:D1 是引用 A1 到 D1 之间的多个单元格。逗号(,)是联合运算符,可以将多个引用合并为一个引用。如 SUM(B1:I1,C2:G2)是将 B1:I1 和 C2:G2 两个单元格区域合并为一个。空格是交叉运算符,可以产生同时属于两个引用的单元格区域的引用,即将多个区域的交叉部分生成一个区域。

在使用公式时需要注意,公式中不能包含空格(除非在引号内,因为空格也是字符)。字符必须用引号括起来。另外,公式中运算符两边一般需相同的数据类型,虽然 Excel 也允许在某些场合对不同类型的数据进行运算。

(3) 运算符的优先级。在 Excel 中,公式都是按照运算符的优先次序来进行运算的。运算符的优先级顺序如表 4-3。

表 4-3　运算符优先级顺序表

运算符	运算优先次序
^(求幂)	1
-(负号)	2
%(百分号)	3
*、/(乘与除)	4
+、-(加与减)	5
&(文本连接)	6
=、<、>、<>、<=、>=	7

上述运算符的优先级是指没有括号中的优先次序，括号在公式中的优先级是最高的，也就是说如果公式中包含括号，则首先计算括号中的表达式，然后再计算括号之外的表达式。

2. 输入公式

输入公式的方法和输入文本或者输入数值的方法类似，可以直接在单元格或编辑栏中直接输入。方法是首先选定要输入公式的单元格，输入一个等号(=)，然后输入编制好的公式内容，确认输入，计算结果自动填入该单元格。

例如，假定单元格 B1 和 B2 中已分别输入“1”和“2”，选定单元格 A1 并输入“=B1+B2”。按回车键，则在 A1 中就出现计算结果 3。这时，如果再选定单元格 A1 时，在编辑栏中则显示其公式“=B1+B2”。

3. 编辑公式

编辑公式与编辑数据相同，可以在编辑栏中，也可以在单元格中。双击一个含有公式的单元格，该公式就在单元格中显示。常见公式编辑有复制、修改、移动、显示、删除等操作。

(1) 复制公式。公式的复制与数据的复制的操作方法相同。但当公式中含有单元格或区域引用时，根据单元地址形式的不同，计算结果将有所不同。当一个公式从一个位置复制到另一个位置时，Excel 能对公式中的引用地址进行调整。

- 公式中引用的单元格地址是相对地址。当公式中引用的地址是相对地址时，公式按相对寻址进行调整。例如 A3 中的公式是“=A1+A2”，复制到 B3 中会自动调整为“=B1+B2”。公式中的单元格地址是相对地址时，调整规则为：

  新行地址=原行地址+行地址偏移量

  新列地址=原列地址+列地址偏移量

- 公式中引用的单元格地址是绝对地址。不管把公式复制到哪儿，引用地址被锁定，这种寻址称作绝对寻址。如 A3 中的公式“=$A$1+$A$2”复制到 B3 中，仍然是“=$A$1+$A$2”。

- 公式中的单元格地址是混合地址。在复制过程中，如果地址的一部分固定(行或列)，其他部分(列或行)是变化的，则这种寻址称为混合寻址。如从 C1 中的公式“=$A$1+$B1”复制到 C2 中，则变为“$A$1+$B2”，其中，B 列单元格的地址发生了变化(变换规则和相对寻址相同)。

(2) 移动公式。当公式被移动时，引用地址还是原来的地址。例如，C1 中有公式“=A1+B1”，若把单元格 C1 移动到 D8，则 D8 中的公式仍然是“=A1+B1”。

(3) 显示公式。如果用户需要查看所有单元格中的公式，可以通过设置“选项”对话框的方法全部显示出来。选择“工具”‖“选项”命令，弹出“选项”对话框，切换到“视图”选项卡中，然后选中“窗口选项”组合框中的“公式”复选项，单击“确定”按钮即可将工作表中所有的公式显示出来。

(4) 删除公式。用户可以将单元格中的公式删除，而只保留其中的数据，方法如下：选中含有公式的单元格，选择“编辑”‖“复制”命令或直接按下 Ctrl+C 组合键，然后选择“编辑”‖“选择性粘贴”命令，弹出“选择性粘贴”对话框，然后选中“粘贴”组合框中的“数值”单选按钮，单击“确定”按钮即可将选中单元格中的数据删除。

(5) 审核公式。利用 Excel 中的公式审核功能可以很容易地查找出工作表中含有的公式与单元格之间的关系，并且能快速地查找错误所在，这对复杂的工作簿来说是非常有用的。

在输入公式的时候会经常出现一些错误信息，这些错误值通常是因为公式不能正确计算结果或者公式引用的单元格含有错误而导致的。当公式有错误时，系统会给出错误信息。公式中的常见出错信息如表 4-4 所示。

表 4-4　公式中常见的出错信息

出错信息	可能的原因
######	公式的结果太长，单元格容纳不下
#REF!	公式引用了无效的单元格
#N/A	函数参数或者公式中没有可用的数值
#NAME?	Excel 不能识别公式中使用的名字
#NUM!	函数中使用了无法接受的参数，或数字太大或太小
#VALUE!	错误的参数或运算对象类型
#DIV/0!	除数为零，或除数为空单元格
#NULL!	使用了不正确的区域运算或不正确的单元格引用

用户可以利用“公式审核”工具栏检查公式中的错误。方法如下：

单击出现返回错误公式信息的单元格，选择“工具”‖“公式审核”‖“显示‘公式审核’工具栏”命令，随即弹出“公式审核”工具栏，单击“错误检查”按钮，弹出“错误检查”对话框，在此对话框就会显示出错的公式以及出错的原因。

用户还可以利用“公式审核”工具栏进一步追踪检查公式中出现错误的单元格。

单击返回错误公式信息的单元格，选择“工具”‖“公式审核”‖“追踪引用单元格”命令，随即就会在所有出错单元格之间建立箭头线，单击“公式审核”工具栏的“取消所有追踪箭头”，即可将所有的箭头取消。

4. 公式的引用(单元格的引用)

在 Excel 2003 中，公式支持使用单元格引用来代替单元格中的实际数值，公式可以引用本工作簿中或其他工作簿任何单元格或单元格区域的数据。单元格的引用是一种 Excel 计算公式，如何从工作表中提取有关单元格数据的方法。

Excel 2003 中提供单元格相对引用、绝对引用和混合引用 3 种不同类型的引用。

(1) 相对引用。相对引用方式是指公式所在的单元格与公式中引用的单元格之间的相对位置，若公式所在的单元格位置改变了，那么公式引用单元格的位置也随着发生变化。直接引用单元格区域名，不需要加“$”符号，例如，要计算学生成绩表中所有学生的平均分，只需给第一个学生平均分单元格编制一个公式，然后用鼠标向下拖曳该单元格右下角的填充柄，拖曳到最后一个学生平均分单元格松开鼠标，所有学生的平均分均计算完成。在公式的复制过程中，其公式中引用单元格的行号随向下移动的位置而自动改变。同样，如果在行方向进行复制公式操作，则公式中引用单元格的列标也随移动的位置而自动改变。相对引用方法的好处是，当编制的公式被复制到其他单元格中时，Excel 能够根据移动的位置自动调节引用的单元格。

(2) 绝对引用。绝对引用是指引用特定位置处的单元格，表示方法就是在行列单元格名称前加上一个“$”符号，绝对引用只是公式所在单元格的位置发生了变化，但引用的公式保持不变，引用的数据内容不变。也就是说，在公式复制时，绝对引用单元格将不随公式位置的移动而改变单元格的引用。如对上例中的第一个平均分计算公式改为“=($E$2+$F$2+$G$2)/3”后，则复制完成后，其他平均分单元格中的公式都为“=($E$2+$F$2+$G$2)/3”。因而所有学生的平均分单元格中填的都是第一个学生的平均分值。

(3) 混合引用。混合引用是一种介于相对引用和绝对引用之间的引用，也就是说引用单元格的行和列的，一个是相对的一个是绝对的，引用单元格名称时，如果在行号前加“$”符号或在列标前加“$”符号，即行用绝对引用，而列用相对引用，或行用相对引用，而列用绝对引用。其作用是不加“$”符号的随公式的复制而改变，加了“$”符号的不发生改变。例如：

E$2，行不变而列随移动的列位置自动调整。

$F2，列不变而行随移动的行位置自动调整。

4.3.3 函数的使用

1. 函数的概念

Excel 有数百个内置的公式，称为函数。这些函数也可以实现相应的计算。使用函数可以大大简化公式，实现复杂的计算。函数可作为独立的公式单独使用，也可以用于另一个公式中甚至另一个函数内。一般来说，每个函数可以返回一个结果值，而数组函数则可以返回多个值。

(1) 函数语法。函数由函数名和参数组成，格式如下：

函数名(参数 1，参数 2，…)

其中，每个函数名都唯一标识一个函数，函数名通常以大写字母出现，用来描述函数的功能。各个参数之间用“,”隔开。参数就是函数的输入值，用来计算所需的数据，函数的参数可以是数值、文本、表达式、逻辑值，也可以是单元格或引用区域、数组、区域名称逻辑值等。函数本身也可以作为参数。如果一个函数没有参数，也必须加上括号。

(2) 函数种类。Excel 中的函数大致分为九大类，分别是：文本函数、数学与三角函数、财务函数、统计函数、数据库函数、查询与引用函数、日期与时间函数、逻辑函数和信息函数。

- 日期与时间函数。使用日期与时间函数可以分析和处理公式中的日期和时间。
- 数学与三角函数。使用数学与三角函数可以处理简单的计算，例如对数字取整函数 INT、求和函数 SUM 等。
- 财务函数。财务函数用于进行一般的财务计算，如确定贷款的支付额、投资的净现值、股票或债券的价值等。
- 统计函数。主要用于对数据区域进行分析。
- 查找和引用函数。可以在清单或表格汇总中查找特定的数值，或者查找某一个特定的单元格。
- 数据库函数。当需要分析数据清单中的数据是否符合特定的条件时，就可以使用数据库函数。
- 文本函数。可以在公式中处理文字串，例如复制文本或者改变英文字母大小写的函数。
- 逻辑函数。进行真假值判断或者进行复合检查，如使用 IF 函数确定条件为真还是假，由此返回不同的数值。

- 信息函数。可以确定存储在单元格中的数据的类型。信息函数包含一组称为 IS 的工作表函数，当单元格满足条件时返回 TRUE。

2. 输入函数

函数是以公式的形式出现的，在输入函数时，可以直接以公式的形式编辑输入，也可以使用 Excel 提供的“插入函数”工具。

(1) 直接输入。对于一些简单的函数可以采用手工输入的方法，方法和在单元格中输入公式的方法相同。首先在编辑栏中输入“＝”，然后输入函数本身及其相应的参数值，输入完毕按回车即可。例如，要在 H1 单元格中计算区域 A1:G1 中所有单元格值的和。就可以选定单元格 H1 后，直接输入＝SUM(A1:G1)，再按回车键。

(2) 向导输入。对于一些比较复杂的函数或者参数较多的函数，可以采用函数向导输入的方法。当需要输入函数时，单击编辑栏左侧的插入函数按钮 f_x，或选择菜单栏中“插入”‖“函数”命令，随即弹出“插入函数”对话框，对话框中提供了函数的搜索功能，并在“选择类别”中列出了所有不同类型的函数，“选择函数”中则列出了被选中函数类型所属的全部函数。选中某一函数后，单击“确定”按钮，又会弹出一个“函数参数”对话框。

函数参数对话框显示了函数的名称、参数、函数功能和参数的描述以及计算结果。参数框用于输入数据或单元格引用，可单击参数框右侧的折叠对话框暂时折叠函数参数对话框，在工作表中选定需要的单元格区域后，单击折叠后的输入框右侧按钮，即可恢复参数输入对话框。输入参数后，单击“确定”按钮，在选定的单元格中就会插入函数并显示结果。

4.4 Excel 数据处理

4.4.1 数据清单

电子表格软件中的数据文件一般称为数据列表(或数据清单)，又常常称为数据表，Excel 不仅具有数据计算处理的能力，还具有数据表的管理能力，特别在数据分析方面的能力比一般的数据表更胜一筹。

数据清单是由一系列相关的单元格组成的数据列表。如果选中学生成绩表中的 A2:I7 区域，那么就可以组成一个数据清单。数据清单选定后，就可以对数据清单进行排序和筛选等操作。

在 Excel 中，数据清单就像是一个数据库:信息按记录(行)存储，每个记录中包含信息的各项内容，称为字段(列)。数据清单的第一行都具有列标识，并且列中的数据所代表的意义相同。实现数据清单功能的表格应具有以下特点:

(1) 数据由若干列组成，每一列有一个标题，相当于数据表的字段名，如“学号”、“学生”等，列相当于字段，每一列的取值范围相当于域，每一列必须是相同类型的数据，表中每一行构成数据表的一个记录，每个记录存放一组相关的数据。其中的一行必须是字段名，其余每行称为一个记录，数据的查找、排序等操作都必须以记录为单位进行。

(2) 在工作表中，数据列表与其他数据之间至少留出一个空白列和一个空白行。数据列表中应该避免空白行和空白列。

4.4.2 数据查找

在使用 Excel 处理大量数据的时候，经常由于用户疏忽或粗心输入错误的数据，此时需要将这些错误的数据找出来，并加以修改，Excel 提供了数据的查找和替换功能，该功能可以很好地处理该类问题。

1. 单条件查找

选择菜单栏中“编辑”‖“查找”命令，弹出“查找和替换”对话框，在“查找内容”文本框汇总输入要查找的对象，单击“查找全部”或“查找下一个”按钮即可。

2. 多条件查找

除了单条件查找以外，还可以在多个条件的限制下来查找所需要的数据，选择菜单栏中“编辑”‖“查找”命令，弹出“查找和替换”对话框，单击“选项”按钮，扩展对话框内容，在“查找内容”文本框汇总输入要查找的对象，可以根据“查找范围”等限定条件来进行查找，单击“查找全部”或“查找下一个”按钮即可。

3. 数据的替换

替换和查找是分不开的，首先要找到需要替换的内容，然后才可以进行替换。

(1) 简单替换。选择菜单栏中“编辑”‖“替换”命令，弹出“查找与替换”对话框，在“查找内容”文本框中输入需要查找的内容，然后在“替换”文本框中输入要替换的内容，单击“全部替换”按钮即可。

(2) 条件替换。所谓条件替换就是要通过条件查找新的内容，同时替换的新内容也是按照用户的要求进行的。

选择菜单栏中“编辑”‖“替换”命令，弹出“查找与替换”对话框，在其中单击“选项”按钮，扩展“查找与替换”对话框，单击“查找内容”文本框后面的“格式”按钮，弹出“查找格式”对话框，单击其中的“从单元格选择格式”按钮，选中表中的单元格，单击“替换为”文本框后面的“格式”按钮，在弹出的“替换格式”对话框中单击从单元格选择“格式”按钮，选中需要替换格式的单元格，然后在“查找与替换”中单击“全部替换”按钮即可。

4.4.3 数据排序

数据排序是最常用的数据管理方法之一。在大多数情况下，工作表中的数据记录都是按照录入的时间顺序排列的，通常这并不是所需要的顺序。有时虽然是按照某个关键字的顺序录入的，但并不能满足使用中的多种需要。电子表格提供的数据排序功能即可解决此类问题。

数据最基本的排序工作是“升序排序”和“降序排序”。

- 数字：数字从大到小的排序。
- 字母：默认按照字母表的排序，如 A、B、C、D 等，Excel 默认的字母排序是不分大小写的。
- 汉字：汉字的排序可以按照拼音和笔画两种顺序进行排序，拼音排序是指按照汉语拼音的顺序进行排序，笔画排序就是按照笔画的多少进行排序。
- 时间：按照时间的先后顺序进行排序。
- 错误值：在 Excel 中会发生多种错误值，这些值的优先级别是相同的。
- 逻辑值：逻辑值只有 FALSE 和 TRUE 之分，FALSE 在 TRUE 之前。

- 混合排序:如果在 Excel 表格中包含多种数据类型,此时的排序工作是:数字、字母、逻辑值、错误值、空格,空格作为一种特殊的字符也就可以参加排序,其优先级别最低。

排序方法主要有两种:简单排序、复杂排序和自定义排序。

1. 简单排序

就是按照 Excel 默认的升降序工作对数据进行排序。简单排序操作非常简单,在常用工具栏单击排序工具即可。例如:要对某一单列进行排序,应先选择要排序的列,然后单击工具栏上的“排序”按钮 $^{A}_{Z}\downarrow$ 和 $^{Z}_{A}\downarrow$ 即可完成。按升序按钮完成从小到大排序;按降序按钮完成从大到小排序。

2. 复杂排序

复杂排序是指将某几列同时作为关键字进行排序的方法,其方法是:将光标放置在表格需要排序的任一单元格;选择菜单栏中“数据”‖“排序”命令,出现“排序”对话框;排列的顺序按主要关键字、次要关键字、第三关键字逐一排列。排序需设置两个内容:一是关键字选定,指定要按哪一个或几个字段的值排序;二是排序顺序,指定是按升序还是降序排列。然后单击“确定”按钮。

例如:如果我们想将学生成绩表的成绩按男女分开,并按平均分从大到小排序,如果平均分相同再按英语成绩从大到小排序。则排序是按性别、平均分、英语三列进行排序。

3. 自定义排序

自定义排序是一种按照自己设定的顺序进行排序的方式,系统默认的自定义排序是一种按照字母和数字顺序的排序方式。用户还可以根据工作的需要创建新的自定义排序。自定义排序操作步骤是:

①选择菜单栏中“工具”‖“选项”命令,弹出“选项”对话框,切换到“自定义序列”标签,在“自定义序列”选项卡中输入新的序列(每个科目需要用逗号隔开),单击“确定”按钮即可完成序列的自定义设置。

②返回到工作表,选择菜单栏中“数据”‖“排序”命令,弹出“排序”对话框,单击该对话框中的“选项”按钮,弹出“排序选项”对话框,在“自定义排序次序”下拉列表中选择自定义的序列,单击“确定”按钮,然后在“排序”对话框中单击“确定”按钮,此时,表中的数据就按照用户自定义的顺序进行排序。

4.4.4 数据筛选

Excel 提供的筛选功能可以让用户快速选出符合条件的记录。数据筛选功能可以只显示用户感兴趣的数据,将不感兴趣的数据隐藏起来。常用的筛选方法有自动筛选、高级筛选和自定义筛选 3 种。

1. 自动筛选

自动筛选就是按照选定的内容进行筛选,适用于简单的数据筛选,使用自动筛选可以筛选单项数据,也可以筛选多项数据。

下面,以员工年度考核表为例,说明自动筛选方法的使用,具体步骤为:

①选中单元格区域“A2:I2”。

②选择菜单栏中“数据”‖“筛选”‖“自动筛选”命令,即在各字段名旁出现了筛选标记▼,如图 4-2 所示。

	A	B	C	D	E	F	G	H	I
1	年度考核表								
2	编号	姓名	一季	二季	三季	四季	年核	排名	年奖
3	0001	吴代文	94.5	97.5	92	96	93	升序排列 降序排列	￥400
4	0002	张亮	100	98	99	100	95.55		￥400
5	0003	陈海霞	95	90	95	90	91.5	(全部) (前 10 个...	￥400
6	0004	王虹	90	88	96	87.4	90.21	(自定义...)	￥200
7	0005	刘均	85.6	85.8	97	85	89.01	1 2	￥200
8	0006	袁辉	84	85	95.8	84.1	88.33	3 4	￥200
9	0007	贺华	83	82	94.6	83.6	87.48	5	￥100
10	0008	钟春江	83	90	93.4	84.6	88.65	6 7	￥200
11	0009	赵健全	82	81.4	92.2	85.6	87.18	8	￥100
12	0010	王静	80	86	91	86.6	87.54	9	￥200

图 4-2　自动筛选对话框

③按下“排名”旁的筛选标记，在下拉列表中选择“前十个”选项，弹出“自动筛选前十个”对话框。设定该对话框，单击“确定”按钮。则表中只显示该列最小的十个名次。

④若选择“排名”下拉列表中的“升序”排列，则表中“排名一列的数据就进行了升序的排列”。

2. 高级筛选

高级筛选就是以用户设定的条件对工作表中的数据进行筛选，使用高级筛选可以筛选出两个以上符合条件的记录，筛选的结果既可以显示在原有区域，也可以复制到其他位置。

例如，筛选出员工年度考核表中前四季度考核成绩大于 95 分，同时年终考核成绩大于 90 分的职员。

- 在数据清单以外建立条件区并输入条件(注意条件之间为或运算的内容不能放在同一行)；在本例中就是在工作表上方将单元格区域 A9：I9 复制到 A1：I1，然后在 C2：G5 输入筛选条件，如图 4-3 所示。

		B	C	D	E	F	G	H	I
1	编号	姓名	一季	二季	三季	四季	年核	排名	应获年终奖金
2			>95				>90		
3				>95					
4					>95				
5						>95			
6									
7									
8	年度考核表								
9	编号	姓名	一季	二季	三季	四季	年核	排名	应获年终奖金
10	0001	吴代文	94.5	97.5	92	96	93	2	￥40,000
11	0002	张亮	100	98	99	100	95.55	1	￥40,000
12	0003	陈海霞	95	90	95	90	91.5	3	￥40,000
13	0004	王虹	90	88	96	87.4	90.21	4	￥20,000
14	0005	刘均	85.6	85.8	97	85	89.01	5	￥20,000
15	0006	袁辉	84	85	95.8	84.1	88.335	7	￥20,000
16	0007	贺华	83	82	94.6	83.6	87.48	9	￥10,000
17	0008	钟春江	83	90	93.4	84.6	88.65	6	￥20,000
18	0009	赵健全	82	81.4	92.2	85.6	87.18	11	￥10,000
19	0010	王静	80	86	91	86.6	87.54	8	￥20,000

图 4-3　列表区与建立的条件区

- 选择菜单栏中“数据”‖“筛选”‖“高级筛选”命令，分别在对话框中的“列表区域”选择单元格区域 A9:I20，在“条件区域”中选择单元格区域 A1:I5。
- 按“确定”按钮即可在表格原数据区域中显示筛选结果。不满足条件的数据被 Excel 隐藏起来了。
- 如果想将筛选结果复制到工作表其他位置，则可以在“高级筛选”对话框“方式”组合框中选中“将筛选结果复制到其他位置”，然后在“复制到”文本框中输入合适的单元格区域，单击“确定”按钮即可。
- 取消筛选的办法是选择菜单栏中“数据”‖“筛选”‖“全部显示”命令。

4.4.5 数据的分类汇总

在数据的分析处理中，分类汇总是一个常用的功能，通过分级显示和分类汇总，可以从大量的数据信息中提炼出有用的信息。在对数据进行分类汇总时，应该首先对要汇总的关键字进行排序，然后对包含数据的行或列进行汇总。

分类汇总之前必须先对数据进行排序，使得数据表中拥有同一主题(字段值相同)的记录集中在一起。这一步很重要。

1. 简单分类汇总

要对数据进行简单的分类汇总，首先要求字段列表中的每一个字段都有字段名即列标题，然后对此列进行排序后再进行汇总。下面以一个学生成绩表为例，介绍如何按照性别对平均分进行简单的分类汇总。

①打开第一学期成绩表，然后选中表中的任意一个单元格，选择菜单栏中“数据”‖“排序”命令，弹出“排序”对话框，在“主要关键字”下拉列表中选择“性别”选项，单击“确定”按钮即可将“性别”列按照升序排列起来，如图 4-4 所示。

	A	B	C	D	E	F
1	第一学期成绩表					
2	姓名	性别	英语	高数	计算机基础	平均分
3	吴代文	男	90	80	95	88
4	张亮	男	75	69	80	75
5	刘均	男	86	78	92	85
6	袁辉	男	80	56	75	70
7	钟春江	男	48	75	69	64
8	赵健全	男	76	64	73	71
9	刘战利	男	92	84	67	81
10	陈海霞	女	62	67	88	72
11	王虹	女	50	70	60	60
12	贺华	女	59	95	52	69
13	王静	女	89	59	86	78

图 4-4 学生成绩表

②接下来对其进行汇总，选择菜单栏中“数据”‖“分类汇总”命令，弹出“分类汇总”对话框，然后在“分类字段”下拉列表中选择“性别”选项，“汇总方式”选择“平均值”，在“选定汇总项”中勾选“平均分”，其他选项保持系统默认状态。

③单击“确定”按钮即可完成对数据的简单分类汇总。结果如图 4-5 所示。

2. 多级分类汇总

	A	B	C	D	E	F
1	第一学期成绩表					
2	姓名	性别	英语	高数	计算机基础	平均分
3	吴代文	男	90	80	95	88
4	张亮	男	75	69	80	75
5	刘均	男	86	78	92	85
6	袁辉	男	80	56	75	70
7	钟春江	男	48	75	69	64
8	赵健全	男	76	64	73	71
9	刘战利	男	92	84	67	81
10		男 平均值				76
11	陈海霞	女	62	67	88	72
12	王虹	女	50	70	60	60
13	贺华	女	59	95	52	69
14	王静	女	89	59	86	78
15		女 平均值				70
16		总计平均值				74

图 4-5　分类汇总结果

多级分类汇总就是嵌套分类汇总，即对已经分类汇总的数据再一次进行汇总。仍以图 4-4 所示的学生成绩表为例，打开图 4-4 所示的按照性别对平均分进行的分类汇总表，选中分类汇总表中的任意一个单元格，选择菜单栏中“数据”‖“分类汇总”命令，弹出“分类汇总”对话框，然后在“分类字段”下拉列表中选择“姓名”选项，并且撤选“替换当前分类汇总”复选框。单击“确定”按钮即可完成多级分类汇总，结果如图 4-6 所示。

	A	B	C	D	E	F
1	第一学期成绩表					
2	姓名	性别	英语	高数	计算机基础	平均分
3	吴代文	男	90	80	95	88
4	吴代文 平均值					88
5	张亮	男	75	69	80	75
6	张亮 平均值					75
7	刘均	男	86	78	92	85
8	刘均 平均值					85
9	袁辉	男	80	56	75	70
10	袁辉 平均值					70
11	钟春江	男	48	75	69	64
12	钟春江 平均值					64
13	赵健全	男	76	64	73	71
14	赵健全 平均值					71
15	刘战利	男	92	84	67	81
16	刘战利 平均值					81
17		男 平均值				76
18	陈海霞	女	62	67	88	72
19	陈海霞 平均值					72
20	王虹	女	50	70	60	60
21	王虹 平均值					60
22	贺华	女	59	95	52	69
23	贺华 平均值					69
24	王静	女	89	59	86	78
25	王静 平均值					78
26		女 平均值				70
27	总计平均值					74
28		总计平均值				74

图 4-6　多级分类汇总结果

3. 组与分级显示

为了使分类显示的各个部分更加清晰，使用组与分级显示可以将汇总结果中的一些数据隐藏起来，当需要查看隐藏的数据时再将其显示出来。

(1) 显示或隐藏数据。分类汇总后，在工作表的左端自动产生分级显示控制符。其中，"1、2、3、4"为分级编号，"+、-"为分级分组标记。单击分级编号或分组分级标记，可以选择分级显示。单击分级编号"1"，只显示第一级数据，单击编号"2"，将显示一级和二级的汇总数据，单击编号"3"，将显示一、二、三级的汇总数据，单击分级分组标记"-"，将隐藏本级或本组明细数据，单击分级分组标记"+"，即可显示本级或本组相应的数据。

(2) 取消分级显示。取消分级显示的方法：选择菜单栏中"数据"‖"组及分级显示"‖"清除分级显示"命令，随即就可以将工作表中的分级显示取消。

如果想回到分级显示状态，只需选择"数据"‖"组及分级显示"‖"自动建立分级显示"命令即可。

4. 取消分类汇总

如果用户不再需要分类汇总的结果，可以将其取消，方法为：选择"数据"‖"分类汇总"命令，弹出"分类汇总"对话框，单击"全部删除"按钮即可将分类汇总删除，只显示排序后的效果。

4.4.6 数据透视表

数据透视表是 Excel 创建的一种交互式、交叉式的动态汇总表格，适用于对工作表中大量数据进行快速汇总和分析，这些数据包括工作表数据、外部数据(如数据库记录)、Internet 上的数据源，还可以是经过合并计算的多个数据区域以及另一个数据透视表。

数据透视表能够对行和列进行转换以查看源数据的不同汇总结果，并显示不同页面以筛选数据，还可以根据需要显示区域中的明细数据，利用"数据透视表向导"可以对已有表格中的数据进行交叉制表和汇总，然后重新布置并立即计算出结果。

数据透视表可以创建汇总表格，汇总数据表，提供数据的概况视图；可以通过重新组织表格分析不同字段之间的关系，通过鼠标拖放相关字段按钮重新组织数据。数据透视表一般由以下内容组成：

- 数据字段
  - ■ 行字段：数据透视表中行方向的字段。
  - ■ 列字段：数据透视表中列方向的字段。
- 项
  - ■ 数据字段：包含数据源区域所有数据项清单的字段。
  - ■ 数据区：数据透视表中包含数据源区域所有数据项清单的字段。

1. 创建数据透视表

①新建家电销售情况表，如图 4-7 所示。

②选择单元格区域 A1:C14，选择菜单栏中"数据"‖"数据透视表和数据透视图"命令，弹出"数据透视表向导-3 步骤之 1"对话框。一般在"请指定待分析数据的数据源类型"中选择"Microsoft Excel 数据清单或数据库"项。然后在"所需创建的报表类型"中选择"数据透视表"项。"外部数据源"指其他程序创建的文件或表格，如 Microsoft Access、SQL Server 等。"多重合并计算数据区域"指 Excel 工作表中带标志行和列的多重范围。"另一数据

	A	B	C
1	家电销售情况表		
2	家电	季度	销售额
3	彩电	第一季度	60000
4	彩电	第二季度	55000
5	彩电	第三季度	70000
6	冰箱	第一季度	62000
7	冰箱	第二季度	59000
8	冰箱	第三季度	68000
9	洗衣机	第一季度	76000
10	洗衣机	第二季度	58000
11	洗衣机	第三季度	36000
12	空调	第一季度	55000
13	空调	第二季度	57000
14	空调	第三季度	78000

图 4-7　家电销售情况数据表

透视表或数据透视图”指活动工作簿中的现存数据透视表视图。

③单击“下一步”按钮，随即出现“数据透视表向导-3 步骤之 2”对话框。在“请键入或选定要建立数据透视表的数据源区域”中，可以看到 Excel 系统已将活动单元格所在的数据表自动选择。用户也可以在“选定区域”用键盘直接键入修改或用鼠标在工作表中重新选定区域。

④单击“下一步”按钮，出现“数据透视表向导－3 步骤之 3”对话框。单击“新建工作表”单选按钮。然后单击“完成”按钮，进入数据透视表工作界面，如图 4-8 所示。

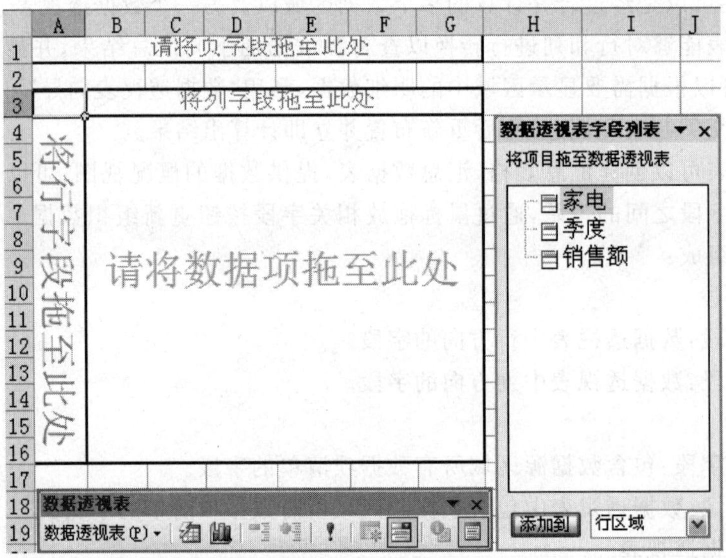

图 4-8　数据透视表

⑤单击“数据透视表字段列表”中的“家电”选项，按住鼠标左键不放，将该选项拖动到“将行字段拖至此”位置；将“数据透视表字段列表”中的“季度”选项拖至“将列字段拖至此”位置；将“数据透视表字段列表”中的“销售额”选项拖至“请将数据项字段拖至此”位置；如图 4-9 所示。

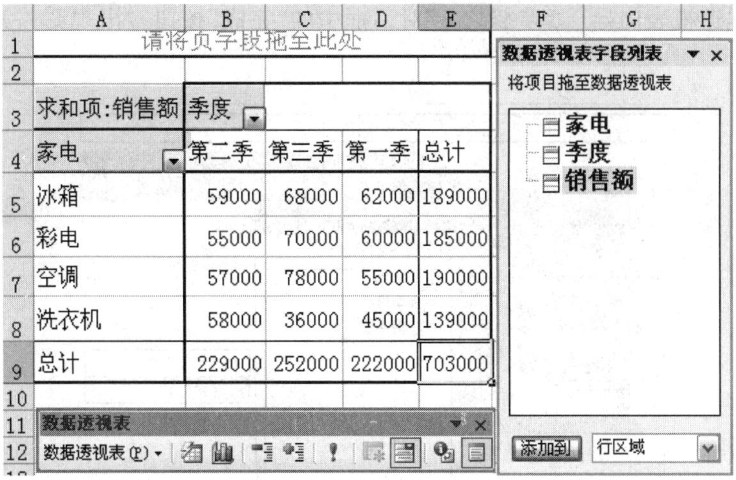

图 4-9 填入数据的数据透视表

⑥在“家电”下拉列表中选择“洗衣机”复选框，单击“确定”按钮，得到如图 4-10 所示的数据透视表。

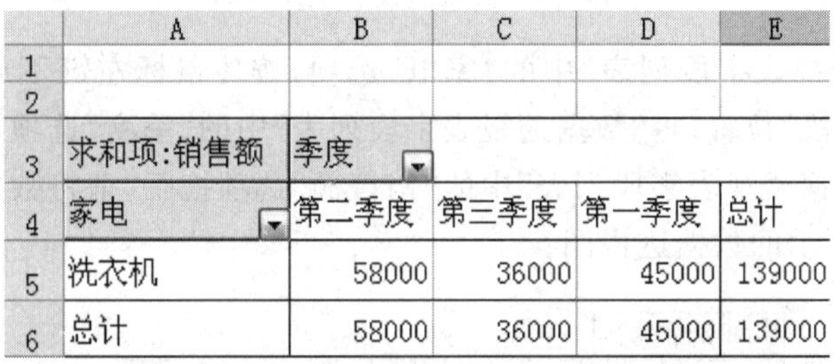

图 4-10 数据透视表

2. 编辑数据透视表

数据透视表是一个汇总表，因此不能直接对其进行编辑，修改数据透视表要通过修改源数据来实现。

如果在源数据表中更改了某个数据时，利用此数据表所建立的数据透视表中的数据不会自动更新。正确的方法是先修改源数据表中的数据项，然后选定数据透视表中的任何一个单元格，然后单击“数据透视表”工具栏中的“刷新数据”按钮，或者选择“数据”菜单中的“刷新数据”命令进行刷新就可以修改数据透视表的内容。数据透视表和源数据是相互联系的，但是数据透视表不会自动刷新，需要用户单击“数据刷新”命令进行刷新。

3. 创建数据透视图

数据透视图是实际透视表的可视化表现，是数据透视表形象地用图表的形式表示出来结果，仍以图 4-7 所示的家电销售情况表为例，说明数据透视图的操作步骤。

①选择单元格区域 A1:C14，选择菜单栏中“数据”‖“数据透视表和数据透视图”命令，弹出“数据透视表向导－3 步骤之 1”对话框，在“所需创建的报表类型”中勾选“数据透视图(及数据透视表)”选项。

②单击“下一步”按钮，弹出“数据透视表向导－3 步骤之 2”对话框，单击“下一步”按钮，

然后单击“数据透视表向导－3 步骤之 3”对话框中的“完成”按钮。出现图 4-11 所示的工作界面。

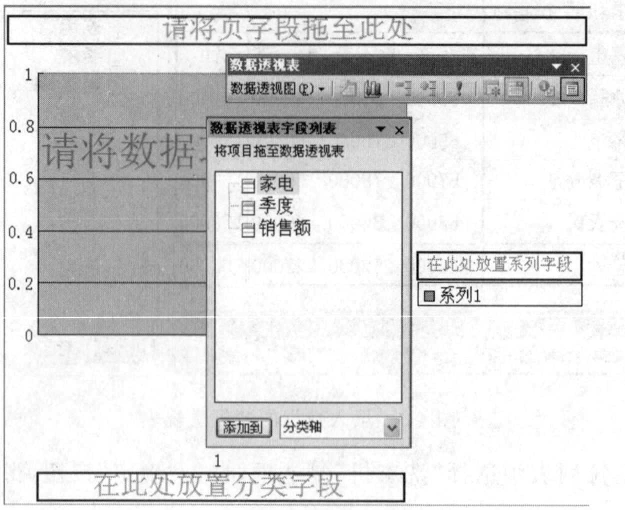

图 4-11　数据透视图工作界面

③单击“数据透视表字段列表”中的“家电”选项，按住鼠标左键不放，将该选项拖动到“在此处放置分类字段”位置；将“数据透视表字段列表”中的“季度”选项拖至“在此处放置系列字段”位置；将“数据透视表字段列表”中的“销售额”选项拖至“请将数据项字段拖至此处”位置，得到图 4-12 所示的数据透视图。

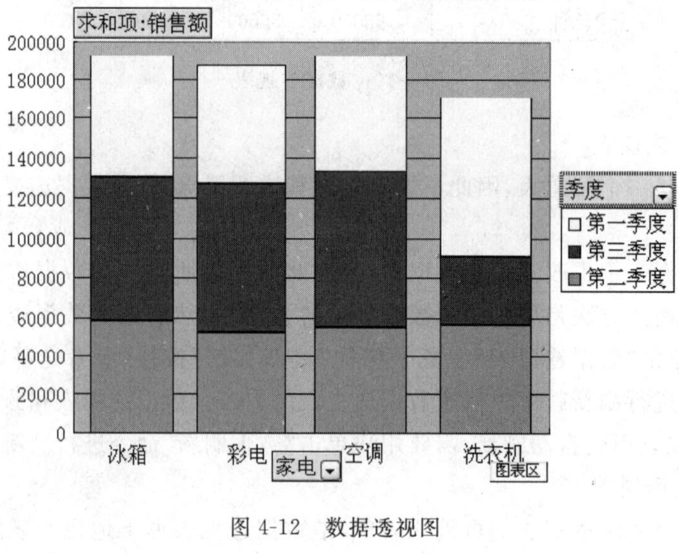

图 4-12　数据透视图

4.5　Excel 图表

通过创建图表，将单元格中的数据转换为各种统计图表，使得工作表中的数据更加生动、易于理解。并且增加了数据的可读性和分析的直观性。数据的图表化是将以行列形式表示的数据转换成以图形化的方式来显示，同时，在图表中增加颜色和式样以突出显示重要的信息，可以使用户方便地查看数据的走向、分布、差异、交点、拐点和预测趋势。Excel 有很强的内置图表功能，可以很方便地创建各种图表。

4.5.1 图表的结构和种类

1. 图表的结构

图表一般由图表区、绘图区、图标标题、图例、数值轴、分类轴、数据系列、网格线等组成，如图 4-13 所示。其中，图表区是整个图表的背景区域，包括所有的数据信息以及图表辅助的说明信息，例如图表标题、图例、数值轴以及分类轴等，绘图区包括数据系列和网格线等。图表标题就是图表的名称，是用于图表主题的说明性文字。图例用来表示图表中各个数据系列的名称或者分类制定的图案或颜色。即工作表中行标题或列标题以不同颜色集结的区域，图例是用来区分各个不同系列的主要标志。数值轴是根据图表中的数据标记提供计量和比较的参照轴，它是用来表示数值大小的坐标轴。它会根据数据的大小来自定义数据的单位长度。工作表中的行标题和列标题分别构成了图表中图例的标题和类型轴上的类别名称，即若以列标题为图例，则行标题为类型轴上的类别名称；若以行标题为图例，则列标题就为类型轴上的类别名称。数据系列是指根据用户指定的图表类型以系列的方式显示在图表中的可视化数据，是工作表数据在图表中的可视化。分类轴上的每一个分类都对应着一个或多个数据，不同分类中颜色相同的数据便构成了一个数据系列。网格线包括主要网格线和次要网格线，主要网格线有数值轴主要网格线和分类轴主要网格线，它们用来表示图表的刻度，此外，还可以通过次要网格线进一步将图表区域进行细化。

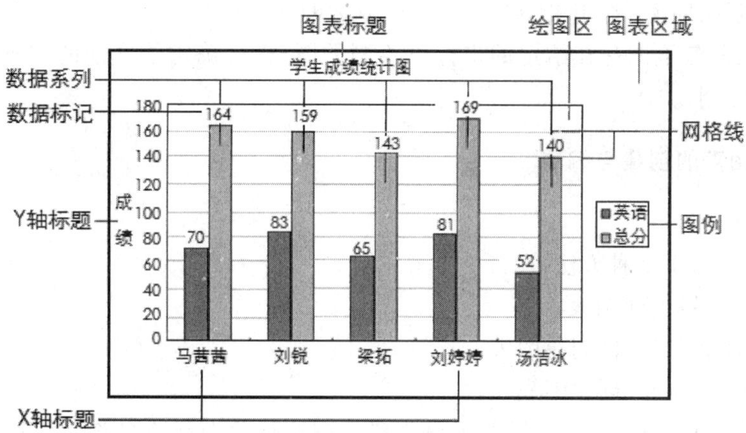

图 4-13　图表的结构

2. 图表的种类

在 Excel 2003 中，图表可分为嵌入式图表和图表单两种。嵌入式图表是指与源数据工作表置于同一工作簿文件中的图表对象，主要用于补充工作数据并在工作表内显示，保存工作簿文件时，此图表随工作表一同保存。无论是哪一种图表，都是与工作表数据相链接，并随工作表数据的更改而更新。

Excel 内部提供多种不同类型的图表，每一种又包含若干种图表样式，既有二维平面图形，也有三维立体图形。

Excel 提供的图表样式有柱形图、条形图、折线图、XY（散点图）、饼图、面积图、圆环图、雷达图、曲面图、气泡图、股市图、圆锥、圆柱和棱锥图等十几种类型，而且每种图表还有若干子类型。不同图表类型适合于表示不同的数据类型。

（1）柱形图：柱形图是最常用的图表类型之一，柱的高度与数据的大小成正比，柱形图常常用来显示一段时间以来数据的变化或者对不同项目之间数值的比较。

（2）条形图：条形图的分类轴和数据轴与柱形图恰好相反，条形图的特点是突出分类轴，这样就突出了数据的类型，条形图用于描述各个项目之间数据差别，强调在特定时间点上进行分类轴和数值的比较

（3）折线图：折线图将同一数据系列的数据点在图中用直线连接起来，以等间隔显示数据的变化趋势，常用于表示数据的连续性，也可以用来表示各个数据之间的大小关系，用来观察数据的趋势效果。

（4）散点图：散点图的特点是图中没有分类轴，常用于显示两个变量之间的关系，例如可以利用散点图绘制函数曲线。

（5）饼图：能够反映出统计数据中各项所占的百分比，或者某个单项占总体的比例，使用饼图便于查看整体与个体之间的关系，但是它的缺点是只能画出一个数据系列，当有多个数据系列时，饼图就不能使用了，但饼图特别能表示出每一数据点的相对关系，及其与整体的关系。

（6）面积图：面积图其实就是在折线图下面填充了颜色，面积图的功能和折线图基本上一致，但是用它可以表示各个数据间的大小关系，效果更加明显，面积图的视觉效果要比折线图更加清晰，常常用于显示某个时间阶段总数与数据系列的关系。

（7）曲面图：曲面图常用来绘制一些比较复杂的数学函数。

（8）气泡图：气泡图是在给定的坐标下绘制的图，坐标确定了气泡的位置，气泡的大小决定了该值的大小。

4.5.2 图表的创建与编辑

1. 图表的创建

创建图表有以下 3 种方法：

- 使用 F11 键创建图表。
- 使用“图表”工具栏创建图表。
- 使用“图表向导”创建图表。

Excel 提供“图表向导”工具帮助用户创建新图表或修改已有的图表，使用“图表向导”可以快速地完成图表的创建工作。Excel 的图表可以以内嵌图表的形式嵌入数据所在的工作表，也可以将图表嵌入到一个新的工作表中。所有的图表都依赖于生成它的工作表数据，当数据发生改变时，图表也会随之作相应的改变。

下面以一个商场的销售情况为例，介绍创建图表的方法。

（1）选择创建图表的数据区域，选定显示于图表中的数据所在单元格，单元格区域可以是连续的，也可以是非连续的，当然对非连续区域的数据必须是同类型的，而且非连续选定区域必须能形成一个矩形，如图 4-14 所示。

	A	B	C	D	E	F	G	H
1		2007上半年销售情况（单位：万元）						
2		月份	一月	二月	三月	四月	五月	六月
3		电脑	1212	780	850	1300	1500	1000
4		服装	420	560	780	1400	1320	1820
5		食品	1000	350	680	470	1050	360

图 4-14 某商场销售情况表

如果希望选定数据的行列标志也显示在图表中，则选定区域还应包括含有标志的单元格。这样做的好处是表格的行列标志与图表的行列标志是相同的，便于数据与图表的对照。

选定用于制作图表的数据区域 B1:H5，如果需要选定第二个区域时，因与第一个区域不连续而要按住 Ctrl 键。

(2) 选择菜单中“插入”‖“图表”命令，或单击常用工具栏中的“图表向导”按钮。弹出“图表向导—图表类型”对话框。在对话框中选择“标准类型”选项卡，在“图表类型”列表框中选择所需类型，右边的“子图表类型”选项卡中会显示选中类型的子类型，单击所需子类型。在“子图表类型”选项组下面有一个“按下不放可查看示例”按钮。用鼠标指向它，按住左键，则“子图表类型”的位置变成了“示例”框，显示出所选数据的图表。如果对上面的图表已经满意，可单击“完成”按钮。

(3) 如果对所选图形不甚满意的话，单击“下一步”按钮，弹出“图表向导—图表源数据”对话框。该对话框有“数据区域”和“系列”两个标签，在“数据区域”选项卡中上面是图表示例显示，下面的“数据区域”文字框中是最初选择的数据区域，可在其中修改数据的区域，如果选择的是不连续的单元格区域，各区域间用逗号分隔；“系列产生在”右边是“行”或“列”单选按钮，选择其中一个单选项确定数据系列按横排还是纵排。所谓“系列”或“数据序列”，是指一组相关的数据点，它代表一行还是一列数据。在图表上，每一系列用单独的颜色或图案区分出来。

在“系列”选项卡中，可以对所选择的数据系列进行改名。修改区域，添加和删除等操作。“数据区域”中自动显示在第 1 步中选中的数据区。用户可以进行修改。绘制图表所用的数据可以来自不同的区域，区域之间用逗号分隔(如本例)。图表的数据不一定要来自活动工作表，可以指定任一工作表，甚至来自不同的工作簿。

(4) 单击“下一步”按钮，弹出“图表向导—图表选项”对话框，此时话框中有 6 个选项卡，通过它们可以对选定的图表类型作进一步的格式设置，如设置图表标题及坐标轴的说明、图例以及是否带有网格线等，设置的效果可在对话框的右部预览。

- 标题选项卡：给整个图表和图表的 X 轴 Y 轴添加或删除标题，标题的数据需要人工输入。
- 坐标轴选项卡：设置图表是否显示 X 轴和 Y 轴。
- 网格线选项卡：设置图表是否显示 X 方向和 Y 方向的网格线。
- 图例选项卡：设置是否显示图例和图例摆放的位置。
- 数据标志选项卡：设置是否给系列添加数据标志及数据标志的形式。
- 数据表选项卡：设置是否在图表的下面显示绘制图表所用的数据系列。

在本例中，添加了图表标题“销售比较图”，X 轴标题“月份”和 Y 轴的标题“销售额”，其余选项使用 Excel 默认选项。

(5) 单击“下一步”按钮，弹出“图表向导—图表位置”对话框，在对话框中确定图表的位置：如果选“作为新工作表插入”项，系统给出新图表的默认名称“Chart 1”，用户可以采用，也可以更改。本例选择了“作为其中的对象插入”，系统给出的默认名称“Sheet1”，改为“销售情况”，单击“完成”按钮，图表创建完毕。最后的结果如图 4-15 所示。

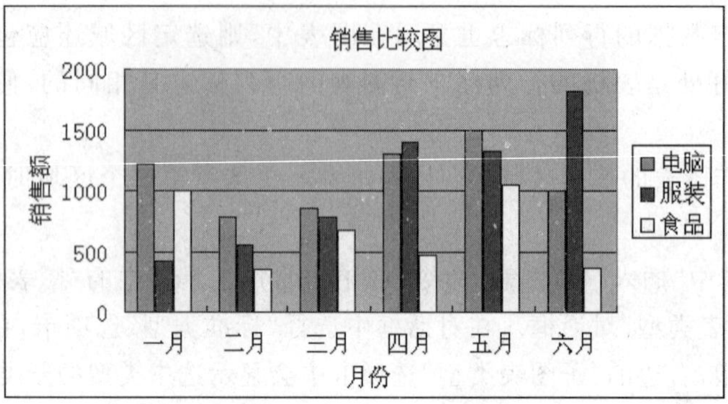

图 4-15　某商场销售比较图

从以上操作步骤可以看到，实际上使用“图表向导”创建图表的过程非常简单。其中的关键是要理解每种图表的意义，绘制每种图表所需要的数据，哪些数据 Excel 可以自动获取，哪些数据需要用户给出。

2. 图表的编辑

一旦创建了一个图表，在添加、删除和重组数据时，并不需要重建图表，只要进行一些适当的修改就可以了。图表的编辑包括图表的复制、移动、缩放和删除，改变图标类型以及图表中数据和文字的编辑等。

一个图表由多个图表对象组成，在 Excel 中有三个办法显示图表对象：在图表工具栏上单击“图表”对象的下拉箭头，列出图表中的所有对象；在图表中选中某个图表对象，图表工具栏显示该图表对象，当鼠标指针停留在某个对象上时，鼠标指针下面显示该图表对象名称。

(1) 图表的编辑方法。图表的编辑一般有两种方法。

- 使用图表向导。选中图表，这时看到与图表相关联的数据也被激活。单击图表激活它，然后单击图表向导按钮或单击“图表”菜单，就会弹出“图表向导”对话框，和建立新图表时一样，可以依次在四个对话框中对图表类型、数据系列、图表选项和图表位置重新设置。设置完毕后，图表就发生了改变。在各对话框中修改图表，这个过程其实是创建了一个新的图表，以替代旧的图表。
- 直接修改图表各部分。双击要修改的部分，在弹出的对话框中进行相应的设置。

(2) 图表修改内容。在 Excel 中可以修改图表类型、编辑数据系列、改变数据系列产生方式以及修改和删除文字。

- 更改图表类型。选中图表，在图表区右击，在弹出的快捷菜单中选择“图表类型”，或选择菜单栏中“图表”‖“图表类型”命令，弹出“图表类型”对话框，从中选择需要更改的图表类型及子类型，单击“确定”即可。

- 编辑数据系列。为了进行多组数据的比较，用户会经常向图表中添加新的数据系列，最常用的添加数据的方法是：首先在工作表中添加新的数据系列，该数据系列是将要用来进行比较的数据，右击图表中原有的数据系列，弹出快捷菜单，单击该菜单的“源数据”命令，弹出“源数据”对话框，切换到“系列”选项卡，单击“添加”按钮，添加新的数据系列，在“名称”框中输入新系列的名称，单击“值”文本框右边的数据范围折叠按钮，在工作表中选择要添加的数据系列的单元格区域，单击“返回”按钮，返回“系列”选项卡，再单击“确定”按钮，就会在原有图表中添加新的数据系列。如果要删除数据系列，可以右击数据系列，弹出快捷菜单，选择“清除”命令即可。
- 改变数据系列产生方式。选定图表，在图表工具栏上单击“按行”或“按列”按钮，可以改变数据系列的产生方式。
- 修改和删除文字。单击需要修改的文字，直接修改；需要删除文字的时候，选中文字，按 Delete 键直接删除。

(3) 改变图表位置和大小。单击图表的任何位置，图表边框四周会出现 8 个黑色的小方块，称为尺寸控制点。将鼠标指针移到图表中(注意不是放在尺寸控制点上)，按住鼠标拖动图表到新的位置。若在拖动的时候按住 Ctrl 键，可以复制图表；拖动边框上的尺寸控制点，可以对图表进行缩放，按下 Delete 键可以删除图表。

4.5.3 图表的格式化

1. 设置图表格式

图表的格式化可以突出某些数据，增强人们的印象。图表格式化包括图表文字和坐标轴刻度的格式化、数据标题颜色的改变、网格线的设置，以及图表图例的添加、删除等。通过图表的格式化，使图表的显示效果满足用户的要求。

对各种图表元素，可使用不同的格式、字体、图案和颜色进行修饰。不管哪种图表元素，都可以双击欲格式化的图表元素，或者用鼠标指向该元素并右击，在弹出的快捷菜单中选择相关的格式化命令，然后在弹出的格式化对话框中选择需要的格式化选项。设置完成后单击“确定”按钮。

如果用鼠标很难准确地选中需要格式化的图表元素，可以选择菜单栏中“视图”‖“工具栏”‖“图表”命令，把工具栏调出，如图 4-16 所示。工具栏中有一个“图表对象”列表框，在列表框中选定所需的对象，然后单击列表框旁边的“格式化”按钮就可以对图表对象进行格式化。

图 4-16　图表工具栏

(1) 编辑标题。编辑标题可以使其更加醒目，编辑方法是：右击图表标题，弹出快捷菜单，选择“图表标题格式”命令，在弹出“图表标题格式”对话框中，右击坐标轴的“图案”、“字体”和“对齐”3 个选项卡,可以对其分别编辑。

(2) 编辑图表区、绘图区。对图表区和绘图区的编辑可以使图表更加美化、数据信息更加突出。编辑图表区的方法是:右击图表区,弹出快捷菜单,选择“图表区格式”命令,在“图表区格式”对话框中分别对“图案”、“字体”和“属性”3 个选项卡中的内容进行修改;右击绘图区,在快捷菜单中选择“绘图区格式”命令,在弹出的“绘图区格式”对话框中,可以对“图案”的边框、区域等内容进行修改。

(3) 编辑图例。一个图表有多个数据系列时,图例是很重要的,因为它是区分各个系列的标志,选择菜单栏中“图表”‖“图表选项”命令,在弹出的“图表选项”对话框中切换到“图例”,在“图例”选项卡中可以显示、隐藏图例和为图例定位。双击图表中的图例,弹出“图例格式”对话框,在“图例格式”对话框中可以分别修改图例的“图案”、“字体”和“位置”,修改后单击“确定”按钮即可。

(4) 编辑坐标轴和网格线。选择菜单栏中“图表”‖“图表选项”命令,在弹出的“图表选项”对话框中切换到“网格线”或“坐标轴”选项卡,在“网格线”选项卡中可在图表中加入或删除“分类 X 轴”或“数值 Y 轴”网格线;在“坐标轴”选项卡中可以显示和隐藏坐标。右击图表的坐标轴,在弹出的快捷菜单中选择“坐标轴格式”命令,在“坐标轴格式”对话框中可以分别修改坐标轴的背景图案、刻度、字体、数字和对齐方式等。

2. 使用趋势线

在图表中添加趋势线可以更加直观地表达出数据的变化趋势,方法如下:

选择菜单栏中“图表”‖“添加趋势线”命令,弹出“添加趋势线”对话框,切换到“类型”选项卡,然后在“趋势线预测/回归分析类型”组合框中选择需要的趋势线类型,再切换到“选项”选项卡中输入趋势线名称,调整预测周期,并选中“显示公式”复选框,单击“确定”按钮即可在图表中添加趋势线,同时会显示出相关的公式。

第 5 章

电子演示文稿

5.1　PowerPoint 基本知识

5.1.1　PowerPoint 概述

PowerPoint 是微软公司的一种利用计算机制作集文字、图形、图像、声音、视频剪辑于一体的多媒体演示的制作软件。用它可在短时间内制作出图文并茂的幻灯片，幻灯片的集合称为演示文稿。

1. 启动 PowerPoint

安装完 Office 2003 后，在 Windows XP 的开始菜单的程序组中会产生 Microsoft Office 应用程序小组。单击屏幕左下角的“开始”按钮，依次选取弹出菜单中的“程序”‖“Microsoft Office”‖“Microsoft Office PowerPoint 2003”项，即可打开 PowerPoint 2003 应用程序。

如果桌面上有 PowerPoint 的快捷方式图标，双击该图标也可以打开 PowerPoint 2003 应用程序。

利用资源管理器在 Microsoft Office 的安装目录中找到 PowerPoint 的可执行文件 POWERPNT. EXE，双击该文件也可以打开 PowerPoint 2003 应用程序。一般来说 PowerPoint 2003 的可执行文件应该在 ..\Program files\Microsoft Office\OFFICE11 目录下。双击后缀为 PPT 的 PowerPoint 文件，也可以打开 PowerPoint 2003 应用程序。

2. PowerPoint 界面组成

PowerPoint 2003 启动后，就进入了 PowerPoint 的用户界面(User Interface，UI)，PowerPoint 的用户界面由菜单、工具栏、任务窗格和对话框组成，如图 5-1 所示。任务窗格是 Office 应用程序中提供常用命令的窗口。图 5-1 中所示为 PowerPoint 的主窗格，包括标题栏、菜单栏、工具栏、幻灯片浏览窗格、任务窗格、幻灯片编辑窗格、备注编辑窗格和状态栏等 8 部分，如图 5-1 中的①～⑧所示。

注：本章主要内容参考 Microsoft Office 2003 帮助。

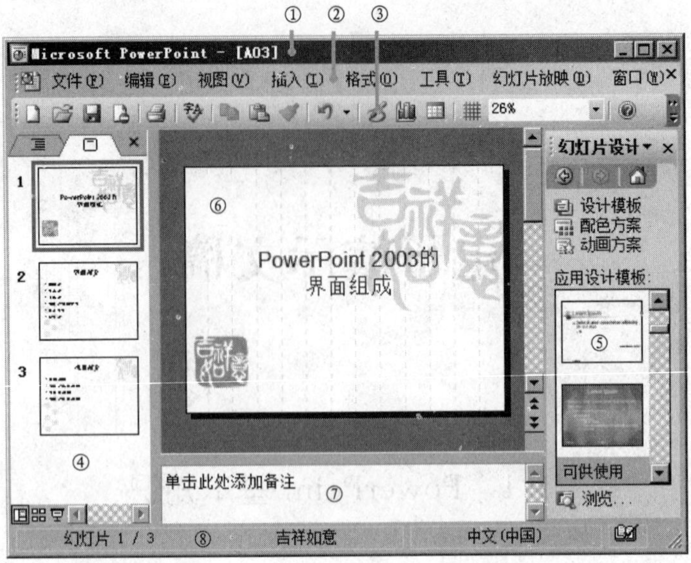

图 5-1　PowerPoint 2003 的主窗格

3. 退出 PowerPoint

单击标题栏右侧的关闭按扭、依次选择菜单栏中的“文件”‖“退出”菜单项、双击左上角的窗口控制按钮、或者使用快捷键 Alt＋F4，都可退出 PowerPoint 2003 应用程序。

5.1.2　PowerPoint 的视图

1. PowerPoint 视图概述

视图是显示演示文稿内容并给用户提供与其进行交互的方法。PowerPoint 有 4 种主要视图：普通视图、幻灯片浏览视图、备注页视图和幻灯片放映视图。PowerPoint 2003 的菜单栏中包含“视图”菜单组。视图的选择与参数设置可以通过该菜单组中的命令完成。

2. 普通视图

普通视图是主要的编辑视图，可用于撰写或设计演示文稿。该视图有 4 个工作区域，如图 5-2 所示。

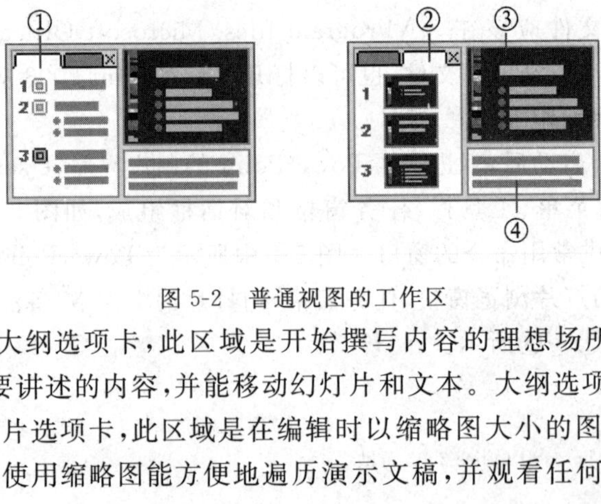

图 5-2　普通视图的工作区

图 5-2 中的①为大纲选项卡，此区域是开始撰写内容的理想场所，在这里可以捕获灵感，计划如何表述所要讲述的内容，并能移动幻灯片和文本。大纲选项卡以大纲形式显示幻灯片文本。②为幻灯片选项卡，此区域是在编辑时以缩略图大小的图像在演示文稿中观看幻灯片的主要场所。使用缩略图能方便地遍历演示文稿，并观看任何设计更改的效果。在

这里还可以轻松地重新排列、添加或删除幻灯片。③为幻灯片窗格，在 PowerPoint 窗口的右上方，幻灯片窗格显示当前幻灯片的大视图。在此视图中显示当前幻灯片时，可以添加文本，插入图片、表、图形、图表、图形对象、文本框、电影、声音、超链接和动画。其中图片是可以取消组合并作为两个或多个对象操作的文件(如图元文件)，也可以是单个对象(如位图)的文件。④为备注窗格，在幻灯片窗格下面的备注窗格中，可以键入应用于当前幻灯片的备注，在展示演示文稿时进行参考。还可以打印备注，将它们分发给观众，也可以将备注包括在发送给观众或在网页上发布的演示文稿中。

用户可以在幻灯片选项卡和大纲选项卡之间切换。如果窗格变的太窄，幻灯片选项卡和大纲选项卡将改为显示符号。

无论是在幻灯片窗格中编辑幻灯片、在幻灯片选项卡上使用幻灯片缩略图，还是在大纲选项卡上为演示文稿创建大纲，都可以利用显示或隐藏(缩窄或加宽)包含大纲和幻灯片选项卡的窗格调整工作空间。

如果包含大纲和幻灯片选项卡的窗格处于缩窄或者隐藏状态，要加宽该窗格，须在普通视图中，鼠标指针指向幻灯片窗格与包含大纲和幻灯片选项卡的窗格之间的分隔条，然后将该分隔条向右拖动，如图 5-3 左图所示。如果包含大纲和幻灯片选项卡的窗格处于隐藏状态，则程序窗口的左侧会显示分隔条的边缘。

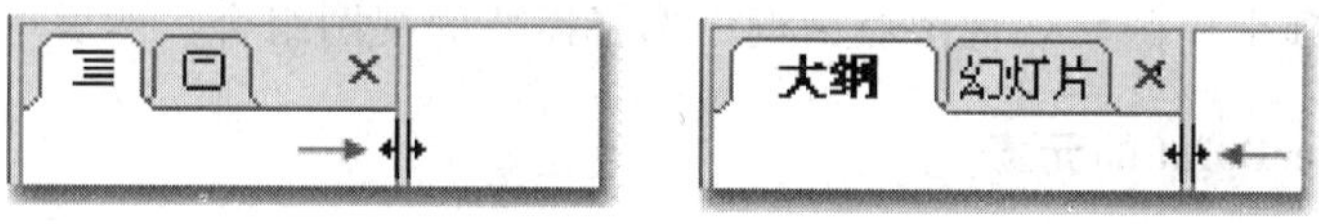

图 5-3　加宽显示和缩窄隐藏包含大纲和幻灯片选项卡的窗格

要最大程度扩展幻灯片窗格中的编辑空间，可以隐藏或缩窄包含大纲和幻灯片选项卡的窗格。如果包含大纲和幻灯片选项卡的窗格处于显示状态，或该窗格的很大一部分遮挡了幻灯片窗格，可以在普通视图中，单击该窗格右上角的关闭框，或将幻灯片窗格与包含大纲和幻灯片选项卡的窗格之间的分隔条向左拖动，即可隐藏或者缩窄该窗格。

3. 幻灯片浏览视图

幻灯片浏览视图是以缩略图形式显示幻灯片的视图，如图 5-4 左图所示。结束创建或编辑演示文稿后，幻灯片浏览视图显示演示文稿的整个图片，使重新排列、添加或删除幻灯片以及预览切换和动画效果都变得很容易。

4. 备注页视图

可以在备注窗格中键入备注，该窗格位于普通视图中幻灯片窗格的下方。但是，如果要以整页格式查看和使用备注，在视图菜单组中单击“备注页”菜单项，即可显示整页格式的备注页视图，如图 5-4 右图所示。

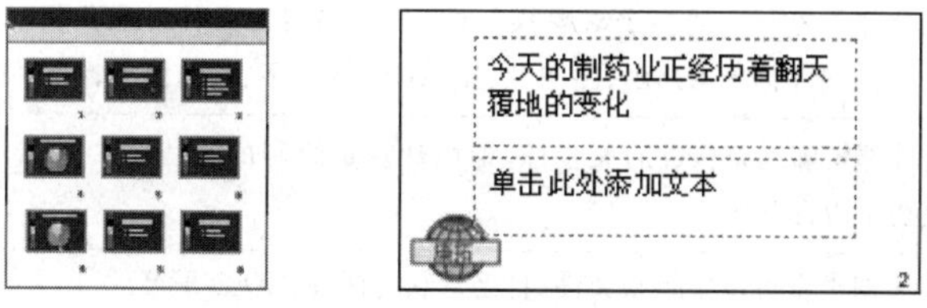

图 5-4　幻灯片浏览视图(左)与备注页视图(右)

5. 幻灯片放映视图

幻灯片放映视图占据整个计算机屏幕,就像实际的演示一样。在此视图中,演讲者所看到的演示文稿就是观众将看到的效果。在这个视图中可以看到在实际演示中,图形、计时、影片、动画效果和切换效果的状态。其中动画是给文本或对象添加特殊视觉或声音效果。例如,文本项目符号逐字从左侧飞入,或在显示图片时播放掌声。

6. 将视图设为默认视图

将默认视图更改为工作所需视图时,PowerPoint 将始终在该视图中打开。可以设置为默认视图的视图包括幻灯片浏览视图、只使用大纲视图、备注视图和普通视图的变体。默认情况下,在普通视图中,PowerPoint 显示包含幻灯片选项卡和大纲选项卡的窗口。更改视图中的窗口大小或视图本身大小时,所做的更改随被更改的演示文稿一起保存并重新显示。但是,这些自定义设置不会保存在演示文稿的外部。

不过,可以通过指定默认视图让 PowerPoint 的某个视图中始终处于打开状态。在这些视图中可以设置为默认视图的视图包括幻灯片浏览视图、备注页视图和普通视图的变体。具体步骤为:

①单击菜单栏中"工具"‖"选项"命令;

②在选项对话框中,单击"视图"选项卡;

③在视图选项卡中的默认视图对话框中选择需要的视图组合。然后单击"确定"按钮。

5.1.3 PowerPoint 的元素

PowerPoint 文稿中可以包含的元素有文本、表格、图表、图示、图片、图形、声音、影片、对象和动作按钮等,这些多媒体元素是组成幻灯片的重要基础。对 PowerPoint 中的每一元素可以任意的进行添加、删除、修改、复制、移动、自定义动画效果和设置动作、超级链接等操作。表 5-1 所示是这些基本元素在 PowerPoint 中的含义。

表 5-1 PowerPoint 的基本元素

基本元素	含 义
文本	是数字、字母、符号和汉字或者其他语言符号的集合
表格	在 Microsoft Office 中,表格由一行或多行单元格组成,用于显示数字和其他项,以便快速引用和分析,表格中的项被组织为行和列
图表	泛指在屏幕中显示的,可直观展示统计信息属性(时间性、数量性等),对知识挖掘和信息直观生动感受起关键作用的图形结构
图示	图示就是用图形表示,PowerPoint 中的图示类型包括循环图、目标图、射线图、维恩图和棱锥图,可使用这些图示来说明各种概念性的资料并使文档和演示文稿更生动,与图表相比,图示不以数字为基础
图片	可以取消组合并作为两个或多个对象操作的文件(如图元文件),或作为单个对象(如位图)的文件。PowerPoint 中的图片包括剪贴画、图像、照片、墨迹、艺术字、自选图形、组织结构图等
图形	图形是指由外部轮廓线条构成的矢量图,即由计算机绘制的直线、圆、矩形、曲线、图表等,PowerPoint 中的图形主要是指自选图形
声音	PowerPoint 中的声音可以是音频文件、自己录制的话音、CD 音乐等
影片	PowerPoint 中的声音可以是视频文件、动画文件等

续表

基本元素	含　义
对象	对象是嵌入或者链接到演示文稿的表格、图表、图形、符号或其他形式的信息。在一个应用程序中创建的对象，如果链接或嵌入另一个程序中，就是 OLE 对象
动作按钮	动作按钮是一个现成的按钮，可将其插入到演示文稿中，也可以为其定义超链接。动作按钮包含形状（如右箭头和左箭头）以及通常被理解为用于转到下一张、上一张、第一张和最后一张幻灯片和用于播放影片或声音的符号。动作按钮通常用于自运行演示文稿，例如，在摊位或展台上重复显示的演示文稿

5.1.4 PowerPoint 文件的保存

保存 PowerPoint 生成的文件时，可以将它保存到硬盘驱动器上的文件夹、网络位置、磁盘、CD、桌面或其他存储位置。需要在“保存位置”列表中标识目标位置。不管选择了什么位置，保存过程都是相同的。

1. 保存文件

单击“文件”菜单组中的“保存”命令，即可把当前修改的内容保存到文件中。如果是第一次保存文件，PowerPoint 提示为其命名。利用 Ctrl＋S 组合键也可以保存文件。

2. 保存文件的副本

(1) 在“文件”菜单上，单击“另存为”命令；

(2) 在“保存位置”列表中，单击要保存文件的文件夹或驱动器；

(3) 在“文件名”框中，输入文件的新名称；

(4) 单击“保存”按钮。

要将副本保存到其他文件夹中，在“保存位置”表中单击其他驱动器，或者在文件夹列表中单击其他文件夹。要将副本保存在新文件夹中，单击“新建文件夹”按钮。

3. 以其他格式保存文件

(1) 在“文件”菜单上，单击“另存为”命令；

(2) 在“文件名”框中，输入文件的新名称；

(3) 单击“保存类型”列表，然后单击将用来保存文件的文件格式；

(4) 单击“保存”按钮。

利用 PowerPoint 2003，可以将演示文稿保存为如表 5-2 所示的任意一种文件类型。

表 5-2　PowerPoint 2003 支持的文件

保存为文件类型	扩展名	用于保存
PowerPoint 演示文稿	.ppt	Office PowerPoint 2003 演示文稿
PowerPoint 95-2003 演示文稿	.ppt	可以在早期版本的 PowerPoint(从 95 到 2003)中打开的演示文稿
PowerPoint 设计模板	.pot	作为模板的演示文稿，可用于对将来的演示文稿进行格式设置
PowerPoint 放映	.pps	始终在幻灯片放映视图(而不是普通视图)中打开的演示文稿

续表

保存为文件类型	扩展名	用于保存
PowerPoint 加载宏	.ppa	用于存储自定义命令、Visual Basic for Applications (VBA) 代码和特殊功能(例如加载宏)的加载宏
单个文件网页	.mht .mhtml	作为单一文件的网页,其中包含一个 .htm 文件和所有支持文件,例如图像、声音文件、级联样式表、脚本和更多内容,适用于通过电子邮件发送演示文稿
网页	.htm .html	作为文件夹的网页,其中包含一个 .htm 文件和所有支持文件,例如图像、声音文件、级联样式表、脚本和更多内容。适合发布到网站上或者使用 Microsoft Office FrontPage 或其他 HTML 编辑器进行编辑
GIF(图形交换格式)	.gif	作为用于网页的图形的幻灯片,GIF 文件格式最多支持 256 色,因此更适合扫描图像(如插图)而不是彩色照片。GIF 也适用于直线图形、黑白图像以及只有几个像素高的小文本。GIF 支持动画和透明背景
JPEG(联合图像专家组)文件格式	.jpg	作为用于网页的图形的幻灯片,JPEG 文件格式支持 1 600 万种颜色,最适于照片和复杂图像
PNG(可移植网络图形)格式	.png	作为用于网页的图形的幻灯片,万维网联合会 (W3C) 已批准将 PNG 作为一种替代 GIF 的标准,PNG 不像 GIF 那样支持动画,某些旧版本的浏览器不支持此文件格式
TIFF(Tag 图像文件格式)	.tif	作为用于网页的图形的幻灯片,TIFF 是用于在个人计算机上存储位映射图像的最佳文件格式,TIFF 图像可以采用任何分辨率,可以是黑白、灰度或彩色
设备无关位图	.bmp	作为用于网页的图形的幻灯片,位图是一种表示形式,包含由点组成的行和列以及计算机内存中的图形图像,每个点的值(不管它是否填充)存储在一个或多个数据位中
Windows 图元文件	.wmf	作为 16 位图形的幻灯片(用于 Microsoft Windows 3.x 和更高版本)
增强型 Windows 元文件	.emf	作为 32 位图形的幻灯片(用于 Microsoft Windows 95 和更高版本)
大纲/RTF	.rtf	作为仅文本文档的演示文稿大纲,可提供更小的文件大小,并能够与可能与具有不同版本的 PowerPoint 或操作系统的其他人共享不包含宏的文件。使用这种文件格式,不会保存备注窗格中的任何文本

4. 自动保存"自动恢复"信息

自动恢复不能代替定期保存文件。如果选择在打开文件之后不保存恢复文件,则该文件会被删除,并且未保存的更改会丢失。如果保存恢复文件,则它将替换原始文件(除非指定新文件名)。如果频繁地保存文件,那么当文件处于打开状态时发生断电或其他问题后,就可以恢复更多信息。

5. 加速文件的保存

选择菜单栏中"工具"‖"选项"‖"保存"命令。若只保存文件的更改,选中"允许快速保存"复选框,然后在处理文件的同时继续保存。若要保存完整的文件,在完成对文件的处理后,清除"允许快速保存"复选框,然后进行最后一次保存。当此复选框被清除后,将进行完整保存。

5.1.5 将 PowerPoint 文件打包成 CD

打包成 CD 是 PowerPoint 新增的用于有效分发演示文稿的功能。用于制作演示文稿 CD，以便在运行 Microsoft Windows 操作系统的计算机上查看。打包成 CD 可打包演示文稿和所有支持文件(包括链接文件)，并可从 CD 自动运行演示文稿。在打包演示文稿时，PowerPoint 播放器 PowerPoint Viewer 也包含在 CD 中。因此，没有安装 PowerPoint 的计算机无需安装播放器。打包成 CD 还允许选择将演示文稿打包到文件夹而不是 CD 中，以便存档或发布到网络共享位置。将 PowerPoint 文件打包成 CD 的操作步骤如下：

①打开要复制的演示文稿；如果正在处理尚未保存的新演示文稿，保存该演示文稿。

②将 CD 插入到 CD 驱动器中。PowerPoint 可以复制到空白可录制 CD (CD-R)、空白可重写 CD (CD-RW)，或包含可覆盖的现有内容的 CD-RW。在 PowerPoint 中，如果将演示文稿复制到 CD 中，一定要在一个操作中复制所有文件。复制第一组文件后，就不能再使用 PowerPoint 在光盘添加任何其他文件。不过，可以使用 Windows 资源管理器将其他文件复制到包含现有文件的 CD-R 或 CD-RW 中。

③在"文件"菜单上，单击"打包成 CD"。

④在"将 CD 命名为"对话框中，为 CD 键入卷名。

⑤若要指定要包括的演示文稿和播放顺序，执行下列操作之一：

- 若要添加其他演示文稿或其他不能自动包括的文件，单击"添加文件"。选择要添加的文件，然后单击"添加"。
- 默认情况下，演示文稿被设置为按照"要复制的文件"列表中排列的顺序进行自动运行。若要更改播放顺序，选择一个演示文稿，然后单击向上键或向下键，将其移动到列表中的新位置。默认情况下，当前打开的演示文稿已经出现在"要复制的文件"列表中。链接到演示文稿的文件(例如图形文件)会自动包括在内，而不出现在"要复制的文件"列表中。此外，Microsoft Office PowerPoint Viewer 是默认包括在 CD 内的，以便在未安装 Microsoft PowerPoint 的计算机上运行打包的演示文稿。
- 若要删除演示文稿，选中后单击"删除"命令。

⑥若要更改默认设置，单击"选项"，然后执行下列操作之一：

- 若要去掉播放器，清除"PowerPoint 播放器"复选框。
- 若要禁止演示文稿自动播放，或要指定其他自动播放选项，单击"选择演示文稿在播放器中的播放方式"列表中的一个首选项。
- 若要包括 TrueType 字体，选中"嵌入的 TrueType 字体"复选框。
- 若要求必须使用密码才能打开或编辑所有打包的演示文稿，在"帮助保护 PowerPoint 文件"下输入要使用的密码。
- 若要关闭"选项"对话框，单击"确定"按钮。

⑦单击"复制到 CD"。

可使用以上方法将一个或多个演示文稿打包到计算机或某个网络位置上的文件夹中，而不是在 CD 上。不单击"复制到 CD"，而单击"复制到文件夹"，然后提供文件夹信息，就可完成将一个或多个演示文稿打包到计算机或某个网络位置上的文件夹中的任务。

5.1.6 打印 PowerPoint 文件

在 PowerPoint 2003 中,可以创建并打印幻灯片、讲义和备注页。可以大纲视图打印演示文稿,并且可以使用彩色、黑白或灰度来打印。

1. 打印幻灯片

多数演示文稿均设计为以彩色模式显示,但幻灯片和讲义通常以黑白或灰度模式打印。以灰度模式打印时,彩色图像将以介于黑色和白色之间的各种灰色色调打印出来。打印幻灯片时,PowerPoint 将设置演示文稿的颜色,使其与所选打印机的功能相符。可以调整幻灯片的大小以适合不同的纸张大小(包括信纸和分类账),也可以自定义大小。

①设置要打印的幻灯片大小。

• 选择菜单栏中"文件"‖"页面设置"命令。

• 在"幻灯片大小"框中,单击所需的选项。如果单击"自定义",在"宽度"和"高度"框中输入所需的尺寸。演示文稿中所有幻灯片的方向必须相同,但备注页、讲义和大纲可以有不同的方向。

②若要查看幻灯片的打印效果,在"文件"菜单上单击"打印预览",再进行所需的更改。

③选择菜单栏中"文件"‖"打印"或者按下 Ctrl+P 组合键,就可弹出打印对话框。在"打印内容"下拉菜单中,选择"幻灯片"。

④在"颜色/灰度"下拉菜单中,单击下列选项之一:

• 彩色:如果在彩色打印机上打印,则此选项将以彩色打印。
• 灰度:此选项打印的图像包含介于黑色和白色之间的各种灰色色调。背景填充的打印颜色为白色,从而使文本更加清晰。
• 纯黑白:此选项打印不带灰填充色的讲义。

⑤单击"确定"按钮。

2. 打印讲义

①打开要打印的演示文稿。

②选择菜单栏中"文件"‖"打印预览"命令。

③若要选择页面方向,单击工具栏上的"纵向"按钮或"横向"按钮。

④若要设置页眉和页脚,单击"选项"按钮上的箭头,再单击"页眉和页脚"按钮。

⑤在"打印预览"工具栏的"打印内容"框中,单击所需的"讲义"版式选项。

⑥在"打印预览"工具栏上,单击"打印"按钮。

3. 打印备注页

将演示文稿的备注页打印出来,作为对演示文稿进行演示时的参考,或者将其作为提供给观众的讲义。可以使用颜色、形状、图表和版式选项来设计备注页和对其进行格式设置。从 PowerPoint 中,可以用"演讲者备注"格式打印备注,即每个打印的备注页都包括它参考的幻灯片的副本,并且在幻灯片下有与打印的内容相关联的备注。

①打开要打印备注页的演示文稿。

②选择菜单栏中"文件"‖"打印预览"命令。

③在"打印预览"工具栏的"打印内容"框中,单击"备注页"。

④要指定页面方向，在“打印预览”工具栏上，单击“纵向”按钮或者“横向”按钮。

⑤要设置页眉和页脚，在“打印预览”工具栏上，单击“选项”，然后单击“页眉和页脚”按钮。

⑥在“打印预览”工具栏上，单击“打印”按钮。

在 PowerPoint 中也可以只打印备注页。默认情况下，PowerPoint 设置为用彩色打印演示文稿幻灯片。不过，可以基于每个文档将默认打印设置更改为打印备注。要将打印设置更改为在默认情况下打印备注，改为执行下列操作：

①选择菜单栏中“工具”‖“选项”命令。

②单击“打印”选项卡。

③在“此文档的默认打印设置”下，单击“使用下列打印设置”。

④在“打印内容”框中，单击下拉箭头并单击“备注页”。

⑤设置备注页的属性。

备注页上的页眉和页脚与幻灯片上的页眉和页脚是独立的。在备注页上对页眉和页脚进行的选择也会应用于讲义。如果需要备注和讲义具有不同格式设置的页眉和页脚，可以首先打印讲义，然后调整设置并打印备注。

演示文稿中具有备注的隐藏幻灯片会与其他幻灯片一起打印出来，因此，最好在分发演示文稿之前将它们从已打印的材料中挑选出来，这样就不会出现与观众不同步的情况。

4. 以大纲视图打印演示文稿

在大纲视图中，PowerPoint 将演示文稿以大纲（由每张幻灯片中的标题和主要文本组成）形式显示。每个标题与幻灯片图标和幻灯片编号一起显示在包含“大纲”选项卡的窗口的左侧。主要文本在幻灯片标题下缩进。图形对象在大纲视图中的幻灯片图标上显示为小型符号。如果要进行全局编辑、获取演示文稿概述、更改项目符号或幻灯片的顺序或者应用格式更改，使用大纲视图尤为方便。将演示文稿保存为网页时，“大纲”选项卡上的文本会成为目录，这样，便可以在幻灯片中导航。

以大纲视图打印演示文稿的步骤为：

①创建或打开要打印的演示文稿。

②在普通视图中，单击左侧窗口的“大纲”选项卡，在“常用”工具栏上，单击“全部展开”按钮，以确定只放映幻灯片标题或文本的所有级别。

③选择菜单栏中“文件”‖“打印预览”命令。

④在“打印内容”框中，单击“大纲视图”。

⑤在“打印预览”工具栏上，单击“打印”按钮。

5.1.7 使用 PowerPoint 帮助

1. 使用帮助窗口

首次使用 Microsoft Office 程序中的帮助功能时，联机帮助窗口在屏幕上以默认位置和大小显示。帮助窗口的显示方式可以更改。此后，再次打开帮助窗口时，所做的设置会得到保留。

在 PowerPoint 程序的主窗口中，按 F1 键或者选择工具栏上的“帮助”按钮均可以打开帮助。要调整帮助窗口的大小，将指针移至帮助窗口一角，当鼠标光标变成双向箭头时，拖动窗口的这一角，直至获得所需的大小。要移动帮助窗口，将指针移至标题栏，将窗口拖至所需的位置。

2. 使用“键入需要帮助的问题”框和搜索框

文本框 键入需要帮助的问题 位于菜单栏上程序主窗口的右上方。键入需要帮助的问题，通常包含 2～7 个词的特定搜索关键词。搜索结果按与问题的相关程度在搜索结果任务窗口中列出。列表中首先出现最可能是问题答案的项目。可以通过标题旁边的图标来辨别内容的类型。例如，帮助主题的标题旁边将出现一个包含白色问号的蓝色圆圈，如图 5-5 所示。

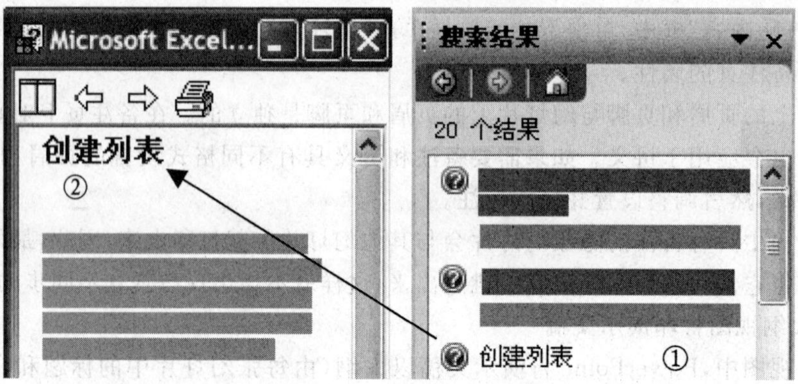

图 5-5　帮助搜索结果

帮助窗口的方式与在 Windows Internet Explorer 中导航网站的方式非常相似。但帮助窗口具有 Web 浏览器所不具备的附加功能。用户不仅可以从安装 Office 程序时就已安装在计算机上的帮助中获得帮助，还可以从 Microsoft Office Online 获得最新的帮助、模板、培训或其他联机内容。在帮助窗口中的搜索条件框中输入关键字，单击“开始搜索”按钮即可完成搜索。

无论使用哪种获取帮助的方式，查看帮内容助的步骤通常包含如图 5-5 所示的两步，即：

①在搜索结果任务窗格中，单击最有可能是在“键入需要帮助的问题”框或“搜索”框中所输入问题的答案的链接。

②在“搜索结果”任务窗格中单击某个链接时，将在帮助窗口中（如果内容是“帮助”主题或网站文章）、模板预览窗口（如果内容是模板）或 Web 浏览器（如果内容是网页）中打开内容。

也可以通过任务窗格中的“目录”链接来浏览可用的帮助主题。单击相应的链接（书籍）直到找到所需的主题。

3. 选择要搜索的位置和内容

若要对要搜索的帮助类型进行更多控制，可以使用“搜索结果”任务窗格。从“键入需要帮助的问题”框或“搜索”框中进行搜索时，将打开“搜索结果”任务窗格。也可以直接打开

“搜索结果”任务窗格，方法是单击任务窗格顶部的“其他任务窗格”列表，然后单击任务窗格列表中的“搜索结果”，如图 5-6 所示。

图 5-6 打开搜索结果任务窗格

在搜索结果任务窗格中使用“搜索范围”下拉列表可以限制所需搜索结果的类型。例如，若要只返回模板，在“搜索范围”下拉列表中选择“模板”。

4. 获取有关对话框的帮助

Microsoft Office 程序显示对话框时，有时并不清楚如何使用这些选项完成任务。要在使用对话框时获取帮助，单击对话框的标题栏中的“帮助”按钮?或者按 F1 键，如果有针对该对话框的帮助主题，则将显示该主题。否则将显示帮助主页。

5.1.8 用 PowerPoint 制作幻灯片的基本步骤

在 PowerPoint 中创建演示文稿涉及的基本步骤包括：新建演示文稿文件、添加新幻灯片和内容、选取版式、通过更改配色方案或应用不同的设计模板修改幻灯片设计、创建效果等。

5.2 PowerPoint 基本操作

5.2.1 新建演示文稿

PowerPoint 中的“新建演示文稿”任务窗格提供了一系列创建演示文稿的方法，如表 5-3 所示。

表 5-3 PowerPoint 创建新演示文稿的方法

方 法	含 义
空白演示文稿	从具备最少的设计且未应用颜色的幻灯片开始
根据现有演示文稿	在已经书写和设计过的演示文稿基础上创建演示文稿。使用此命令创建现有演示文稿的副本，以对新演示文稿进行设计或内容更改
根据设计模板	在已经具备设计概念、字体和颜色方案的 PowerPoint 模板的基础上创建演示文稿。除了使用 PowerPoint 提供的模板外，还可使用自己创建的模板
根据内容提示向导	使用“内容提示向导”应用设计模板，该模板会提供有关幻灯片的文本建议，然后键入所需的文本
网站上的模板	使用网站上的模板创建演示文稿
Office Online 模板	在 Microsoft Office 模板库中，从其他 PowerPoint 模板中选择，这些模板是根据演示类型排列的

5.2.2 幻灯片管理

1. 添加和删除演示文稿幻灯片

在 PowerPoint 中用户可以新建一个空白幻灯片或者具有一定版式的幻灯片。若要插入一个新的空白幻灯片，执行下列操作之一：

- 在“格式”工具栏上，单击“新幻灯片”；
- 将插入点放在“大纲”或“幻灯片”选项卡上，然后按回车键。

若要插入一个具有一定版式的幻灯片，可按以下步骤从幻灯片版式任务窗格插入一个新幻灯片。

将鼠标指向版式，再单击箭头，然后单击“插入新幻灯片”菜单项。

如果不希望在每次单击“新幻灯片”按钮时显示幻灯片版式任务窗格，可单击窗格底部的“插入新幻灯片时放映”复选框。

当需要删除一张幻灯片时，只需单击“幻灯片”选项卡中该幻灯片的图标，然后按 Delete 键进行删除。按 Ctrl＋Z 组合键可以恢复无意删除的幻灯片。

2. 插入幻灯片副本

在普通视图中单击希望复制的幻灯片，然后选择菜单栏中“插入”‖“幻灯片副本”命令。该幻灯片的副本出现在复制的幻灯片的后面。

3. 插入另一演示文稿中的幻灯片

打开要进行添加的演示文稿，单击要在其后添加幻灯片的幻灯片，选择菜单栏中“插入”‖“幻灯片(从文件)”命令，弹出“幻灯片搜索器”对话框，输入要从中取出幻灯片的演示文稿文件名，并选择待插入的幻灯片，单击“插入”按钮，即可将选择的幻灯片插入。新幻灯片将呈现出当前演示文稿的外观设计。

4. 复制和移动幻灯片

可以使用“剪切”、“复制”和“粘贴”命令将幻灯片从演示文稿的一个位置复制和移动到另一个位置。此外，在幻灯片浏览视图或大纲视图中，还可以选择幻灯片，然后按住鼠标左键将其拖到适当的位置后释放鼠标，即可将其移到该位置。如果是复制，按住 Ctrl 键再拖动。

5. 隐藏幻灯片

在“幻灯片”选项卡或者“幻灯片浏览”视图中，单击希望隐藏的幻灯片，然后单击“幻灯片放映”工具栏上的“隐藏幻灯片”按钮，隐藏的幻灯片编号被划去。这样就可以快速判断出哪些幻灯片被隐藏了，哪些没有隐藏。

在幻灯片放映时，如果要显示被隐藏的幻灯片，可以在任意一张幻灯片上右击，选择“定位至幻灯片”命令，然后从快捷菜单中选择该幻灯片。

5.2.3 文本处理

1. 将文本添加到幻灯片中

在 PowerPoint 中，可以将文本添加到幻灯片的下列区域中：占位符、自选图形、文本框和艺术字。其中占位符是一种带有虚线或阴影线边缘的框，绝大部分幻灯片版式中都有这种框。在这些框内可以放置标题、正文或者是图表、表格和图片等对象。自选图形是一组现成的形状，包括矩形和圆这样的基本形状，以及各种线条和连接符、箭头总汇、流程图符号、星与旗帜和标注等。文本框是一种可移动、可调大小的文字或图形容器。使用文本框，可以在一页上放置数个文字块，或使文字按与文档中其他文字不同的方向排列。如图 5-7 所示，其中①为占位符中的文本，②为用作标题的文本框，③为箭头形状中的文本，④为艺术字。

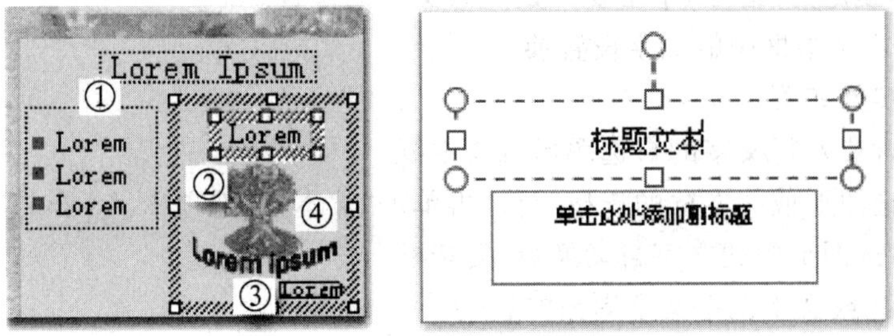

图 5-7 给幻灯片加入文本

(1)在占位符中添加正文或标题文本

幻灯片版式包含以各种形式组合的文本和占位符。可以在文本和对象占位符中键入标题、副标题和正文文本。要在幻灯片上的占位符中添加正文或标题文本,在文本占位符中单击,然后键入或粘贴文本。如果文本的大小超过占位符的大小,PowerPoint 会在键入文本时以递减方式减小字体大小和行间距以使文本适应占位符的大小。

(2)将文本添加到形状中

正方形、圆形、标注批注框和箭头总汇等形状可以包含文本。在形状中键入文本时,文本会附加到形状并随形状一起移动和旋转。还可以覆盖独立于形状并且不会随形状一起移动的文本。要添加会成为形状组成部分的文本,选择该形状,然后键入或粘贴文本。要添加不会随形状一起移动的文本,添加一个文本框,然后键入或粘贴文本,步骤如下:选择菜单栏中"插入"‖"文本框"中的"水平"或"垂直"菜单项,单击幻灯片,然后拖动指针以绘制文本框。

(3)将文本添加到文本框中

使用文本框可将文本放置在幻灯片上的任何位置,如文本占位符外部。例如,可以通过创建文本框并将其放置在图片旁边来为图片添加标题。此外,如果要将文本添加到形状中但不希望文本附加到形状,那么使用文本框会非常方便。可以在文本框中为文本添加边框、填充、阴影或三维效果。要向文本框中添加文本,在文本框内单击,然后键入或粘贴文本。

(4)添加艺术字

PowerPoint 中的艺术字是使用现成效果创建的文本对象,并可以对其应用其他格式的效果。使用艺术字的操作步骤为:

①选择要添加艺术字的幻灯片。

②在"绘图"工具栏上,单击插入艺术字按钮。

③单击所需的艺术字效果,再单击"确定"。

④在"编辑"艺术字"文字"对话框中,键入所需的文本。

⑤若要更改字体,在"字体"列表中,选择一种字体。若要更改字号,在"字号"列表中,选择一个字号。若要使文本变粗,单击"加粗"按钮。若要使文本倾斜,单击"倾斜"按钮。

2. 设置形状或文本框中文字的起始点

具体操作步骤如下:

①选取要在其中调整文字位置的自选图形或文本框。

②双击自选图形或文本框的选择矩形,选择矩形是围绕已选定对象或对象组的带有尺寸控点的矩形。再单击"格式"对话框中的"文本框"选项卡。

③在“文本锁定点”框中，单击要开始放入文字的位置。

3. 为形状或文本框中的文字设置换行

具体操作步骤如下：

①选择包含要换行文字的自选图形或文本框。

②双击自选图形或文本框的选择矩形，再单击“文本框”选项卡。

③选中“自选图形中的文字自动换行”复选框。

4. 更改形状或文本框中文字周围的边距

具体操作步骤如下：

①选取要更改的自选图形或文本框。

②双击自选图形或文本框的选择矩形，再单击“格式”对话框的“文本框”选项卡。

③选中“重新调整自选图形以适应文本”复选框。

④在“内部边距”之下，调整尺寸以增加或减少文字和对象外部框线之间距离。

5. 选择文本

用户可以按表 5-4 所示的方法选择不同对象中的文本。

表 5-4 PowerPoint 中的文本选择操作

说　明	操　作
选取一个单词	双击该单词。
选取段落及其所有附属文本	连击三次该段落中的任何位置，或者在普通视图的“大纲”选项卡上，指向某个幻灯片图标▣或项目符号，当出现四向箭头时单击。此操作亦适用于幻灯片上所选占位符中的文本
选取幻灯片上的所有文本	在普通视图的“大纲”选项卡上，单击幻灯片图标▣，当四头箭头出现时单击
选取占位符、自选图形或文本框中的文本	将插入点置于对象中，再按 Ctrl＋A 组合键
选取演示文稿中所有占位符中的文本	将插入点置于“大纲”选项卡上，再按 Ctrl＋A 组合键

如果通过拖动只选择了单词的几个字符，Microsoft PowerPoint 却选择了整个单词，但不想选中整个单词，执行以下操作：选择菜单栏中“工具”‖“选项”‖“编辑”命令。清除“自动单词选定”复选框。然后，拖动选取字符。

6. 更改字体

字体是一种应用于所有数字、符号和字母字符的图形设计。也称为样式或字样。字体通常具有不同的大小和各种样式，如粗体。在 PowerPoint 中可以更改单个幻灯片的字体，也可以更改整个演示文稿的字体。对于应用于演示文稿的主题，还可以更改主题的标题和正文字体。

若要更改单个段落或短语的字体，选择要更改字体的文本。若要更改某一占位符中所有文本的字体，选择该占位符中的所有文本，或单击该占位符。然后，在“格式”工具栏的“字体”列表中选择一个字体。

如果正在使用某个幻灯片母版，并且更改了该幻灯片母版的字体，则整个演示文稿都会以新的字体显示。如果正在使用多个幻灯片母版，必须更改每个幻灯片母版的字体样式。具体步骤如下：

①选择菜单栏中“视图”‖“母版”‖“幻灯片母版”命令。

②在包含幻灯片母版和版式的左侧窗格中，单击包含待更改字体的幻灯片母版缩略图或版式。

③在该幻灯片母版或版式中，单击要应用新字体样式的标题文本或正文级别。

④再在“格式”工具栏的“字体”列表中选择一个字体。

如果要更改任何其他字体，重复执行步骤①至步骤④。若要返回到幻灯片编辑页面，再选择菜单栏中“视图”‖“普通”命令。

7. 更改文本颜色

若要更改占位符、自选图形或文本框中的文本颜色，需按以下步骤进行：

①选定要更改的文本。

②在“绘图”工具栏上，单击“字体颜色”按钮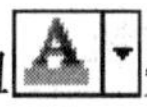旁边的箭头。

③执行下列操作之一：

- 若要将文本颜色还原为默认颜色，单击“自动”。
- 若要更改为配色方案中的颜色，单击“自动”下的八种颜色之一。
- 若希望更改为的颜色不在配色方案中，单击“其他颜色”。在“标准”选项卡上，单击所需的颜色，或者单击“自定义”选项卡，调配自己的颜色，然后单击“确定”按钮。

若要更改艺术字中的文本颜色，需按以下步骤进行：

①单击艺术字对象来选取它。

②在“艺术字”工具栏上，单击“设置艺术字格式”。

③在“设置艺术字格式”对话框中，单击“颜色和线条”选项卡，再在“填充”下单击“颜色”框。

④执行下列操作之一：

- 在显示的调色板中单击一种颜色。
- 单击“其他颜色”可从更大的颜色范围中选择。
- 单击“填充效果”选择渐变填充、纹理填充、图案填充或插入一个图片作为填充。

8. 更改文本大小

①选定要更改的文本。

②在“格式”工具栏上，执行下列操作之一：

- 若要改变文本的大小，单击“增大字号”按钮或“减小字号”按钮。
- 若要用数字设置字号，在“字号”框中，单击所需的大小。

9. 突出显示文字

PowerPoint 的格式菜单不包含 Word 中提供的用于突出显示的文字效果。不过，可以使用“绘图”工具栏再现这些效果。

具体步骤如下：

①显示包含要突出显示的文字的幻灯片。

②从屏幕左下角的“绘图”工具栏中选择“矩形”工具。

③在要突出显示的文本上绘制一个矩形。

④双击该矩形，然后在“设置自选图形格式”对话框中，执行以下操作：

• 从“填充颜色”列表中选择需要的突出显示颜色。
• 在“透明度”框中选择“50%”。
• 在“线条颜色”框中,选择“无线条颜色”按钮。

10. 查找文本

具体步骤如下:

①在“编辑”菜单上,单击“查找”按钮。

②在“查找内容”框中,输入要搜索的文本。

③单击“查找下一个”按钮。

11. 替换文本

具体步骤如下:

①单击“编辑”菜单中的“替换”按钮。

②在“查找内容”方框中输入要查找和替换的文本。

③在“替换为”框中,输入作为替换内容的文本。

④若要搜索下一个文本,单击“查找下一个”按钮。

⑤执行下列操作之一:

• 若要替换当前选取的符合搜索条件的文本,单击“替换”按钮。
• 若要替换符合此搜索条件的所有文本,单击“全部替换”按钮。

12. 向文本中添加项目符号或编号

具体步骤如下:

①选择要添加项目符号或编号的文本行。

②单击“项目符号”按钮或“编号”按钮。

若要在列表中创建下级项目符号列表,将插入点放在要缩进的行首并按 Tab 键,或者在“格式”工具栏上单击“增加缩进量”按钮。若要使文本向后移动以减小缩进级别,按 Shift+Tab 组合键,或者在“格式”工具栏上单击“减少缩进量”。

也可以通过键入来启动编号列表。首先按 Backspace 键删除行首的项目符号,然后键入数字 1,或字母 A(a),或罗马数字 I(i),后面则跟句号或右括号,然后是一空格。接着键入文本并按 Enter 键,就可开始一个新行,编号会自动进行。

13. 自动格式化文本

默认情况下,PowerPoint 在键入时自动格式化特定类型的文本。例如,如果键入两个连字符而两侧没有加空格,则它们的格式立即设置为长破折号。如果键入网络或 Internet 路径,其格式设置为超链接。常用的分数如 1/4 和 1/2,在键入时会将它更改为分数符号。各种箭头和表情符都可变为符号。

自动段落格式包含自动项目符号和编号列表,如果文本当前的字体大小不合适,还可以调整该文本中字体的大小使其适合占位符文本。可以打开或关闭所有的自动格式选项。一旦打开某个格式选项,它会对以后键入的所有文本起作用。

可以使用“控制自动更正选项”按钮撤消大多数的自动格式。在自动更改之后(如某个网络路径格式化为一个超链接),如果将鼠标指针停留在该超链接的附近,就会显示一个小蓝框。当指针指向它时,它会变成一个按钮图标。当单击该按钮时,将显示一个选项列表。可以选择只撤消对本实例的更正(也可以恢复),也可以全局更改特定的"自动套用格式"设置(单击"停止")以使 PowerPoint 停止做出这样的更改。

另一种"自动套用格式"功能为文本自动调整。如有必要,它会在键入时自动调整文本大小以适合占位符。"自动调整选项"按钮会显示在首次调整的文本附近。单击该按钮会显示一个菜单,给出处理溢出文本的选项。当全局自动调整设置仍保持打开状态时,也可以停止对当前占位符的文本大小的调整。还可以在显示"自动更正"对话框的同时关闭自动调整设置,这样文本就不会自动调整大小。

14. 使段落对齐、居中或两端对齐

(1) 在幻灯片上,按照以下方式之一选择要对齐、居中或两端对齐的段落:

- 若要选取单个段落,单击该段落。
- 若要选取列表中所有的段落,可以拖动选取所有文本,也可以通过单击占位符中的文本选择占位符,再单击其边框选取所有文本。

(2) 执行下列操作之一:

- 使段落对齐或居中,在"格式"工具栏上,单击"左对齐"按钮、"右对齐"按钮或"居中"按钮。
- 使段落两端对齐,选择菜单栏中"格式"‖"对齐方式"‖"两端对齐"命令。

可以选取普通视图的"大纲"选项卡中的文本并更改段落的对齐方式。对齐效果会显示在幻灯片上。

15. 向文本中添加项目符号或编号

操作步骤如下:

①选择要添加项目符号或编号的文本行。

②单击"项目符号"按钮或"编号"按钮。

若要在列表中创建下级项目符号列表,将插入点放在要缩进的行首并按 Tab 键,或者在"格式"工具栏上单击"增加缩进量"按钮。若要使文本向后移动以减小缩进级别,按 Shift+Tab 组合键,或者在"格式"工具栏上单击"减少缩进量"按钮。

可以通过键盘输入编号列表。首先按 Backspace 键删除行首的项目符号,然后键入数字 1、字母 A(a),或罗马数字 I(i),后面则跟句号或右括号,然后是一空格。接着键入文本并按 Enter 键,就可开始一个新行。编号会自动进行。

16. 删除文本中的项目符号或编号

操作步骤如下:

①选择要删除项目符号或编号的文本行。

②单击"项目符号"按钮或"编号"按钮。

从列表中删除项目符号或编号的另一种方法是将插入点放置在文本行的开头,再按 Backspace 键。删除编号列表中的项目后,Microsoft PowerPoint 会自动调整编号顺序。

17. 更改列表中的编号样式

操作步骤如下:

①选择需要更改编号样式的文本或列表。

②选择菜单栏中“格式”‖“项目符号和编号”命令。

③在“编号”选项卡上,执行下列操作之一:

- 若要更改编号样式,单击一个样式。
- 若要更改大小,单击“大小”框中的箭头。
- 若要更改颜色,单击“颜色”旁边的箭头,从 8 种选项中选择一种可以代表当前配色方案的颜色,或单击“其他颜色”以获得更多选项。

18. 更改列表中的项目符号样式

操作步骤如下:

①选择要更改其项目符号样式的文本或列表。

②选择菜单栏中“格式”‖“项目符号和编号”命令,再单击“项目符号”选项卡。

③ 执行下列操作之一:

- 更改项目符号的字符

a) 单击其中一种项目符号样式。

b) 单击“自定义”,在“符号”对话框的项目符号字符和字体范围中进行选择。

c) 单击“图片”,在剪辑管理器中选择图片项目符号。在“图片项目符号”对话框中,单击一张图片,再单击“确定”按钮。若要将自己的图片添加到此对话框中,单击“导入”按钮,再选择所需的文件,然后单击“添加”按钮。

- 更改项目符号的大小

d) 若要更改大小,单击“大小”框中的箭头。

- 更改项目符号的颜色

e) 单击“颜色”旁边的箭头,从 8 个选项中选择代表当前配色方案的一种颜色,或单击“其他颜色”以获得更多选项。

5.2.4 使用图片

在 PowerPoint 2003 中根据所用图片类型的不同,格式和编辑选项将有所不同。PowerPoint 2003 中的图片类型主要包括位图和线条图。

位图也叫着色图或光栅图像,由一系列细小的点组成,与通过填充特定的方格来形成图像的绘图纸非常类似。可以在画图程序(例如 Microsoft 画图)中创建和编辑位图。所有扫描的图形和照片都是位图。当调整它们的大小时,其清晰度有所损失。通过调整亮度和对比度,将彩色转换成黑白色或灰度或者创建透明区域,可以更改位图图片的颜色显示方式。若要更改位图中的特定颜色,则需要使用照片编辑程序。位图图片经常使用 .bmp、.png、.jpg 或 .gif 扩展名来保存。

线条图也叫做矢量图形,是由线条、曲线、矩形以及其他对象创建的。用户可以编辑、移动和重新排列单独的线条。当调整线条图的大小时,计算机将重新绘制线条和形状,使其保持最初的清晰度和透明度。自选图形是线条图。由于线条图是由线条和形状组成的,因此可以进行组合、取消组合、重新排序等操作,并且可以更改部分或全部图片的颜色。线条图以创建它们的应用程序的格式保存。例如 Microsoft Windows 图元文件使用扩展名 .wmf 进行保存。

1. 插入图片

在 PowerPoint 2003 中可以使用“来自文件”的图片或“来自扫描仪和照相机”的图片，具体步骤如下：

①单击要插入图片的幻灯片位置。

②若插入来自文件的图片，转入步骤③，否则转入步骤⑥。

③在“绘图”工具栏上，单击“插入图片”按钮。

④定位包含要插入图片的文件夹，然后单击图片文件。

⑤执行下列操作之一：

- 若要嵌入图片，单击“插入”。
- 若要将图片链接到硬盘上的图片文件，单击“插入”旁的箭头，再单击“链接文件”。

⑥插入直接来自扫描仪或数字相机的图片

⑦选择菜单栏中“插入”‖“图片”‖“来自扫描仪或照相机”。

⑧如果有多个设备连接到计算机上，在“设备”下选择要使用的设备。

- 如果所选的设备是扫描仪，并且要将默认设置用于扫描图像，单击“Web 质量”（如果要在屏幕上显示图片）或者“打印质量”（如果要打印图片），再单击“插入”以扫描图片。
- 如果所选的设备不是扫描仪（例如数码照相机），或者要在扫描图片前自定义设置，单击“自定义插入”。按照所用设备提供的说明进行操作。

使用某些扫描仪时，“插入”按钮也许不可用，原因是扫描仪软件不支持自动扫描。需要使用“自定义插入”按钮。

对于此过程，要确保设备是与 TWAIN 或 WIA 兼容的，并且已连接到计算机上，还应该确保已安装了支持 TWAIN 或 WIA 的设备软件。

2. 调整图片大小

更改图片大小的方式有调整大小和裁剪两种。调整大小通过伸展或缩小图片来更改其尺寸。裁剪通过删除垂直或水平边缘来减小图片的大小。裁剪常用于隐藏或修剪部分图片，目的是突出主要部分或删除不需要的部分，如图 5-8 所示。

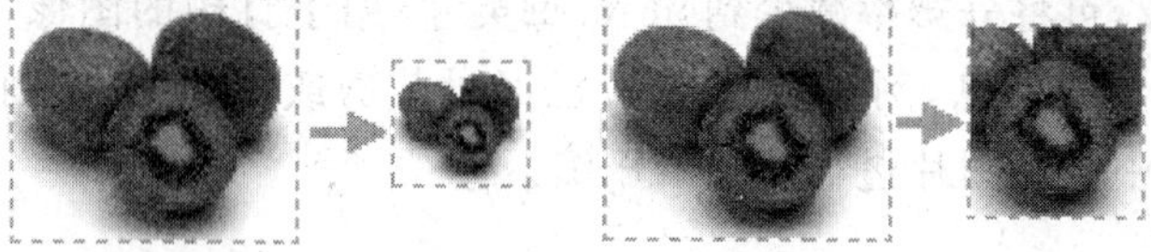

图 5-8 调整图片的两种方法

在 PowerPoint 2003 中可以通过手动方式、指定准确高度和宽度或者准确缩放比例的方式调整图片的大小，操作步骤如下（该步骤也可用于自选图形和艺术字的大小的调整）：

①单击要调整大小的图片（自选图形或者艺术字）。

②执行下列操作之一：

- 手动调整大小

a）将鼠标指针定位在一个调整控点上。

b）若要在一个或多个方向上增加或减少尺寸，在执行下列操作之一时拖动鼠标远离或靠近中心位置：

◆ 若要使对象的中心保持不变，在拖动鼠标时按住 Ctrl 键。

◆ 若要保持对象的比例不变，在拖动鼠标时按住 Shift 键。

◆ 若要保持中心位置和比例都不变，在拖动鼠标的同时按住 Ctrl 和 Shift 键。

c) 释放鼠标，然后释放 Ctrl 和 Shift 键。

- 调整到准确的高度和宽度

a) 选择菜单栏中“格式”‖“自选图形”或“图片”。

b) 在“尺寸”选项卡的“尺寸和旋转”之下，输入对象高度和宽度的尺寸。

- 调整到准确的比例

a) 选择菜单栏中“格式”‖“自选图形”或“图片”，再单击“尺寸”选项卡。

b) 在“缩放比例”下，键入所需的宽度或高度百分比。

在调整图片大小或者裁剪图片过程中，始终可以将已调整大小或已裁剪的图片恢复为其原始大小。如果确定不会撤消操作，则应在裁剪图片后，使用“压缩图片”功能来彻底删除文件中已裁剪的图片部分。

使用“裁剪”命令可裁剪除动态 GIF 图片以外的任意图片。若要裁剪动态 GIF 图片，可在动态 GIF 编辑程序中修剪图片，然后再插入该图片。

操作步骤如下：

①选取需要裁剪的图片。

②在“图片”工具栏上，单击“裁剪”按钮。

③将裁剪工具置于裁剪控点上，再执行下列操作之一：

- 若要裁剪一边，向内拖动该边上的中心控点。
- 若要同时相等地裁剪两边，在向内拖动任意一边上中心控点的同时，按住 Ctrl 键。
- 若要同时相等地裁剪四边，在向内拖动角控点的同时，按住 Ctrl 键。

④在“图片”工具栏上，单击“裁剪”以关闭裁剪命令。

3. 减小图片的文件大小

若要节省硬盘空间或减少下载时间，使用“压缩图片”功能可以实现以下效果：降低分辨率(用于网站的图像，可将分辨率减少到 96 点每英寸；用于打印的图像，可将分辨率减少到 200 dpi)，放弃不必要的信息，例如，如果图片已经过裁剪或调整大小，则图片上的隐藏部分将不再存储在文件中。对图片进行可能的压缩。

操作步骤如下：

①选取文件中的一幅或多幅图片。

②在“图片”工具栏上，单击“压缩图片”按钮。

③选择所需的选项。

4. 旋转图片和调整图片的对比度与亮度

若要旋转图片，提高和降低图片的亮度或对比度，则在幻灯片中，单击要旋转的图片，然后执行以下操作：

- 若要顺时针旋转图片，单击。
- 若要逆时针旋转图片，单击。
- 若要提高对比度，单击。

- 若要降低对比度，单击。
- 若要提高亮度，单击。
- 若要降低亮度，单击。

5. 撤消对图片进行的所有更改

重设图片命令可以撤消对图片对比度、颜色、亮度、边框或大小进行的所有更改。

操作步骤如下：

①选取要还原的图片。

②在“图片”工具栏上，单击“重设图片”按钮。

如果已从压缩图片对话框中选择了以下选项之一：“Web/屏幕”、“打印”或“删除图片的剪裁区域”，则将无法恢复图片。

6. 插入剪贴画

操作步骤如下：

①在“插入”菜单上，指向“图片”，然后单击“剪贴画”。

②在“剪贴画”任务窗格中的“搜索”框中，键入描述所需剪辑的关键词或键入剪辑的全部或部分文件名，这里剪辑是一个媒体文件，包含图片、声音、动画或电影。

③若要缩小搜索范围，执行下面的一项或两项操作：

- 若要将搜索结果限制为特定的剪辑集合，单击“搜索范围”框中的箭头并选择要搜索的集合。
- 若要将搜索结果限制为特定类型的媒体文件，单击“结果类型”框中的箭头并选择要查找的剪辑类型。

④单击“开始”按钮。

⑤在结果框中，单击查找到的剪贴画剪辑将其插入。

如果从剪辑管理器中插入 Microsoft Windows 图元文件 .wmf，可以将其转换为图形对象，利用图形对象可绘制或插入的任何图形，可对这些图形进行更改和完善。图形对象包含自选图形、曲线、线条和艺术字。)。如果此图片为 .bmp、.jpg、.gif 或 .png 文件，则不能将其转换成图形对象并取消组合。

操作步骤如下：

①右键单击要修改的剪辑管理器图片并单击“编辑图片”。

②消息框出现后，单击“是”。

③使用“绘图”工具栏上的工具修改对象。

7. 为剪贴画重新着色

从剪辑管理器中插入 Microsoft Windows 图元文件时，可以更改图片的颜色(例如，可匹配演示文稿的配色方案)。如果图片是 .bmp、.jpg、.gif 或 .png 格式的文件，则需要在图像编辑程序中为其编辑颜色。

操作步骤如下：

①选择要修改的图片。

②在“图片”工具栏上，单击“图片重新着色”按钮。

③执行下列操作之一：

- 单击“颜色”更改图片中的任意颜色。
- 单击“填充”只更改图片的背景色或填充色。

④选择要更改的每种颜色的复选框。要选择其他颜色，单击新颜色旁的箭头查看其他颜色。

5.2.5 插入表格

有多种方法可以创建在 PowerPoint 2003 演示文稿中使用的表格。可以在 PowerPoint 2003 中创建表格，或者添加其他程序中的表格，如链接对象或嵌入对象。使用 PowerPoint 2003 时，可以创建格式简单的表格，也可以创建格式比较复杂的表格。还可以包含演示文稿内配色方案中的填充和边框颜色。如果需要一个比 PowerPoint 2003 提供的表格更大或拥有更强大格式功能的表格，可以创建嵌入的 Microsoft Word 表格。还可以嵌入 Microsoft Excel 工作表或 Microsoft Access 表格。

处理嵌入的表格时会出现源程序(用于创建链接对象或嵌入对象的程序，要编辑对象，必须在计算机上安装了源程序)的菜单和按钮，它们与 PowerPoint 的菜单结合在一起。关于修改表格的操作方法的信息，可以从菜单栏的源程序帮助菜单中找到。表格中的文本不会出现在“大纲”选项卡上。

1. 向幻灯片添加表格

操作步骤如下：

①选择要在其上创建表格的幻灯片。

②执行下列操作之一：

- 插入基本表格

a) 在“常用”工具栏上，单击“插入表格”按钮。

b) 指向并选择所需行和列的数量，再单击。

- 绘制复杂的表格

a) 如果“表格和边框”工具栏未显示，单击“常用”工具栏上的“表格和边框”按钮。

b) 单击“绘制表格”按钮。

c) 鼠标指针变成笔形。

d) 若要确定表格的外部边框，对角地拖动边框至所需的大小。然后拖动鼠标创建表格中的行和列线，如图 5-9 所示。

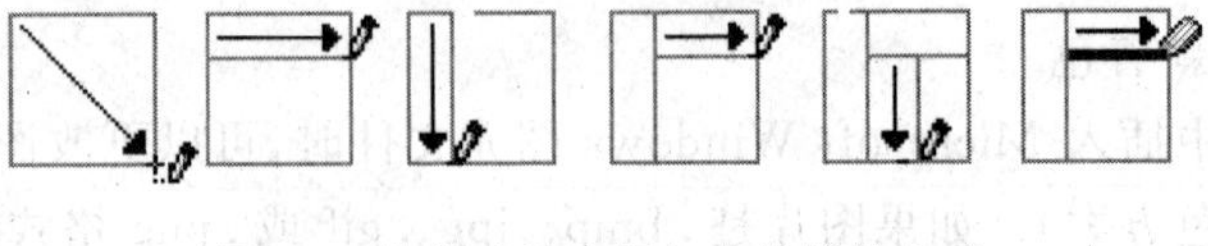

图 5-9　绘制表格边框与表格线的方式

e) 若要删除某根线，单击“擦除”按钮，再单击该线条。

PowerPoint 2003 提供的幻灯片版式包含表格占位符。若要使用以上版式之一创建新幻灯片，选择菜单栏中“插入”‖“新幻灯片”，再选择包含表格占位符的版式。

如果要删除表格及其内容，单击表格将它激活，再单击表格占位符，按 Delete 键。

2. 插入 Word 表格

操作步骤如下：

①在“插入”菜单上，单击“对象”按钮。

②在“插入对象”对话框中，单击“新建”按钮。

③在“对象类型”框中，单击“Microsoft Word 文档”，再单击“确定”按钮。

④使用“表格”菜单上的命令创建所需的表格。

⑤单击表格以外的区域以返回 PowerPoint 2003。

当使用 Microsoft Word 表格时，Word 菜单和 Word 按钮同 PowerPoint 2003 菜单一起显示，以便可以修改表格。有关如何使用表格的信息，可以在使用 Word 表格时从菜单栏的“帮助”菜单上获得。用户可以用同样方法插入 Excel 表格。

3. 将 Excel 工作表单元格链接到演示文稿

操作步骤如下：

①在 Microsoft Excel 中，选择要链接的单元格范围，再单击“复制”按钮。

②切换到 Microsoft PowerPoint，再单击要插入工作表单元格链接的幻灯片或备注页。

③选择菜单栏中“编辑”‖“选择性粘贴”命令。

④单击“粘贴链接”按钮。

4. 选定表格中的项目

单击表格，然后使用“表格和边框”工具栏上“表格”菜单中的“选择”命令，分别可以选择多行、多列或整个表格。另外，执行下列操作之一也可以完成不同的表格项目选择任务：

- 若要选择下一个单元格，按 Tab 键。
- 若要选择前一个单元格，按 Shift＋Tab 组合键。
- 若要选中多行、多列或整个表格，拖动鼠标跨越行、列或整个表格。
- 若要选中列，指向列的顶部边框外侧，并在指针变为向下的箭头时单击。
- 若要选择单元格，单击该单元格。

5. 更改表格的边框

操作步骤如下：

①如果未显示“表格和边框”工具栏，单击“常用”工具栏上的“表格和边框”按钮。

②根据任务需求，执行下列一项或所有操作：

- 更改边框的样式

a）单击“边框线型”旁边的箭头，再选择所需的样式。若要删除边框，单击“无边框”。

b）鼠标指针变成笔形。

c）单击要更改的边框。

- 更改边框的宽度

a）单击“边框宽度”1 pt 旁边的箭头，再选择宽度。

b）鼠标指针变成笔形。

c）单击要更改的边框。

• 更改边框的颜色

a）单击“边框颜色”，再选择颜色。

b）鼠标指针变成笔形。

c）单击要更改的边框。

6. 添加、更改或删除表格单元格中的填充

填充是单元格的内部颜色。在添加或更改表格单元格的填充颜色时，还可以向填充添加纹理、图片或渐变（渐变是颜色和底纹的逐渐过渡，通常是从一种颜色过渡到另一种颜色，或者从一种底纹过渡到同一颜色的另一种底纹）。

操作步骤如下：

①选中要添加、更改或删除填充的单元格。

②在“绘图”工具栏上，单击“填充颜色”旁边的箭头。

③执行下列操作之一：

• 添加或更改填充颜色

◆ 如果要将填充颜色更改为默认颜色，单击“自动”。

◆ 如果要更改为配色方案中的颜色，单击“自动”下的 8 种颜色之一。

◆ 若要更改为配色方案中没有的颜色，单击“其他填充颜色”。在“标准”选项卡上，单击所需的颜色，或单击“自定义”选项卡以调配自己的颜色。

• 添加或更改渐变、图案、纹理或图片填充

a）单击“填充效果”，再单击“渐变”、“纹理”、“图片”或“图案”选项卡。

b）选择所需选项。

• 删除填充

单击“无填充颜色”。

7. 添加或删除表格行、列或单元格

除了向表格中添加行或列之外，还可以将在同一行或列中的两个或多个表格单元格合并为一个单元格，或者将一个表格单元格拆分为多个单元格。以下步骤可以向表格中添加行或者列。

①选择要在其上方插入新行的行。同样，选择要在其左侧插入新列的列。选择要插入的行和列的数目。

②右击鼠标，然后单击快捷菜单上的“插入行”或“插入列”。

用以下方法也可以向表格中添加行或者列：

①单击希望新行（列）出现的位置上方（左侧）或下方（右侧）的行中的一个表格单元格。

②在“表格和边框”工具栏中，单击“表格”，然后单击“选择行”（“选择列”）。

③再单击“表格”，执行下列操作之一：

• 要在所选行的上方（左侧）添加一行，单击“在上方插入”（“在左侧插入”）。

• 要在所选行的下方添加一行，单击“在下方插入”（“在右侧插入”）。

还可以使用“表格和边框”工具栏上的“绘制表格”工具在所需位置绘制行或列。要在表格的末尾添加一行，可单击最后一行的最后一个单元格，然后按 Tab 键。

若要删除表格，则右击选定要删除的行或列，然后单击快捷菜单中的“删除行”或“删除

列”。如果要删除表格单元格中的内容，首先选择要删除的单元格内容，然后按 Delete 键就可以完成该任务。删除单元格的内容时并不会删除单元格本身。

若要合并多个单元格，选择这些单元格，再单击“合并单元格”按钮。另外单击“擦除”按钮，再单击要删除的单元格边界，也可以合并单元格。若要拆分单元格，选择该单元格，再单击“拆分单元格”按钮。

8. 移动表格

操作步骤如下：

①单击要移动的表格。

②将指针停留在表格的外边框上（而不是在点上），然后当指针变成时，单击并拖动边框来移动表格。要在移动表格的同时创建其副本，需要在拖动表格时按住 Ctrl 键。

9. 调整表格大小

操作步骤如下：

①单击要调整其大小的表格。

②在表格边框上，指向尺寸控点，然后当指针变为时，单击并拖动该控点以放大或缩小该表格。尺寸控点是出现在表格的各角和各边上的点的集合。

要在调整表格大小时使表格的高度和宽度之间保持相同的比率，则要在拖动以调整表格大小的同时按住 Shift 键。要使表格保持居中，则在调整表格大小的同时按住 Ctrl 键。

10. 调整列或行的大小

操作步骤如下：

①单击包含要调整其大小的列或行的表格。

②执行下列一项或两项操作：

- 要更改列宽，将指针停留在要调整其大小的列的边框上，然后当指针变为时，向左或向右拖动该列。
- 要更改行高，将指针停留在要调整其大小的行的边框上，然后当指针变为时，向上或向下拖动该行。

5.2.6 绘制图形

可以通过调整图形的大小、旋转、翻转、着色以及组合以生成更复杂的图形。许多图形都有调整控点，可以用来更改图形的特性。例如，可以更改箭头中箭尖的大小。

PowerPoint 2003 并非绘图程序，但它具有足够的灵活性，它包含曲线、参考线、阴影和三维效果等功能。本节首先介绍如何使用标尺、参考线和网格作为有组织的演示文稿的构建基块。接着将介绍 PowerPoint 2003 的绘图功能，了解有关直线、曲线和点的全部内容。然后，将介绍如何选择幻灯片上的微小元素。最后介绍 PowerPoint 2003 阴影和三维效果。

1. 使用网格和参考线控制幻灯片

如果希望创建一个保持一致的有组织的演示文稿版式，可以借助 PowerPoint 2003 标尺、网格和参考线。通过这些工具，可以使 PowerPoint 2003 幻灯片对象始终保持在各自的位置上。例如：

- 使各个幻灯片和演示文稿中文本框和其他元素的位置都一样。

- 控制标尺制表符。
- 操作文本占位符和文本框中项目符号与文本之间的间距。
- 控制 PowerPoint 2003 中的对齐选项，使幻灯片对象相互对齐。

2. 标尺

在普通视图中，标尺位于幻灯片区域的左侧和上部，如图 5-10 所示。如果未显示标尺，则需要启用标尺。按照下列步骤查看或隐藏标尺：

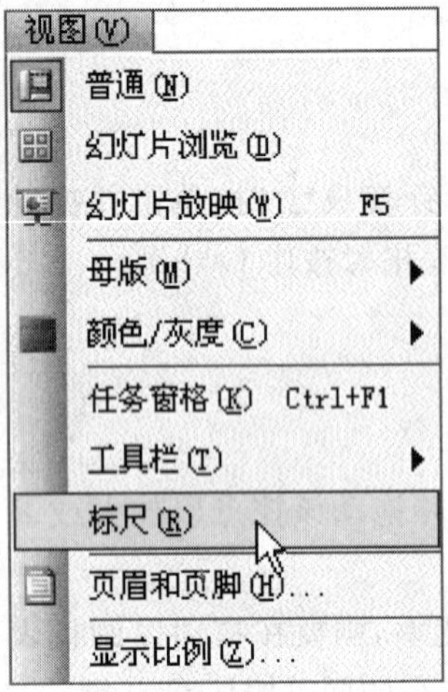

图 5-10 PowerPoint 标尺

①选择菜单栏中“视图”‖“普通”命令。

②要显示或隐藏标尺，选择菜单栏中“视图”‖“标尺”命令。

如图 5-10 所示，此切换选项可用来在显示标尺与隐藏标尺之间切换。如果“视图”菜单上未显示“标尺”选项，让该菜单在一定的时间内保持打开状态以将其展开；该选项将显示出来。

可以使用标尺执行下列操作：

- 查找并更改参考线的位置。
- 调整文本占位符和文本框中的制表符设置。
- 确定文本占位符和文本框中项目符号与文本部分之间的间距。

按照下列步骤更改制表位和项目符号的位置：

①如果标尺未显示，显示标尺(参阅前面一节)。

②确保幻灯片上存在带项目符号的文本的占位符。

③选中要更改其间距的文本。

④可以选择以下操作之一：

- 所有带项目符号的文本(如果要调整整个占位符)。
- 单个项目符号或句子。

⑤使用上标尺上的两个滑块(脱字符)调整文本和项目符号之间的间距或制表符之间的距离。

要向文本占位符或文本框中添加新制表符，选中所有文本，然后单击标尺上要设置制表符的准确位置。

3. 网格

利用网格和参考线可以实现将幻灯片对象在相应位置对齐、定位和对正以及对演示文稿中所有幻灯片上的类似元素应用相同的操作。如果对 PowerPoint 2003 提供的默认对齐框架感到满意，可使用网格。如果想以最精细的方式控制幻灯片对象的位置，则需使用参考线。可以同时使用网格和参考线，利用这两种方法的优点。

可以将 PowerPoint 2003 中的网格视为在整个幻灯片区域上等距分布的一系列假想的水平线和垂直线。网格有助于将幻灯片元素放在所有幻灯片中的相同位置。网格不像参考线那样有用，因为用户无法更改网格线的位置。

按照下列步骤更改网格设置并在屏幕上查看网格：

①选择菜单栏中“视图”‖“网格和参考线”打开“网格和参考线”对话框。

②更改对齐选项。

选中"对象与网格对齐"复选框,"对象与网格对齐"选项像是一块磁石,将幻灯片对象吸引至幻灯片上均匀分布的点上。移动幻灯片上的对象,会发现对象与放置它们的位置之间有极小的间距。这是"对齐网格"功能在起作用。更改网格设置,可以执行以下两项操作中的任意一项,如图 5-11 所示。

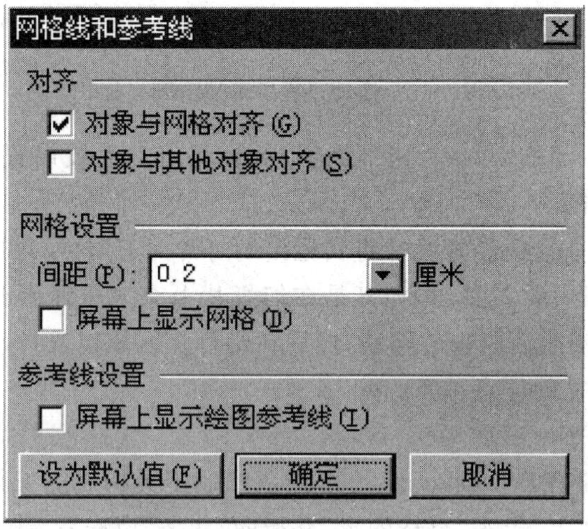

图 5-11 "网格线和参考线"对话框

- 更改"间距"列表中几个预设选项的默认网格间距。
- 通过选择相关选项查看幻灯片上的网格。

在 PowerPoint 2003 中,可以通过按 Shift+F9 组合键来更改网格的可见性。即使无法查看网格,对齐网格功能可能也处于活动状态。

4. 参考线

参考线的功能远不止于网格,可将参考线视为可以被移动、添加或删除的网格。一个演示文稿中最多可以有 8 条水平参考线和 8 条垂直参考线。默认情况下,PowerPoint 2003 默认使用在幻灯片中心位置交叉的一条水平参考线和一条垂直参考线,但可以手动添加更多参考线。

要确保可以看到参考线,按照下列步骤操作:

①选择菜单栏中"视图"‖"网格和参考线"。

②选择"屏幕上显示绘图参考线"复选框。

在 PowerPoint 2003 中要快速在显示和隐藏参考线之间切换,按 Alt+F9 组合键。如果需要在所有演示文稿中使用相同的参考线,将参考线插入母版幻灯片中,并将该演示文稿保存为模板。这些参考线将在使用该模板创建的所有演示文稿中显示。

按照下列步骤创建新参考线:

①确保参考线在幻灯片上显示。

②将鼠标指针放在可见的参考线上,按住 Ctrl 键并沿所需方向拖动指针。

在拖动新参考线的过程中,可以看到该参考线的坐标,如图 5-12 所示,还可以查看标尺上的坐标。

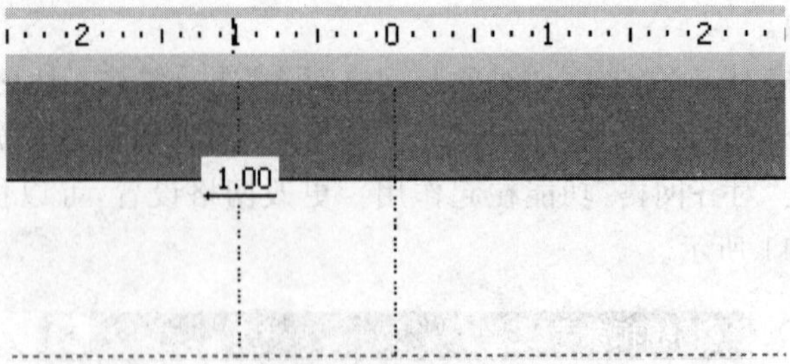

图 5-12　拖动过程中可以看到坐标

没有可以启用和关闭的“对齐参考线”选项。如果将参考线设置为可见，则所有足够近的对象都会与它们对齐。

要删除参考线，只需选中参考线并将其拖出幻灯片。有时候，可能会错误地选中参考线之外的其他幻灯片元素并将其拖出，尤其是在幻灯片上有大量元素时更是如此。在这种情况下，按 Ctrl＋Z 组合键撤消原来的移动，然后在幻灯片区域以外拉动参考线。要移动参考线，只需将其拖动至所需的任意位置。

5. 线条工具

按照下列步骤创建由 PowerPoint 2003 线条绘制工具构成的工具栏：

①在“绘图”工具栏上，单击“自选图形”并指向“线条”以查看“线条”子菜单。

②从“线条”子菜单顶部的控点上拖动子菜单，将它从菜单上拖出，从而创建一个“线条”工具栏。

“线条”工具栏上有对应于六种线条的图标，通过“直线”、“箭头”和“双箭头”选项可以创建直线，通过“曲线”、“任意多边形”和“自由曲线”以下选项可以创建各种线条。

6. 点

最简单的线条形式就是连接两个点。开始了解线条之前，必须详细了解点。点是任何线条类型上的节点。有时候，这些点也称为顶点。每种线条类型都有一个起点和一个终点。对于最终是封闭形状的某些线条，起点与终点是同一点。当然，起点与终点之间还有更多的点。特别是对于可能是圆形的线条，起点与终点之间还有若干个其他点。这些位于中间的点可以是平滑顶点（平顺曲线）和角部顶点（尖角）中的任意一种。使用任何线条工具都非常简单，如下所示：

①单击所需线条类型的图标。

②结合单击和拖动操作来创建由线条连接的点。

7. 直线

按照下列步骤在 PowerPoint 2003 中绘制一条直线：

①选择直线工具按钮，然后单击要创建直线起点的位置，不要放开鼠标按钮。

②将鼠标指针拖至想要创建直线终点的任意位置。

③放开鼠标按钮。

8. 箭头和双箭头

直线末端可以自动带有箭头：带箭头直线的一端有箭头。带双箭头直线的两端均有箭头。绘制带箭头直线和带双箭头直线与绘制任何其他线条一样。直线、箭头和双箭头选项可以互换。只需选择幻灯片上已绘制的任意线条，然后单击“绘图”工具栏上的“箭头样式”按钮即可出现一个子菜单。顶部的 3 个选项可以更改线条类型。

9. 曲线

在 PowerPoint 2003 中绘制曲线既简单又直观。按照下列步骤操作，使用“曲线”工具创建一个简单形状：

①选择“曲线”工具。

②在幻灯片上的任意位置单击创建起点。

③向下移动指针，使其到达与右下方第一个点成 45 度角的位置，然后再次单击，如图 5-13 所示。

图 5-13　PowerPoint 2003 中的曲线

④沿直线向左移动指针，然后再次单击，如图 5-13 中所示。

⑤在第一个点的上方单击以封闭该形状。

如果不想封闭该形状，只需双击要放置该曲线的终点的任意位置。正如所看到的那样，在使用曲线顶点而不是在使用“任意多边形”线条选项创建的角部顶点进行绘制。不过，可以使用“曲线”工具创建既包含曲线顶点又包含角部顶点的形状，只需按住 Ctrl 键单击即可创建角部顶点。

10. 任意多边形

尽管名为任意多边形线条工具，但该工具既可以创建任意多边形线条，也可以创建直线。

按照下列步骤使用“任意多边形”线条工具创建任意多边形线条：

①选择“任意多边形”线条工具。

②单击要创建起点的位置。此时还不要放开鼠标按钮。

③如同在纸上使用铅笔一样，进行拖动并绘制。

④可以使用下列选项结束任意多边形线条：

- 要停止绘制，只需双击。
- 要封闭该形状，单击起点一次。

如果不想封闭形状，只需双击最后一个节点。可以使用 PowerPoint 2003 填充效果和线条来设置所有封闭形状的格式；可以使用 PowerPoint 2003 线条属性设置未封闭形状的格式。

11. 自由曲线

自由曲线线条选项的工作方式与任意多边形线条选项相同，唯一不同之处在于：无需通过双击来停止绘图，只需停止拖动指针即可，绘图就在该位置结束，正如同铅笔一样。

12. 选择多个对象

操作步骤如下：

①单击“选择多个对象”按钮。打开“选择多个对象”对话框，可以在上面的图片中看到该对话框。在此对话框中，幻灯片上每个对象名称的含义都比较模糊，因此也许不能立即将名称与对象对应起来。

②要标识对象，选择每个名称，然后单击“确定”按钮，以便确定哪个对象被选中。

③完成对象选择后，单击“确定”按钮可返回到幻灯片，此时上面对话框中选择的对象已被选中。

这不是一种直观的方法，但当无法使用传统的选择工具选择某个对象时，该方法是唯一的解决方案。

13. 为线条设置格式

操作步骤如下：

①选取要更改的线条。

②执行下列操作之一：

- 更改线条或连接符的颜色

a）在“绘图”工具栏上，单击“线条颜色”旁的箭头。

b）执行下列操作之一：

■ 若要更改为默认颜色，单击“自动”按钮。

■ 若要更改为其他颜色，单击“自动”之下的一种颜色。

■ 若要更改为未显示的一种颜色，单击“其他线条颜色”。在“标准”选项卡上单击所需的颜色，或单击“自定义”选项卡以调出自定义的颜色，再单击“确定”按钮。

- 更改线条的线型

a）在“绘图”工具栏上，单击“线型”按钮。

b）单击所需的线型；或者单击“其他线条”，再单击一种线型。

以上详细说明了线条图的使用方法，在“绘图”工具栏上可用的自选图形包括以下几种类别的图形：线条、连接符、基本形状、流程图元素、星与旗帜、标注。在“剪辑管理器”中还可以找到其他图形，这些图形用起来要比线条图方便，操作步骤类似。

可以将文本添加到图形。添加的文本将成为图形的一部分，如果旋转或翻转该图形，则文本将与其一起旋转或翻转。

文本框可作为图形处理。它可以多种与设置图形格式相同的方式进行格式设置，包括添加颜色、填充及边框、阴影和三维效果等。

5.2.7 插入图表

可在 PowerPoint 2003 的草稿中创建一个图表，或导入一个 Microsoft Excel 工作表或图表。PowerPoint 2003 的默认图表程序是 Microsoft Graph，它是与 PowerPoint 一起自动安装的。

在 PowerPoint 2003 中创建一个新图表时，Microsoft Graph 打开后，图表和其相关数据一起显示在一个称为数据表（包含在图表中提供简单信息的表格）的表中。可以在数据表中输入自己的数据，从文本文件或 Lotus 1-2-3 文件导入数据，导入或插入一个 Microsoft Excel 工作表或图表，或从另一程序粘贴数据。

当使用图表时，Microsoft Graph 程序及其菜单和按钮一起出现（如果已经插入 Excel 图表，Excel 菜单和按钮会和 PowerPoint 菜单一起出现），因此可修改图表。使用图表时，有关如何使用图表的信息可以在菜单栏的“帮助”菜单上获得。

1. 添加图表

在 PowerPoint 中有两种方法可以将图表添加到演示文稿中，其一是创建新的 Microsoft Graph 图表，其二是导入 Excel 图表。

创建新的图表的步骤如下：

①选择菜单栏中“插入”‖“图表”。

②若要替换示例数据，单击数据表上的单元格，然后键入所需信息。

③若要返回幻灯片，单击图表以外的区域。

PowerPoint 2003 提供了包含图表占位符的幻灯片版式。若要使用这些版式新建幻灯片，选择菜单栏中“插入”‖“新幻灯片”命令，再选择一种包含图表占位符的版式。

导入 Microsoft Excel 图表的步骤如下：

①选择菜单栏中“插入”‖“图表”命令。

②切换到数据表。如果数据表不可见，单击“查看数据工作表”按钮显示它。

③如果要使导入数据开始于数据表中非左上角的单元格，选择所要的单元格。

④选择菜单栏中“编辑”‖“导入文件”命令。

⑤在“查找范围”框中，单击驱动器、文件夹或包含该文件的网址，在“文件类型”框中单击 .xls 文件格式。

⑥双击要导入的文件。

⑦在“导入数据选项”对话框中，选择要导入的表。只可以导入一个表。

⑧执行下列操作之一：

- 若要导入工作表中的所有数据，单击“导入”下的“整张工作表”。
- 若要导入部分数据，单击“选定区域”，然后输入所需数据范围。例如，如果要导入单元格 A1 到 B5，在“选定区域”框中键入 A1:B5。如果该范围有名称，可以键入名称，而不用键入范围引用。

⑨如果在步骤③中选定一个单元格，清除“覆盖现有单元格”复选框。

2. 向图表中添加数据

操作步骤如下：

①在 Microsoft PowerPoint 中，双击要更改的图表。

②切换到数据表。如果数据表不可见，单击“数据工作表”按钮显示它。

③执行下列操作之一：

- 输入数据

a）单击某个单元格，然后键入所需的文本或数值。

b）若要返回幻灯片，单击图表以外的区域。

- 导入数据

a）如果要使导入数据开始于数据表中非左上角的单元格，选择所要的单元格。

b）选择菜单栏中“编辑”‖“导入文件”命令。

c）双击要导入的文件。

d）执行下列操作之一：

◆ 导入文本文件

按“文本导入向导”对话框中的指示执行。

◆ 导入 Microsoft Excel 电子表格或图表

i. 在“导入数据选项”对话框中，选择要导入的表。只可以导入一个表。

ii. 执行下列操作之一：

■ 若要导入工作表中的所有数据，单击“导入”下的“整张工作表”。

■ 若要导入部分数据，单击“选定区域”，然后输入所需数据范围。例如，如果要导入单元格 A1 到 B5，在“选定区域”框中键入 A1:B5。如果该范围具有名称，可以键入名称，而不用键入范围引用。

iii. 如果在此步骤前已选定一个单元格，清除“覆盖现有单元格”复选框。

· 链接到数据

a）在源程序中，选择要链接到 PowerPoint 图表数据表的数据。例如，如果处理的是 Excel 工作表，选择单元格范围。

b）选择菜单栏中“编辑”‖“复制”命令。

c）在 PowerPoint 2003 中，切换到图表的数据表。

d）选择菜单栏中“编辑”‖“粘贴链接”命令。

当链接到另一个程序(例如 Microsoft Word 表或 Microsoft Excel 电子表格)中的数据时，所有现有的数据都会从 Microsoft Graph 数据表中删除。

3. 编辑图表中的数据

按以下步骤编辑在 Microsoft PowerPoint 中使用 Microsoft Graph 创建的图表的数据：

①在 PowerPoint 2003 中双击要编辑数据的图表。

②切换到数据表。如果数据表不可见，单击“查看数据工作表”按钮显示它。

③单击某个单元格，然后键入所需的文本或数值。

④有关处理 Microsoft Graph 数据表的详细内容，单击“帮助”菜单上的“Microsoft Graph 帮助”。

⑤若要返回幻灯片，单击图表或数据表以外的区域。

按以下步骤编辑 Microsoft Excel 中创建的图表的数据：

①在 PowerPoint 2003 中双击要编辑数据的图表。

②菜单和工具栏改变为显示 Microsoft Excel 的菜单和按钮。

③单击图表数据所在的工作表标签，例如“Sheet1”。

④在工作表的单元格中输入新的数据。

⑤关于使用 Microsoft Excel 工作表的信息，单击“帮助”菜单上的“Microsoft Excel 帮助”。

⑥若要确定返回幻灯片时图表是否显示在 PowerPoint 演示文稿中，单击图表所在的工作表选项卡，例如“Chart1”。

⑦ 若要返回幻灯片，单击图表以外的区域。

4. 删除图表中的数据

可以删除图表中的数据，包括删除工作表中对应的数据。或者，可以删除数据系列而不丢失工作表或数据表上的任何数据。操作步骤如下：

①在 Microsoft PowerPoint 中，双击要更改的图表。

②切换到数据工作表。如果数据工作表不可见，单击“查看数据工作表”按钮显示它。

③执行下列操作之一：

• 删除图表和工作表上的数据

a）选择要删除的信息。

b）按 Delete 键。

c）若要返回幻灯片，单击图表以外的区域。

• 删除图表中的数据系列而不删除工作表或数据表中对应的数据

a）双击不希望在图表中显示的数据系列的行或列标题。

b）若要返回幻灯片，单击图表以外的区域。

如果希望将数据系列放回到图表中，再次双击行或列标题。

5. 更改为不同的图表类型

对于大多数二维图表，既可以改变数据系列（在图表中绘制的相关数据点，这些数据源自数据表的行或列。图表中的每个数据系列具有唯一的颜色或图案并且在图表的图例中表示。可以在图表中绘制一个或多个数据系列，饼图只有一个数据系列）的类型，也可以更改整张图表的类型。但如果是气泡图，只能改变整张图表的类型。对于大多数的三维图表，改变图表类型会影响到整张图表。如果是三维条形图和柱形图，则可以将某个数据系列改成圆锥、圆柱形或者棱锥图表类型。

①在 Microsoft PowerPoint 中，双击要更改的图表。

②执行下列操作之一：

• 如果要改变某个数据系列的图表类型，在图表中单击该数据系列。

• 如果要改变整张图表的类型，不要单击图表中的任何数据。

③选择菜单栏中“图表”‖“图表类型”命令。

④在“标准类型”或“自定义类型”选项卡上，单击“图表类型”之下的所需图表类型。

⑤在“图表类型”区域中，单击所需的图表。

⑥若要返回幻灯片，单击幻灯片以外的区域。

如果清除“应用于选定区域”复选框，即使只选定某个数据系列，仍然改变整张图表的类型。

5.2.8 使用动画

动画效果为幻灯片上的文本、图片和其他内容赋予动作。除添加动作外，它们还吸引观众的注意力、突出重点、在幻灯片间切换以及通过将内容移入和移走来最大化幻灯片空间。如果使用得当，动画效果将带来典雅、趣味和惊奇。

1. 使用预设动画方案

预设的动画方案是一种精致的效果序列，可以通过几次单击鼠标将它应用到几个幻灯片或整个放映中。这大大节省了时间并且有助于快速得到结果。方案还提供了一致性，因为相同的效果被用于每张幻灯片中。并且，方案不是一成不变的。它易于删除、替换或自定义。预设动画方案将几类互补的动画效果连结起来。不必应用每个效果，只需应用一个方案就可以得到整个效果。表 5-5 所示为一般使用的几类效果,它们还可以进行不同的组合。

表 5-5　PowerPoint 2003 中的预设动画方案效果

效　果	说　　明
切换	幻灯片切换效果是在“幻灯片放映”视图中从一个幻灯片移到下一个幻灯片时出现的类似动画的效果。可以控制每个幻灯片切换效果的速度,还可以添加声音
进入	如文本淡入或飞入
强调或变暗	强调通过使文本突出来引起对项目符号的注意;变暗则在继续前进后不再强调项目符号
退出	飞出、淡出、弹出之类
动作路径	它跟踪对象跟随的图案。“椭圆”和“中子”是两个使用动作路径的方案

动画方案选项在“幻灯片设计”任务窗格中。若要打开任务窗格,选择菜单栏中“幻灯片放映”‖“动画方案”命令,如果要设计幻灯片之间的切换效果,则选择菜单栏中“幻灯片放映”菜单上的“幻灯片切换”命令,打开幻灯片切换任务窗格。

若要将方案应用于某些幻灯片,选择所需的幻灯片,再在任务窗格中单击方案。若要将方案应用到所有幻灯片,在设计窗格中单击方案,再单击“应用于所有幻灯片”。此方法通过将方案放在幻灯片母版上而将其应用于所有幻灯片,并且也将应用于新添加的幻灯片。

如果放映中具有多个类型的幻灯片母版,则附加按钮“应用于母版”可用。如果单击此按钮,则方案出现在所有使用所选择的幻灯片的母版的幻灯片上。

若要使用不同于所应用的方案的方案,需在任务窗格中单击另一个方案,再单击“应用于所有幻灯片”。对于个别幻灯片,在“幻灯片”选项卡中选择它们,再单击不同的方案。

从选择的幻灯片中删除动画方案,只要在“幻灯片”选项卡上选择幻灯片,再从动画方案列表中单击“无动画”即可。

从所有幻灯片中删除动画方案也只需在“幻灯片”选项卡上选择一个幻灯片,在方案列表中单击“无动画”,再单击“应用于所有幻灯片”。

方案是为默认的文本占位符之内的文本设计的,方案对“文本框”不起作用。它们需要自定义动画。

2. 自定义动画

设想已经应用了动画方案并且对它们相当满意,但是还想做少许特定的修改或添加。例如,希望只更改一张幻灯片上的标题效果;希望给某一幅画添加动画效果;希望自动播放某些效果。使用“自定义动画”可进行类似的更改。还可以更改动画的速度和方向等。

若要对方案效果进行特定的更改,从“幻灯片放映”菜单中打开自定义动画任务窗格,如图 5-14 所示,它主要包括:

- 效果列表:它显示了组成方案的动画效果,并列出了它们应用于幻灯片上的内容和顺序。
- 数字表示效果的播放顺序,幻灯片上的项也会显示这些数字。
- 鼠标图标表示此效果以单击鼠标开始。
- 星号表示效果的类型。绿色的星号表示使用的是进入效果,当悬停在星号上时,屏幕提示将给出效果名称。

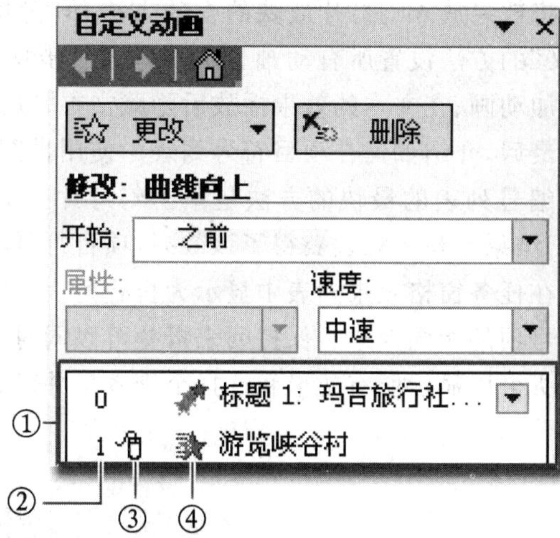

图 5-14　自定义动画任务窗格

任务窗格中效果列表的上方为各种选项，包括“更改”、“删除”和修改效果的不同方法。此处简要介绍这两个重要任务：更改效果和添加效果。

若要以另一个效果替换一个效果，在效果列表中选择该效果，再单击“更改”按钮，展开其菜单和子菜单，然后从菜单中选择新效果。在效果列表中选择效果的另一个方法是单击幻灯片上该效果对应的顺序数字。

若要添加效果，单击幻灯片上希望使之具有动画效果的内容，可以是标题、副标题、图片或其他任何内容。“更改”按钮变成“添加效果”按钮，任何从其菜单中选择一个效果。将在随后的练习中进行此操作。如果效果已被添加到幻灯片母版中，则必须先将效果复制到幻灯片，然后再在幻灯片上对其进行修改。

有 3 种开始效果的方法：

- 单击时，表示当单击鼠标时。
- 与上一动画同时，是指在上一动画效果开始时自动开始效果，如果标题效果是幻灯片的第一个效果，“与上一动画同时”将使其在幻灯片播放时自动播放。
- 上一动画之后，是指在上一动画效果完成后自动开始效果。

除了效果的开始方式，还可以设置一些效果的方向和速度。某些效果从特定的角度进入。例如，“擦除”效果从左到右移动。当应用它时，“方向”列表可用，并带有方向的其他选项。速度选项的范围从“非常慢”到“非常快”。如果需要，可以在同时开始的效果间建立轻微延迟，只要将它们中的一个设为“快速”而另一个设为“中速”。

若要删除已应用的效果，在效果列表中，选择一个或多个要删除的效果，再单击“删除”按钮。

如果将预设方案应用于所有幻灯片，则方案效果被放到幻灯片母版上，后者是所有幻灯片的一种样式模板。相反，如果将方案应用于所选择的幻灯片，则方案效果仅应用到幻灯片本身而不放到母版上。它们可在打开“自定义动画”任务窗格时直接修改。若要访问已放到母版上的效果，单击任务窗格内的“拷贝幻灯片母版效果”命令。

3. 修改动画效果

虽然预设动画方案是将效果放入幻灯片放映的有效方法，但它并不是开始时必须使用的方法。也可以以“自定义”的方法设置所有动画。本部分进一步探讨自定义动画，并展示如何按字或字母给文本添加动画、在文本的效果播放后隐藏文本、以另一种颜色使文本变暗以及使用声音增强效果。最后，介绍如何在项目符号列表中使用带图片的进入和退出效果。

运行动画项目符号或编号列表的最快的方法是单击幻灯片上的列表，再从“自定义动画”任务窗格中添加效果。结果是整个列表获得了该效果，项目符号项逐一动画显示。已应用到项目符号列表的效果在任务窗格效果列表中显示为折叠列表，如图 5-15 左图所示。列表包含应用到每个项目符号项的相同效果。保持列表折叠可以同时对所有效果的选项进行更改或应用。使用展开箭头可以显示所有效果和选择个别效果并对它们进行修改。

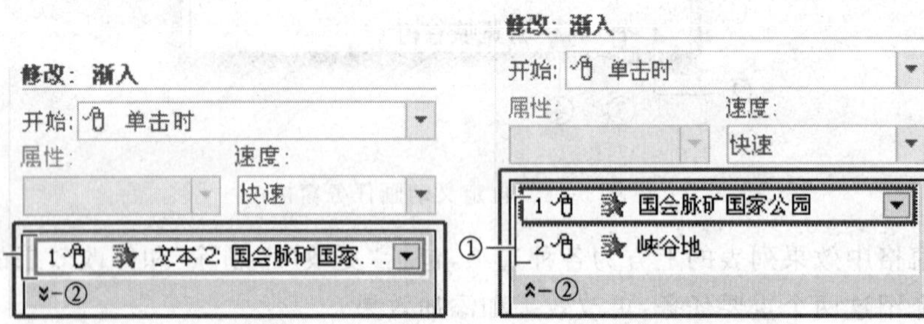

图 5-15　效果的折叠列表和展开列表

每次选择一个项目符号项（段落）对列表应用效果，这在希望每个项目符号项具有不同效果时是有意义的。若要选择项目符号项，可以选择相应段落中的任何字母或字，当对此应用效果时，它将应用到整个段落。对每个项目符号项进行此操作，各项目按顺序依次动画显示。

如果同时动画显示所有项目符号项，可以选择项目符号列表中的所有文本并应用效果，则整个列表同时获得动画效果。

以上所描述的方法适用于默认占位符内的列表。但是，如果将效果应用到在形状（如文本框）中创建的列表，则结果将不同。例如，如果单击文本框中的列表并应用效果，整个列表将同时动画显示而不是逐行显示。若要使项目依次动画显示，必须分别选择每个项目并应用效果。

在“自定义动画”任务窗格中，效果列表中的每个效果展开为具有更多命令和选项的下拉菜单。单击“效果选项”打开具有特定效果选项的对话框。对于项目符号列表的“渐入”进入效果，可以从“整批发送”和下列选项中进行选择，精确设置文本的进入效果，包括：

- “按字/词”，每行逐字进入。
- “按字母”，每行逐字母进入；这更适用于标题而不是整个列表。

其他选项为选择声音和在元素播放后隐藏或变暗。

- 如果希望在播放效果时播放声音，在“声音”框中选择一个声音。声音可帮助增加效果且可以产生娱乐效果。
- 变暗和隐藏效果对于吸引观众的注意力是有效的。在逐行展示信息时使用它们：在介绍下一行时前一行的文本变暗或隐藏，会将注意力吸引到新的内容。
- 强调适用于希望突出的内容。例如，整个项目符号列表已显示出来，但希望在访问每个项时将之突出。此时应采用强调效果，即在准备讨论某点的时候将文本变成另一种颜色。

4. 应用或绘制动作路径

动作路径是一种不可见的轨迹，可以将幻灯片上的图片、文本行或形状等项目放在动作路径上，使它们沿着动作路径运动。例如，可以将文本从幻灯片上的一个位置移动到另一个位置，为图片创建一个手绘的进入或退出效果，或放置一个路径，使箭头可以跟随陈述中的关键点移动，以便突出显示进度。

动作路径可以让幻灯片上的项目沿着各种图形运动，这些图形包括直线、曲线、斜线、随意绘制的线条、星形和八字形等形状，或者突发灵感而绘制的任何独特的设计。与使用进入或退出效果不同，只需将幻灯片上的内容从一个位置移动到另一个位置，即可使用动作路径。可以伸长、缩短、旋转和重新布置所需内容的路径。

使用动作路径的操作步骤如下：

①在普通视图中，显示包含要创建动作路径的文本或对象的幻灯片。

②选择要动画显示的文本项目或对象。

③对于文本项目，可以选择占位符或段落(包括项目符号)。

④如果“自定义动画”任务窗格未显示，在“幻灯片放映”菜单上单击“自定义动画”。

⑤在“自定义动画”任务窗格中，单击“添加效果”按钮 添加效果 ，指向“动作路径”按钮，然后执行下列操作之一：

- 应用预设的动作路径

单击预设路径，或单击“更多动作路径”以便在其他选项中选取。

- 创建自定义的动作路径

a）指向“绘制自定义路径”，然后执行下列操作之一：

- 单击“任意多边形”按钮绘制既有曲线又有直线的路径。拖动鼠标可绘制曲线，单击并移动鼠标可绘制直线。
- 单击“自由曲线”按钮并拖动鼠标以绘制类似于钢笔画出的路径，或绘制平滑曲线。
- 单击“直线”按钮并拖动鼠标绘制直线路径。
- 单击“曲线”按钮并单击曲线路径的起始点，然后继续移动鼠标并单击要添加曲线的位置。

b）执行下列操作之一：

- 如果希望结束任意多边形或曲线路径并使其保持开放状态，可在任何时候双击。
- 如果希望结束直线或自由曲线路径，释放鼠标按钮。
- 如果希望封闭某个形状，在起点处单击。

若要使路径模拟某种退出效果，则要将效果选项设置为变暗或播放动画后隐藏，或者将该动作路径拖出幻灯片。

5. 更改动画序列

动画序列是指动画效果开始的顺序，用户可以利用自定义动画任务窗格对其进行重新排列。具体操作步骤如下：

①在普通视图中，显示包含要重新排序的动画的演示文稿。

②选择菜单栏中“幻灯片放映”‖“自定义动画”命令。

③效果在自定义动画列表中按应用的顺序从上到下显示。在普通视图中，在幻灯片上播放动画的项目会标注上非打印编号标记，该标记对应于列表中的效果。

④在“自定义动画”任务窗格中，在列表中选择要移动的项目并将其拖到列表中的其他位置。

通过给幻灯片中每个动画的重新编号，所做的更改将会反映在幻灯片和列表中。这些编号显示在与动画项目占位符相连的灰框中。

5.2.9 使用多媒体

1. 添加和播放声音

在 PowerPoint 中可以从文件中添加音乐和声音，这些文件位于计算机、网络、Internet 或 Microsoft 剪辑管理器中。还可以录制自己的声音并添加到演示文稿，或者使用 CD 中的音乐。

将音乐或声音插入幻灯片后，会显示一个代表该声音文件的声音图标。若要播放这段音乐或声音，可以将它设置为幻灯片显示时自动开始播放、单击鼠标时开始播放、带有时间延迟的自动播放，或作为动画片段的一部分播放。如果要隐藏该图标，可以将它拖出幻灯片并将声音设置为自动播放。

如果声音文件大于 100 KB，默认情况下会自动将声音链接到文件，而不是嵌入文件。可以任意更改此默认值(大于或小于 100 KB 均可)。演示文稿链接文件后，如果要在另一台计算机上播放此演示文稿，则必须在复制该演示文稿的同时复制它所链接的文件。

向幻灯片放映中添加音乐、歌曲或声音效果的步骤如下：

①显示要添加音乐或声音效果的幻灯片。

②在“插入”菜单上，指向“影片和声音”，再执行下列操作之一：

- 插入声音文件

单击“文件中的声音”，查找包含文件的文件夹，再双击所需的文件。

- 从剪辑管理器中插入声音剪辑

单击“剪辑管理器中的声音”，移动滚动条查找所需的剪辑，并单击它将其添加到幻灯片中。

③当显示消息时，执行下列操作之一：

- 若要在转到幻灯片时自动播放音乐或声音，单击“自动”。
- 若要仅在单击声音图标之后播放音乐或声音，单击“在单击时”。

④若要调整声音文件停止时间的设置：右击声音图标，再在快捷菜单上单击“自定义动画”。

⑤在“自定义动画”任务窗格的“自定义动画”列表中，单击选定项目上的箭头，再单击“效果选项”。

⑥在“效果”选项卡的“停止播放”之下，执行下列操作之一：

- 若要在鼠标单击幻灯片时停止声音文件，选择“单击时”(默认选项)。
- 若要在此幻灯片之后停止声音文件，单击“当前幻灯片之后”。

• 若要在多张幻灯片上播放此声音文件，单击“在”，然后设置文件将播放的幻灯片总数。

如果该声音文件的长度不足以在幻灯片上继续播放，右击声音图标，再单击“编辑声音对象”，然后在“声音选项”对话框中选择“循环播放，直到停止”复选框以继续重复此声音。

还可以通过播放 CD 向演示文稿中添加音乐，但是这种情况下音乐文件不会添加到幻灯片中。若要创建 CD 的设置，选择菜单栏中“插入”‖“影片和声音”‖“播放 CD 乐曲”命令。

在 PowerPoint 2003 中可直接播放的音频文件如表 5-6 所示。

表 5-6 PowerPoint 2003 兼容的音频文件格式

文件格式	扩展名	描述
AIFF 音频文件	.aiff	音频交换文件格式，这种声音格式最初用于 Apple 和 Silicon Graphics (SGI) 计算机。波形文件以 8 位的非立体声(单声道)格式存储，这种格式不进行压缩，会导致文件很大
AU 音频文件	.au	UNIX 音频，这种文件格式通常用于为 UNIX 计算机或网站创建声音文件
MIDI 文件	.mid 或 .midi	乐器数字接口，这是用于在乐器、合成器和计算机之间交换音乐信息的标准格式
MP3 音频文件	.mp3	MPEG Audio Layer 3，这是一种使用 MPEG Audio Layer 3 编解码器(由 Fraunhofer Institute 开发)进行压缩的声音文件
Windows 音频文件	.wav	波形格式，这种音频文件格式将声音作为波形存储。一分钟的声音所占用的存储空间可能仅为 644 KB，也可能高达 27 MB，这取决于各种不同的因素
Windows Media Audio 文件	.wma	Windows Media Audio，这是一种使用 Microsoft Windows Media Audio 进行压缩的声音文件，该编解码器是 Microsoft 开发的一种数字音频编码方案，用于发布录制的音乐(通常发布到 Internet 上)

2. 向幻灯片中添加影片或动态 GIF

在 PowerPoint 2003 中，可以播放一段影片，也可以播放一段演讲录像，还可以播放一段轻松愉快的节目来吸引观众。

影片是桌面视频文件，其格式包括 AVI、QuickTime 和 MPEG，文件扩展名包括 .avi、.mov、.qt、.mpg 和 .mpeg，如表 5-7 所示。动态 GIF 是一种图形文件格式，用于在万维网上显示彩色图形。它最多支持 256 种颜色，而且使用的是无损压缩，这意味着压缩文件时没有损失任何图像数据，文件的文件扩展名总是 .gif。

表 5-7 PowerPoint 2003 兼容的视音频文件格式

文件格式	扩展名	描述
Windows Media 文件	.asf	高级流格式，这种文件格式存储经过同步的多媒体数据，并可用于在网络上以流的形式传输音频和视频内容、图像及脚本命令
Windows 视频文件	.avi	音频视频交错，是一种多媒体文件格式，用于存储格式为 Microsoft 资源交换文件格式 (RIFF) 的声音和运动画面。这是最常用的格式之一，因为很多不同的编解码器压缩的音频或视频内容都可以保存在 .avi 文件中
影片文件	.mpg 或 .mpeg	运动图像专家组，这是运动图像专家组开发的一组不断发展变化的视频和音频压缩标准。这种文件格式是为与 Video-CD 和 CD-i 媒体一起使用而专门设计的
Windows Media Video 文件	.wmv	Windows Media Video 这种文件格式使用 Windows Media Video 编解码器压缩文件，这是一种压缩率很大的格式，它需要的计算机硬盘存储空间最小

向幻灯片放映中添加音乐、歌曲或声音效果的步骤如下：

(1) 显示要添加影片或动态 GIF 的幻灯片。

(2) 执行下列操作之一：

• 添加影片或动态 GIF 文件

a) 选择菜单栏中“插入”‖“影片和声音”‖“文件中的影片”命令，再查找包含所需文件的文件夹，然后双击该文件。

b) 当显示消息时，执行下列操作之一：

■ 若要在转到幻灯片时自动播放影片或 GIF，单击“自动”。

■ 若要在单击影片或 GIF 之后播放它，单击“在单击时”。

• 若要插入影片在 Windows Media Player 中播放

a) 在 Windows 中，启动 Windows Media Player。

b) 选择 Windows Media Player 菜单栏中“文件”‖“打开”命令，再键入文件路径或浏览要插入的文件，然后单击“确定”按钮。

■ 如果影片可以打开并播放，完成此任务的剩余步骤。

■ 如果影片不能播放，则在 PowerPoint 中打开 Windows Media Player 时不会播放该影片，因此不必完成此任务。可以参考 Windows Media Player 帮助以尝试解决此问题。此外，还可以在 PowerPoint 菜单栏中的“提出问题”框中搜索“影片疑难解答”以获取其他建议。

c) 在 PowerPoint 中显示要在其上播放影片的幻灯片，选择菜单栏中“插入”‖“对象”命令。

d) 在“对象类型”之下，单击“媒体剪辑”，并确保选定了“新建”。如果要将影片显示为图标，选中“显示为图标”复选框。

e) 单击“确定”。

f) 选择 Windows Media Player 菜单栏中“插入剪辑”‖“Video for Windows”命令。

g) 在“文件类型”列表中，选择“所有文件”，再选择该文件，然后单击“打开”。

h) 若要播放它，单击左上方位于菜单栏之下的“播放”按钮；若要将其插入到幻灯片中，单击影片框架以外的区域。

• 从 Microsoft 剪辑管理器中添加动作剪辑

a) 选择菜单栏中“插入”‖“影片和声音”‖“剪辑管理器中的影片”命令。

b) 在“剪贴画”任务窗格中，移动滚动条以查找所需的剪辑，并单击它以将其添加到幻灯片中。

c) 如果显示消息，执行下列操作之一：

■ 若要在转到幻灯片时自动播放影片或 GIF，单击“自动”。

■ 若要仅在单击之后播放影片或 GIF，单击“在单击时”。

在 PowerPoint 2003 中按以下操作方法可以预览演示文稿中的影片或动态 GIF，首先在普通视图中显示幻灯片，再在 Microsoft PowerPoint 窗口的左下角单击“幻灯片放映”按钮。如果设置影片或动态 GIF 在单击时放映，则必须单击它才能播放。如果已经作为在 Microsoft Windows Media Player 中播放的对象插入影片，则可能必须单击“停止”“播放”和“暂停”按钮。另外，也可通过在普通视图中双击来预览影片。最后，如果影片或动态 GIF

是自定义动画序列的一部分，则可通过在“自定义动画”任务窗格中单击“播放”进行预览。

在 PowerPoint 2003 中还可以将影片的大小调整到幻灯片的最大尺寸(尽管这可能不是放映影片的最佳尺寸)，具体步骤如下：

①单击要调整其大小的插入影片。

②执行下列操作之一：

• 调整大小至全屏

a) 右击影片，然后在菜单上选择“编辑影片对象”。

b) 在“影片选项”对话框中的“显示选项”下面，选中“缩放至全屏”复选框。

• 通过拖动调整大小

a) 将鼠标指针定位在一个调整句柄上。

b) 若要增加或减少一个或多个方向上的尺寸，拖动鼠标离开或靠近中心位置。对于其他控制，执行下列任何操作：

■ 若要使影片的中心保持在同一位置，在拖动鼠标时按住 Ctrl 键。

■ 若要使影片调整大小后不与对齐，在拖动鼠标时按住 Alt 键。

c) 释放鼠标，然后释放 Ctrl 键或 Alt 键。

• 调整到所选的高度和宽度

a) 选择菜单栏中“格式”‖“图片”‖“尺寸”选项卡。

b) 若要保持影片的长宽比例，选中“锁定纵横比”复选框。

c) 执行下列操作之一：

■ 在“尺寸和旋转”之下，在“高度”和“宽度”方框中键入数字或使用箭头输入数字。

■ 在“缩放比例”之下，键入数字或使用箭头输入所需的相对于影片原尺寸的百分比数字。

• 为演示文稿重置最佳缩放比

a) 选择菜单栏中“格式”‖“图片”‖“尺寸”选项卡。

b) 选中“幻灯放映最佳比例”复选框，再单击“重新设置”。

选中“幻灯放映最佳比例”复选框可避免播放影片时的跳动。如果将影片作为 Microsoft Windows 媒体播放机中播放的对象插入，“幻灯片放映最佳比例”选项可能无法使用。

3. 插入 Flash 动画操作

在将 Flash 的 .swf 文件内容插入到 PowerPoint 中之前，将 .swf 文件保存在与 .ppt 相同的文件夹中。这样，稍后就不必输入完整的路径。操作步骤如下：

①打开或创建一个新的 PowerPoint 演示文稿，然后保存在与 .swf 文件相同的文件夹中。

②选择菜单栏中“视图”‖“工具栏”‖“控件工具箱”命令，打开“控件”工具栏。

③在“控件”工具栏的底部附近，单击“其他控件”按钮，可以看到可用的 ActiveX 控件的列表。

④在列表中，单击 Shockwave Flash Object 选项。鼠标指针就变成一个十字形。

⑤在屏幕上随处画一个矩形。现在先不要考虑大小和位置，稍后再去修改。矩形是不可见的，因其仅仅是一个占位符。如果没有单击任何地方，会看到矩形周围有八个尺寸控点。

⑥在矩形内部任意处右击，然后单击快捷菜单上的“属性”。

⑦在“属性”对话框中选择“自定义”选项并单击它右侧的 ... 按钮，打开“属性页”对话框，在“影片 URL”文本框内输入 Flash 动画文件所在的路径名称，其中 Flash 动画文件名称后面必须填写 . swf 的扩展名，最后单击“确定”按钮关闭该对话框，即完成 Flash 动画的插入。

5.2.10 创建备注

在普通视图中使用备注窗格(在普通视图中键入幻灯片备注的窗格。可将这些备注打印为备注页或在将演示文稿保存为网页时显示它们)编写关于该幻灯片的备注。如图 5-16 左图中的①所示。

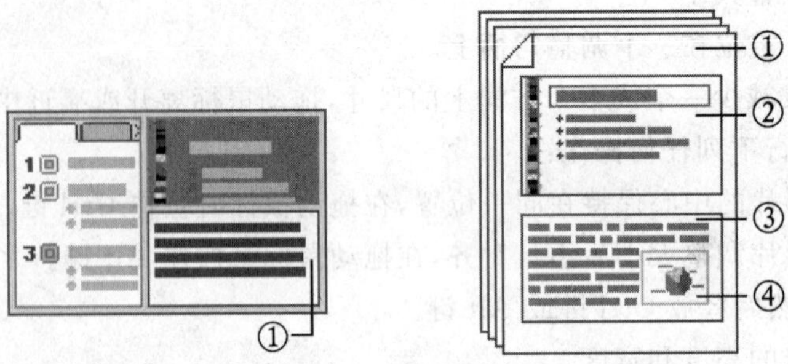

图 5-16 备注页窗格与视图

可以在使用普通视图时键入备注并为其设置格式，但是，要查看备注页的打印形式并查看任何文本格式(如字体颜色)的全部效果，需切换到备注页视图，如图 5-16 右图所示，可以看出：①为备注页包括的备注和演示文稿中的每张幻灯片、②为每张幻灯片打印在自己的备注页上、③为备注附在幻灯片之下、④为可将图表或图片等数据添加到备注页。

每个备注页显示幻灯片的图像以及该幻灯片附带的备注。在“备注页”视图中，可以用图表、图片、表格或其他插图装饰备注。

在备注页视图中添加的图片或对象将会显示在所打印的备注页上，但不会显示在普通视图的屏幕上。如果将演示文稿保存为网页，则在 Web 浏览器中显示演示文稿时，图片或对象不会显示(但备注会显示)。在备注页上做出的更改、添加和删除只应用于该备注页和普通视图中的备注文本。

如果要放大、重新定位或格式化幻灯片图像区域或备注区域，转至备注页视图并进行更改。不能在普通视图下在备注窗格内绘制或放置图片。切换到备注页视图并在该处绘制或添加图片。

若要将内容或格式应用于演示文稿中的所有备注页，可更改备注母版。例如，要将公司徽标或其他剪贴画放置在所有备注页上，可将该剪贴画添加到备注母版中；或者，如果要更改所有备注使用的字体样式，可在备注母版上更改该样式。可以更改幻灯片区域、备注区域、页眉、页脚、页码和日期的外观和位置。

如果将演示文稿保存为网页，则备注会自动显示(除非选择隐藏它们)。幻灯片标题在演示文稿中会成为目录，而幻灯片备注会显示在每张幻灯片下方。备注可以充当演讲者的角色，为观众提供演讲者在实时演示期间提供的背景和详细信息。如果不希望备注显示在网页上，可在将文件保存为网页之前将备注关闭。

5.3 使用版式、母版和模板

演示文稿可包含一个或多个幻灯片母版。每个幻灯片母版包含一种或多种版式，这些版式构成了模板，幻灯片的设计模板是包含演示文稿样式的文件，包括项目符号和字体的类型和大小、占位符大小和位置、背景设计和填充、配色方案以及幻灯片母版和可选的标题母版。每个模板可包含主题信息，如颜色、效果、字体、幻灯片背景样式以及一些默认信息。一旦更改了母版，所做的更改将保留在幻灯片放映中。但所应用的设计模板的原始文件保持不变。

5.3.1 版式

版式是幻灯片上标题和副标题、文本、列表、图片、表格、图表、自选图形和视频等元素的排列方式，如图 7-17 所示。可以使用版式排列幻灯片上的对象和文字。版式是定义幻灯片上待显示内容的位置信息的幻灯片母版的组成部分。版式包含占位符，占位符可以容纳文字(如标题和项目符号列表)和幻灯片内容。可以在版式或幻灯片母版中添加文字和对象占位符，但不能直接在幻灯片中添加占位符。版式本身只定义了幻灯片上要显示内容的位置和格式设置信息。

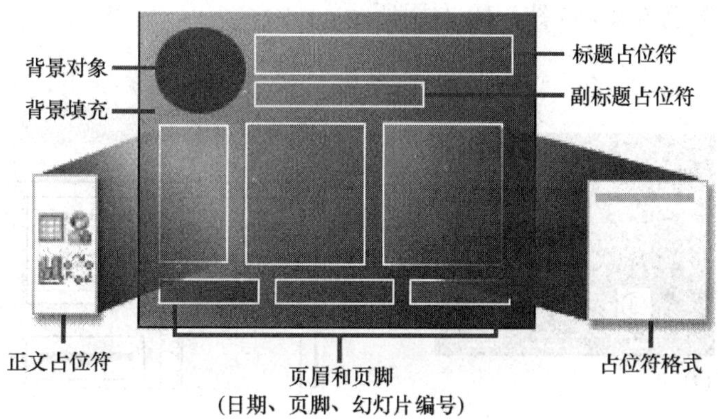

图 5-17　幻灯片中可以包含的所有版式元素

在 PowerPoint 2003 中打开空白演示文稿时，将显示名为“标题幻灯片”的默认版式，但还有其他的标准版式可供应用和使用。应用标准版式的步骤如下：

①选择菜单栏中“格式”‖“幻灯片版式”命令。

②在普通视图的“幻灯片”选项卡上，选择要应用版式的幻灯片。

③在“幻灯片版式”任务窗格中，指向所需的版式，再单击它。

还可以从任务窗格中插入新幻灯片。指向幻灯片要使用的版式，再单击箭头，然后单击“插入新幻灯片”。

如果找不到满足需要的标准版式，可以对标准版式进行修改。可以将版式中的占位符移动到不同位置，调整其大小，以及使用填充颜色和边框设置其格式。此方式适用于幻灯片和备注页；而在讲义上，只能更改页眉和页脚占位符。同样，也可以在单个幻灯片、备注页或幻灯片母版、备注母版、讲义母版上进行这些更改。为保持整篇演示文稿的一致性，最好更改母版。

如果在备注页或幻灯片上调整了占位符，然后又希望恢复到其原始版式，可以在“幻灯片版式”任务窗格中重新应用原始版式。如果更改或者删除了母版上的占位符，可以选择菜单栏中“格式”‖“母版版式”命令恢复其原始占位符。

可以用以下方法打开或关闭自动版式：

①选择菜单栏中“工具”‖“自动更正”命令。

②单击“键入时自动套用格式”选项卡。

③在“工作时应用”之下，选中或清除“用于插入对象的自动版式”复选框。

还可以通过单击“自动调整选项”按钮，使用“控制自动更正选项”按钮关闭此选项。

5.3.2 母版设计

电子文稿中的母版是定义演示文稿中所有幻灯片或页面格式的幻灯片视图或页面。每个演示文稿的每个关键组件(幻灯片、标题幻灯片、演讲者备注和听众讲义)都有一个母版。幻灯片母版是存储关于模板信息的设计模板的一个元素，这些模板信息包括字形、占位符大小和位置、背景设计和配色方案，如图 5-18 左图所示，图中，①为标题、正文和页脚文本的字形、②为文本和对象的占位符位置、③为项目符号样式、④为背景设计和配色方案。

标题母版是存储设计模板中属于标题幻灯片样式的信息的幻灯片，包括占位符大小和位置、背景设计和配色方案，如图 5-18 右图所示。

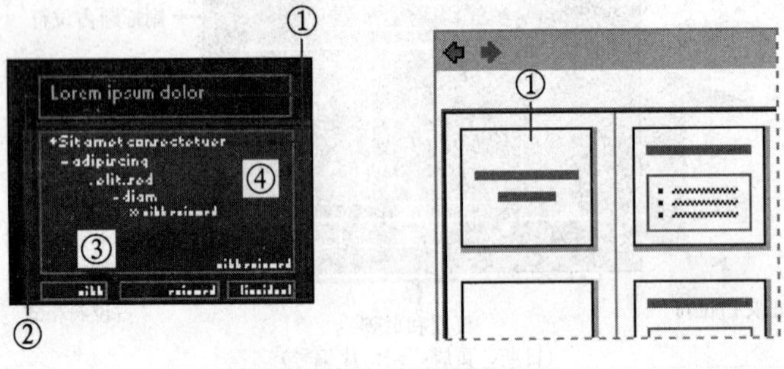

图 5-18 幻灯片母版的组成

幻灯片母版的作用是对演示文稿中的幻灯片进行全局更改(如替换字形)，并使该更改应用到演示文稿中的所有、一个或者一组幻灯片。通常可以使用幻灯片母版进行下列操作：

- 更改字体或项目符号。
- 插入要显示在多个幻灯片上的艺术图片(如徽标)。
- 更改占位符的位置、大小和格式。

若要查看幻灯片母版，可显示母版视图。可以像更改幻灯片一样更改幻灯片母版；但要记住母版上的文本只用于样式，实际的文本(如标题和列表)应在普通视图的幻灯片上键入，而页眉和页脚应在“页眉和页脚”对话框中键入。更改幻灯片母版时，已对单张幻灯片进行的更改将被保留。

可使用标题母版更改演示文稿中使用“标题幻灯片”版式的幻灯片。标题幻灯片版式可在“幻灯片版式”任务窗格中使用。

标题幻灯片版式包含标题、副标题及页眉和页脚的占位符。可以在一篇演示文稿中多次使用标题版式以引导新的部分；也可以通过添加艺术图形、更改字形、更改背景色等方法，使这些幻灯片与其他幻灯片在外观上稍有不同。可以更改标题母版并在所有标题幻灯片上看到所做的更改。

若要查看标题母版，显示母版视图。可以像更改幻灯片一样更改标题母版，操作步骤如下：

①在母版视图中，单击左侧的标题母版缩略图以显示标题母版。

②可以更改标题、副标题和页脚文本(如幻灯片编号和日期)的字形。

③可以更改占位符位置、格式和大小。

④向标题幻灯片中添加艺术图形或仅更改标题幻灯片的背景或配色方案。

如果在母版视图中看不到标题母版，可以从“幻灯片母版视图”工具栏插入。默认情况下，标题母版会从幻灯片母版继承一些样式，如字体和字号。但是如果直接对标题母版做了更改，这些更改会一直保留下去，不会受幻灯片母版更改的影响。

在应用设计模板时，会在演示文稿上添加幻灯片母版。通常，模板也包含标题母版，可以在标题母版上进行更改以应用于具有“标题幻灯片”版式的幻灯片。

设计模板的幻灯片母版和标题母版称为幻灯片标题母版对。它们一同显示在母版视图上。选择一个或另一个母版缩略图以对其进行更改。操作步骤如下：

①选中标题母版的幻灯片标题母版对。

②可以更改标题、副标题和页脚文本的字形。

③可以更改标题、副标题和页脚的占位符属性。

如果将多个设计模板应用于演示文稿，则将拥有多个幻灯片母版：每个已应用的设计模板对应一个幻灯片母版。所以，如果要更改整个演示文稿，则需要更改每个幻灯片母版或母版对(也取决于是否正在使用标题母版)。

为便于处理多个母版，Microsoft PowerPoint 包含了用于插入、删除、重命名、复制和保护母版的命令。在保护母版时，可防止 PowerPoint 在某些情况下将其自动删除。

1. 打开母版

操作步骤如下：

①选择菜单栏中“视图”‖“母版”‖“幻灯片母版”命令。

②在母版视图中，左上方会出现一对缩略图。它们是幻灯片母版和标题母版。它们通过一个灰色方括号连接在一起。

③选择的母版显示在幻灯片窗格中。

幻灯片母版视图与普通视图相似，其中包括左侧的显示幻灯片缩略图的窗格，以及主幻灯片区域。缩略图表示幻灯片母版和标题母版。在该缩略图对中，幻灯片母版始终显示在标题母版的上面。

2. 插入幻灯片母版或标题母版

操作步骤如下：

①选择菜单栏中“视图”‖“母版”‖“幻灯片母版”命令。

②执行下列操作之一：

- 若要在 Microsoft PowerPoint 中插入使用默认样式的幻灯片母版,在“幻灯片母版视图”工具栏上单击“插入新幻灯片母版”按钮。
- 若要通过添加新的设计模板插入幻灯片母版,在“格式”工具栏上单击“设计”按钮,指向所需的设计,再单击箭头并选择快捷菜单中的选项之一。
- 如果要在现有的幻灯片母版中插入标题母版,选择左侧的幻灯片母版缩略图,然后在“幻灯片母版视图”工具栏上单击“插入新标题母版”按钮。

当插入新的母版或添加设计模板时,该设计出现在“幻灯片设计”任务窗格的“在此演示文稿中使用”之下。这样,以后就可以在普通视图中将该设计应用于任何新的幻灯片。

3. 复制幻灯片母版

操作步骤如下:

①选择菜单栏中“视图”‖“母版”‖“幻灯片母版”命令。

②在左边的缩略图上,选择要复制的幻灯片母版。

③在“插入”菜单上,单击“复制幻灯片母版”命令。

4. 删除幻灯片母版或标题母版

操作步骤如下:

①选择菜单栏中“视图”‖“母版”‖“幻灯片母版”命令。

②在左边的缩略图上,单击要删除的母版。

③在“幻灯片母版视图”工具栏上,单击“删除母版”按钮。

5. 重命名幻灯片母版

操作步骤如下:

①选择菜单栏中“视图”‖“母版”‖“幻灯片母版”命令。

②在左边的缩略图上,选择要重命名的幻灯片母版。

③在“幻灯片母版视图”工具栏上,单击“重命名母版”按钮。

④在“母版名称”之下键入一个新名称,再单击“重命名”。

在幻灯片标题母版对上,如果在复制之前选择了一个母版,则将自动复制两个母版。当删除幻灯片母版时,标题母版将自动随其一起被删除。重命名一个母版会自动重命名另一个母版。

6. 替换或添加幻灯片母版

操作步骤如下:

①选择菜单栏中“视图”‖“母版”‖“幻灯片母版”命令。

②在“格式”工具栏上,单击“设计”按钮。

③如果要替换演示文稿中所选的而不是所有的母版,在左边的缩略图中选择母版。

④在“幻灯片设计”任务窗格中,指向所需的设计模板,再单击箭头,然后执行下列操作之一:

- 若要用新设计模板的母版替换所选的母版,单击“替换所选设计”。
- 若要用具备新设计模板的母版替换当前所有母版,单击“替换所有设计”。
- 若要将一个新的设计模板及其母版添加到演示文稿,单击“添加设计方案”。

当前正在使用的所有设计模板都显示在“幻灯片设计”任务窗格的“在此演示文稿中使用”之下。在显示普通视图时，可以将这些演示文稿应用于幻灯片。

7. 应用带有多个母版的设计模板

自 PowerPoint 2002 起，已经能够在演示中使用多个设计模板。可以使用以下几种方法做到这一点：一，在将一个设计模板应用于所有幻灯片的情况下，选择要应用其他设计模板的那些幻灯片，然后，在“幻灯片设计”任务窗格中，将第二个模板应用于选定幻灯片；二，将幻灯片从一个演示文稿复制到使用其他设计模板的演示文稿，并保护所粘贴的幻灯片上的源设计。在使用第二种方法时，需要使用“粘贴选项”按钮，以便在被粘贴的幻灯片上保持原来的格式。

当应用包含多个幻灯片母版的设计模板时，将出现一则消息询问此模板上的所有母版是否都可用于演示文稿。如果单击“是”，所选的设计模板将应用于演示文稿，并且此模板上的其他没有应用于任何幻灯片的母版也将被添加到演示文稿中。其他母版被添加到母版视图中。可以从“幻灯片设计”任务窗格的“在此演示文稿中使用”部分查看或应用这些母版。若要显示该任务窗格，单击“格式”工具栏上的“设计”按钮。可以从母版视图内删除母版。如果单击“否”，所选的设计模板将应用于演示文稿，但此模板上的其他母版不会添加到演示文稿中。

8. 应用正确的设计模板

操作步骤如下：

(1) 在“幻灯片”选项卡中，选择要向其应用设计模板之一的幻灯片。

(2) 在“幻灯片设计”任务窗格的“在此演示文稿中使用”区域中，查找要应用的设计模板。

(3) 根据需要单击设计模板右边的箭头，选择“应用于所有幻灯片”、“应用于所有演示文稿”或者“应用于选定幻灯片”。

5.3.3 模板的使用与设计

PowerPoint 中的模板分为内容模板和设计模板。内容模板保护演示文稿的设计，以及可供使用或编辑的示例文本。使用这些模板，可以快速创建典型的演示文稿。要根据内容模板创建演示文稿，参阅使用建议的内容创建演示文稿。设计模板则是包含演示文稿样式的文件，包括项目符号和字体的类型和大小、占位符大小和位置、背景设计和填充、配色方案以及幻灯片母版和可选的标题母版。它仅为演示文稿提供外观而不提供实际建议内容的模板称为设计模板。

在幻灯片设计任务窗格中，设计模板显示为缩略图。当需要快速对演示文稿应用外观时，可使用这些模板。设计模板缩略图中显示了文本，但其目的只是为了显示文本样式，而不是为了呈现示例内容。

还可以创建自己的设计模板。在创建并保存一个设计模板后，当下次打开 PowerPoint 时，演示文稿将按字母顺序显示在幻灯片设计任务窗格中的“可供使用”下。创建设计模板后，可以用它来创建演示文稿。

还可以将演示文稿另存为模板或将现有的 PowerPoint 模板（.pot）添加到任意“内容

提示向导"类别或演示文稿类型。它们显示在"内容提示向导(演示文稿类型)"的第二个屏幕中。不能向"内容提示向导"添加其他类别。

创建模板就是创建一个.pot 文件,该文件记录了对幻灯片母版、版式、配色方案和背景组合所做的任何自定义修改。以模板为基础重复创建相似的演示文稿中,由于可以将模板存储的设计信息应用于演示文稿中,从而将所有幻灯片上的内容设置成一致的格式。

1. 创建设计模板

PowerPoint 附带一个设计模板库,可从中选择模板,但也可以创建自己的模板并将其添加到幻灯片设计任务窗格中。可以从空白设计开始,应用如背景、配色方案、字体样式、版式和图片等元素。操作步骤如下:

①在"常用"工具栏上,单击"新建"。

②选择菜单栏中"视图"‖"母版"‖"幻灯片母版"命令,可以切换到母版视图。

③根据需要对幻灯片母版进行更改:

- 要更改背景,选择菜单栏中"格式"‖"背景"命令,在对话框中进行选择,然后单击"应用"。如果已插入一个标题母版并希望对它应用更改,则单击"全部应用"。
- 要使用配色方案,选择菜单栏中"格式"‖"幻灯片设计",然后在"幻灯片设计"任务窗格中,单击"配色方案"。当前应用的配色方案将被选中。单击任何其他方案以应用它。
- 要更改配色方案,单击任务窗格底部的"编辑配色方案",然后进行所需的更改。
- 要更改字体或其他字体选项,单击该文本或包含该文本的占位符(如页脚)。选择菜单栏中"格式"‖"字体",然后在"字体"对话框中进行选择。可以将标题和正文文本的字体颜色作为配色方案的一部分进行更改。
- 要插入图片或者添加形状或文本框,使用"绘图"工具栏上的按钮。
- 要移动占位符,单击以选中它,然后指向占位符边框。当指针变成四向箭头时,将占位符拖到一个新位置。
- 要调整占位符大小,单击以选中它,然后指向尺寸控点。当指针变成双向箭头时,拖动尺寸控点。

④如果希望在该模板中添加其他幻灯片,单击窗口左下角的"普通视图"按钮,然后添加这些幻灯片并在幻灯片上添加任何所需文本。

⑤选择菜单栏中"文件"‖"另存为"命令。

⑥在"文件名"框中,键入模板名称,然后在"保存类型"框中,单击"设计模板"。

⑦单击"保存"。

模板将保存到"Templates"文件夹中。这是在"另存为"对话框中选择"设计模板"作为文件类型时 PowerPoint 默认使用的文件夹。

在关闭然后重新打开 PowerPoint 后,该模板将出现在"幻灯片设计"任务窗格的"可供使用"下,文件名按字母顺序列出。而且,在应用了一次该模板,保存演示文稿然后重新打开 PowerPoint 后,该模板将出现在"新建演示文稿"任务窗格("文件"菜单,"新建")中的"最近所用模板"下。

2. 编辑设计模板

可以对设计模板进行更改并保存新模板，使其可供其他演示文稿使用。操作步骤如下：

①选择菜单栏中“常用”‖“新建”。

②选择菜单栏中“格式”‖“幻灯片设计”，然后在“幻灯片设计”任务窗格中单击要修改的模板。如果需要的模板不在任务窗格中，单击窗格底部的“浏览”找到并应用该模板。

③选择菜单栏中“视图”‖“母版”‖“幻灯片母版”命令。

④对幻灯片母版进行所需更改。如果只想对标题母版进行更改，单击左侧的标题母版缩略图并更改标题母版幻灯片。

⑤选择菜单栏中“文件”‖“另存为”命令。

⑥在“保存类型”框中，单击“设计模板”命令。

⑦在“文件名”框中，键入模板的名称，或从列表中选择一个文件以便与该文件同名。注意，如果要修改 PowerPoint 附带的模板，该模板将另存为新模板，并且需要为其指定新名称。

⑧单击“保存”命令。

3. 删除设计模板

从所有幻灯片中删除一个模板的操作步骤：

①选择菜单栏中“格式”‖“幻灯片设计”命令。

②在“幻灯片设计”任务窗格中的“可供使用”下，单击“默认设计模板”。

从选定的幻灯片中删除一个模板的操作步骤：

①在“幻灯片”选项卡上，选择要更改的幻灯片的缩略图。

②指向“默认设计模板”，单击出现的箭头，然后单击“应用于选定幻灯片”。

4. 使用设计模板创建演示文稿

操作步骤如下：

①如果“新建演示文稿”任务窗格没有显示，选择菜单栏中“文件”‖“新建”命令。

②在“新建”之下，单击“根据设计模板”。

③在“幻灯片设计”任务窗格中，单击要应用的设计模板。

④如果希望保留第一张幻灯片的默认标题版式，转至步骤⑤。如果希望对第一张幻灯片使用其他的版式，在“格式”菜单上单击“幻灯片版式”，再单击所需的版式。

⑤在幻灯片或大纲选项卡上，为第一张幻灯片键入文本。

⑥若要插入新幻灯片，在工具栏上单击“新幻灯片”按钮，再单击要应用于幻灯片的版式。

⑦重复执行步骤 5 和 6 以连续添加幻灯片，而且可以添加任何其他想要的设计元素或效果。

⑧若要保存演示文稿，选择菜单栏中“文件”‖“保存”命令，再在弹出的“文件名”框中键入演示文稿的名称，然后单击“保存”。

如果已经创建模板，它将按名称的字母顺序显示在幻灯片设计任务窗格的 Microsoft PowerPoint 模板列表中。

5. 应用文件中的设计模板

通过单击“幻灯片设计”任务窗格中的“浏览”，可以应用设计模板文件（.pot）或来自其他演示文稿文件(.ppt 或 .pps)的设计模板。

操作步骤如下：

①在普通视图中的“幻灯片”选项卡上，选择要应用模板的幻灯片。模板将应用于与选定幻灯片使用相同母版的所有幻灯片。

②选择菜单栏中“格式”‖“幻灯片设计”命令。

③在“幻灯片设计”任务窗格的底部，单击“浏览”命令。

④导航到要应用的模板文件（.pot）或演示文稿文件(.ppt 或 .pps)的位置，选择该文件，然后单击“应用”。

如果应用模板文件，则设计模板将添加至幻灯片设计任务窗格的“可供使用”下，该模板将可供后续演示文稿使用。PowerPoint 还将从浏览到的文件位置添加其他模板。

如果应用演示文稿文件，该演示文稿中的设计模板将被应用，并且该模板将出现在“幻灯片设计”任务窗格的“在此演示文稿中使用”部分中。如果应用的演示文稿模板有多个母版，将应用第一个母版，并出现一条提示消息，询问是否要将其余的母版添加到演示文稿中。

6. 更改新演示文稿的默认设计

在“常用”工具栏上单击“新建”，Microsoft PowerPoint 显示一个使用默认(“空白”)设计的新幻灯片。可以更改此设计以使其总包括某些元素，如徽标或某种类型的背景、字体或项目符号。

操作步骤如下：

①在“常用”工具栏上，单击“新建”按钮。

②选择菜单栏中“视图”‖“母版”‖“幻灯片母版”命令。

③在幻灯片母版上进行更改，使其应用于每个新的演示文稿。

④在“幻灯片母版视图”工具栏上，单击“关闭母版视图”命令。

⑤在“文件”菜单上，单击“另存为”。

⑥在“保存类型”框中，选择“演示文稿设计模板”，在“文件名”框中，键入“blank”，再单击“保存”命令按钮。

⑦关闭模板。

要将 blank.pot 作为默认设计，必须将它保存在“另存为”对话框的默认路径下。无论 PowerPoint 是什么语言版本以及安装的是何种语言，都必须将模板命名为“blank.pot”。此外，它的变形“blank presentation.pot”也是无效的。

7. 将演示文稿另存为模板

新建模板后，新模板会在下次打开 Microsoft PowerPoint 时按字母顺序显示在“幻灯片设计”任务窗格的“可供使用”之下。

操作步骤如下：

①选择菜单栏中“文件”‖“新建”命令。

②在“新建演示文稿”任务窗格的“新建”下，单击“根据现有演示文稿”，再选择所需的演示文稿，然后单击“创建”按钮。

③删除新模板中不需要的任何文本、幻灯片或设计元素，并应用确实希望应用于该模板的任何更改。

④选择菜单栏中“文件”‖“另存为”命令。

⑤在“文件名”框中，键入模板的名称。

⑥在“保存类型”框中，单击“演示文稿设计模板”按钮。

⑦单击“保存”命令。

8. 向内容提示向导中添加模板

操作步骤如下：

①选择菜单栏中“文件”‖“新建”命令。

②在“新建演示文稿”任务窗格中，在“新建”下，单击“根据内容提示向导”。

③单击“下一步”按钮。

④选择希望模板在显示时所采用的类别。

⑤单击“添加”按钮。

⑥找到要添加的模板，再单击“确定”按钮。

若要从该向导中删除某内容模板，在第二个向导屏幕的列表中单击该模板，然后单击“删除”按钮。

第6章

计算机网络基础

6.1 计算机网络基本概念

6.1.1 计算机网络的形成与发展

计算机网络是计算机技术和通信技术紧密结合的产物。伴随着计算机的诞生和发展，人们越来越依赖于计算机所提供的强大的计算能力，而如何更有效地利用计算机，使其为更多的用户服务就成为备受关注的问题。于是人们开始把计算机技术和通信技术结合起来，使用通信线路在计算机之间传递信息，实现资源共享。这样随着计算机技术的发展以及与通信技术的紧密结合、相互促进、共同发展，就推动了计算机网络的形成和发展。

计算机网络的发展过程大致经历了四个阶段。

1. 第一阶段(20 世纪 60 年代)

20 世纪 60 年代开始出现以单个计算机为中心的面向终端的计算机网络系统。

这种网络系统是以批处理信息为主要目的，在系统中只有一台计算机，各种资源集中在这台计算机上，它负责处理多个用户终端通过通信线路提交的计算任务，并把结果返回给用户终端。在这种网络系统中，中心计算机的好坏对网络性能起着关键的作用：如果计算机的负荷较重，会导致系统响应时间过长；另外，一旦计算机发生故障，会使整个网络系统发生瘫痪，因此可靠性较低。

2. 第二阶段(20 世纪 70 年代)

第二阶段计算机网络发展成为以分组交换网为中心的多主机互联的网络系统。

从 20 世纪 60 年代后期开始，就出现了将多台计算机通过通信线路互联构成的计算机网络。在这种网络系统中，网络中有多台计算机，资源分散存储在每台计算机上，每台计算机都是一个独立的系统，同时整个网络又是一个统一的系统，网络中的用户可以共享每台计算机上的资源。在这一阶段，已由第一阶段利用一台中心计算机为所有用户服务的模式发展到了由多台分散的计算机共同提供服务的模式。它克服了第一代计算机网络的缺点，提高了网络的可靠性和可用性。

为了解决计算机数据在通信线路上的有效传输，人们提出了“存储转发”和“分组”的概念。1964 年，巴兰(Baran)在提交给美国兰德(Rand)公司的一份名为“论分布式通信”的研究报告中首次提出了存储转发(store and forward)的概念,采用类似电报交换的方式传送计算机数据信息。英国国家物理实验室(NPL)的戴维德(David)于1966年提出了“分组”(Packet)这一概念,进一步把计算机数据划分为短的数据块,每个数据块称为一个分组,作为计算机数据传输的单元。1969年12月,由美国国防部高级研究计划署(Advanced Research Project Agency)建立了第一个采用分组存储转发技术构建的网络,称为分组交换网ARPANET(当时仅有4个交换点投入运行)。ARPANET的成功,标志着计算机网络的发展进入了一个新纪元。现在大家都公认ARPANET为分组交换网之父,并将分组交换网的出现作为现代电信时代的开始。

3. 第三阶段(20世纪80年代)

在这一阶段,计算机网络逐渐发展成为具有统一的网络体系结构,遵循国际标准化协议的网络系统。

初期的网络是由各个公司按照自己的标准进行组建的,缺乏共同的标准和体系结构。这对不同网络之间的互联带来了困难,也限制了网络的发展规模。为此,国际标准化组织(International Standards Organization,ISO)于1977年成立了专门机构研究该问题,并于1984年正式颁布了开放系统互联参考模型OSI-RM(Open Systems Interconnection Reference Model,简称OSI)。这里“开放”的含义就是所有遵循OSI标准的系统之间都可以进行互联、互通,而不管是由哪家公司提供的产品。这样就打破了网络产品的封闭性,用户可以有更多的选择,推动了计算机网络的快速发展和普及。

在这一阶段,局域网络系统日渐成熟,这成为计算机网络发展进程中的一个里程碑。局域网可以将一个单位或校园内的微型计算机互联在一起,相互之间进行信息交互和资源共享。局域网具有连网容易,传输速率高,建网成本比较低等优点,这使得它受到了广大用户的青睐。1980年2月份美国电气和电子工程师学会组织颁布的IEEE802系列的标准,促进了局域网的标准化进程,加强了局域网设备的互联、互通,对局域网的发展和普及起到了巨大的推动作用。

4. 第四阶段(20世纪90年代开始)

这一阶段的特征是Internet的迅速发展,促进了网络之间的互联与高速网络的发展。

Internet起源于ARPANET,是目前全球最大的国际性计算机网络。Internet是计算机网络标准化发展的最辉煌成就,它使用分层次的体系结构,即TCP/IP网络体系结构,使得凡遵循TCP/IP的各种计算机网络都能相互通信。正是其具有的高度开放性和平等性,使Internet迅速发展成为覆盖范围最广、用户数量最多、发展最快的计算机互联网。进入20世纪90年代后,网络进一步向着开放、高速、高性能方向发展。

随着网络规模的扩大和应用业务的增加,传统的Internet暴露出了技术和功能上的不足,需要发展更新的技术来满足用户不断扩大的需求。为了迎接新的挑战,1993年美国政府最先提出了发展下一代Internet的计划——“NGII(Next Generation Internet Initiative)行动计划”。该计划的目标是开发规模更大、速度更快的下一代网络结构,使端到端的数据传输速率超过100 Mbit/s甚至10 Gbit/s,同时提供更为先进、实时性更高的网络应用服务。NGII计划将下一代Internet建成超高速全光网络,能实现更快速的交换和路径选择,同时保证网络信息的可靠性和安全性。

目前,我们正处于计算机网络由第四阶段向更高阶段迈进的过程中。随着下一代Internet 技术的成熟和发展,计算机网络将真正发展成为人类社会的综合信息基础设施。

6.1.2 计算机网络在我国的发展

我国在 20 世纪 80 年代初期就开始了计算机网络的建设。铁道部早在 1980 年就开始进行计算机联网实验,成为我国最早建设的计算机广域网。1989 年我国第一个公用分组交换网 CNPAC 正式运行。在此基础上,1993 年该网扩充成层次结构的全国网 CHINAPAC,由国家主干网和各省、区、市的省内网组成。1993 年我国又开始启动"金"字工程,即金桥、金卡、金关——"三金"工程,使我国计算机广域网络的发展进入了一个新的时期。除了上述的广域网外,从 20 世纪 80 年代起,国内的许多高校和企业相继建立了自己的局域网。局域网由于价格便宜,便于开发、管理和维护,在我国得到了快速的发展,也推动了国内互联网的发展。

自 20 世纪 90 年代起,我国陆续建造了基于 Internet 技术的,可以与 Internet 互联的多个全国范围的公用计算机网络,包括中国公用计算机互联网 CHINANET、中国金桥信息网 CHINAGBN、中国教育和科研计算机网 CERNET、中国科学技术网络 CSTNET 等。其中,中国教育和科研计算机网 CERNET 用于连接全国各高校的校园网,是我国第一个完全自主设计、建设和运行的全国性计算机网络。中国科学技术网 CSTNET 由中国科学院负责建设和管理,是我国最早完成与国际连接的计算机网络。

Internet 在我国的发展正方兴未艾,网络规模和用户数量都在迅猛发展。与此同时,我国也在积极开展建设下一代 Internet 的实践活动。

6.1.3 计算机网络的定义

对于什么是计算机网络,还没有一个科学统一的定义,人们对计算机网络的认识也在逐渐深入和发展。目前比较公认的计算机网络定义为:把地理位置分散的、功能上独立自治的计算机,通过传输介质和通信设备连接在一起,构成的以资源共享为目的的系统称为计算机网络。

在这个定义中,独立自治的计算机是指具有独立管理和控制能力的计算机系统。它可以是巨型机、大型机、小型机或工作站,也可以是 PC 机、笔记本电脑或其他具有 CPU 处理器的智能设备。这些设备在计算机网络中具有唯一的网络地址以供识别。网络中还包括网卡、路由器、交换机、集线器、调制解调器及其他网络设备。传输介质可以是电话线、电缆、光纤等有线介质以及无线电、微波、卫星链路等无线介质,这些通信介质把通信设备连接起来构成计算机网络的通信子网。以上是构成一个计算机网络的硬件基础。

然而,只有硬件的计算机网络系统还不是一个完整的系统,就像有了四肢、躯干之后还必须由大脑来指挥一样,计算机网络中还必须配有相应的网络软件。计算机网络中的软件包括网络操作系统、通信控制协议软件、网络管理软件、交换与路由控制软件以及各种网络应用软件等。网络操作系统是网络软件系统的基础,是向网络计算机提供服务的特殊的操作系统,它在计算机操作系统下工作,使计算机操作系统增加了网络操作所需要的能力。通信控制协议软件则是计算机网络中通信各部分之间所必须遵守的规则的集合,它定义了通信各部分交换信息时的语法、语义、同步等规则。网络管理软件管理计算机网络的用户、网络安全、网络运行状态以及网络的接入和认证,并负责计费等工作。交换与路由控制软件则负责控制网络中信息的转发与交换，为通信各部分之间建立和维护传输信息所需的路径。网络应用软件为用户提供各种网络服务，实现信息资源的传输和共享。

综上所述，一个完整计算机网络系统是由网络硬件和网络软件两大部分组成的。

6.1.4 计算机网络的分类

计算机网络按不同标准有多种分类方法。通常，按网络覆盖范围的大小，可以将计算机网络分为局域网（Local Area Network，LAN）、城域网（Metropolitan Area Network，MAN）、广域网（Wide Area Network，WAN）和互联网。

1. 局域网

局域网覆盖范围常限制在一个单位或一个校园内，距离在几米到几千米之间，一般安装在一栋或相邻的几栋建筑物内。通过局域网，可以将校园、工厂以及机关的个人计算机或工作站连接起来，便于在个人计算机或工作站之间进行数据通信和共享资源。局域网由于范围小，设备距离比较近，所以传输速率比较高，误码率也较低，而且组网方便、方式灵活，是目前计算机网络发展中最为活跃的分支。

2. 城域网

城域网覆盖范围在几公里到几十公里之间，通常是指覆盖一个城市的网络。城域网的运行方式与局域网相类似，只是规模上要大一些。

3. 广域网

广域网覆盖范围在几十公里到几千公里，又称为远程网。广域网可以遍布一个国家甚至全球。广域网的传输介质一般选择光缆作为干线，以提供更高的带宽和更低的误码率。

除了以上按网络覆盖范围分类之外，还可以按照网络的使用范围分为公用网和专用网。

4. 公用网

公用网是由国家的电信部门建造和控制管理的网络。公用网向大众开放，为社会提供网络服务，因此公用网又称公众网。

5. 专用网

专用网是某个部门为本单位的特定业务需要而建造的网络，只为拥有者提供服务，不向本单位以外的人员开放。如军队、铁路和电力等系统均有本系统的专用网。

此外还可以按照通信介质的类型、网络的交换方式等对计算机网络进行分类，这里就不一一赘述。

6.1.5 常见的网络拓扑结构

拓扑由英文单词 Topology 音译而来，是指网络中的计算机系统（又称为结点）之间互联的方式。计算机网络中常见的拓扑结构主要有以下几种：

1. 星型拓扑结构

在星型拓扑结构中，有一个中心结点，其他所有结点（称为端结点）都通过点到点的链路与中心结点相连，呈辐射状排列在中心结点周围，如图 6-1 所示。在这种结构中端结点之间的所有通信都要经过中心结点转接，便于进行集中控制。星型拓扑结构的特点是容易在网络中增加新的结点，而且端结点的故障不会影响网络的其他部分，但是存在“单点失效”问题，即如果中心结点发生故障会造成整个网络的瘫痪。

2. 环型拓扑结构

环型拓扑结构中，网络的各结点首尾相连形成一个闭合的环形网络，如图 6-2 所示。在环型结构网中信息以固定方向单向流动，所有信息都要经过环路中的结点进行传输并到达目的地。这种结构消除了端用户通信时对中心系统的依赖，但由于信息单向传输，抗故障性能较差，若网络中的任意一个结点或一条传输介质出现故障都将导致整个网络的故障。为了防止出现结点或链路被破坏时引起全网故障，一般使用双向链路传输数据，起到链路备份的目的。

3. 总线型拓扑结构

总线型拓扑结构使用一根传输线路作为传输介质，网络中所有结点都通过相应的硬件接口直接连接到传输介质(称为总线)上，如图 6-3 所示。在总线结构中，总线是所有结点共享的传输介质，从任何一个结点发出的信号都会沿着总线向两个方向进行广播，并被连接到总线上的所有结点接收下来。总线的两端是端接器，它会接收总线上的信号并移出网络。总线型网络布线简单，容易扩充，易于维护，因此在局域网中使用最为普遍。

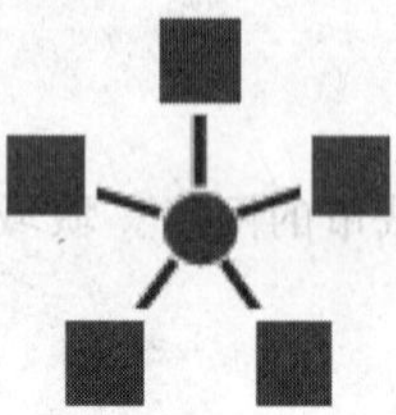

图 6-1　星型结构

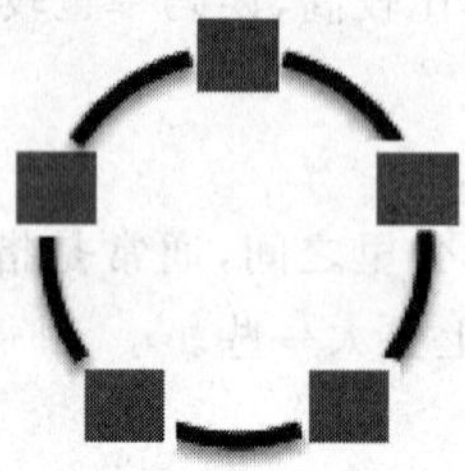

图 6-2　环型结构

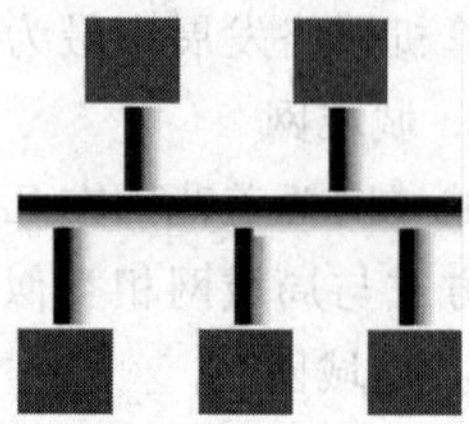

图 6-3　总线型结构

4. 树型拓扑结构

树型拓扑结构采用分级结构，又被称为分级的集中式网络，形状像一棵倒置的树，如图 6-4 所示。在树型拓扑结构中，顶端是一个带分支的根结点，每个分支还可以延伸出子分支，最下端的结点称为叶子结点。当结点发送信息时，根结点接收该信息然后重新广播发送到全网。树型拓扑结构易于扩展和维护，寻找路径比较方便，但除了叶子结点及其相连的链路外，任一结点特别是根结点或其相连的链路发生故障都会使网络受到影响。

5. 网状拓扑结构

网状拓扑结构如图 6-5 所示。在网状拓扑结构中，结点存在多条路径，使信号发生碰撞和阻塞的可能大大减少，局部的故障也不会影响整个网络的正常工作，因此可靠性较高；网络扩充和入网也比较灵活、简单。但是网状型网络建网较难，而且网络协议复杂。目前的分组交换网主要采用这种结构。

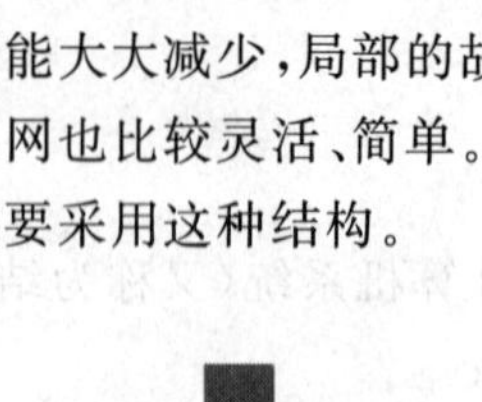

图 6-4　树型结构

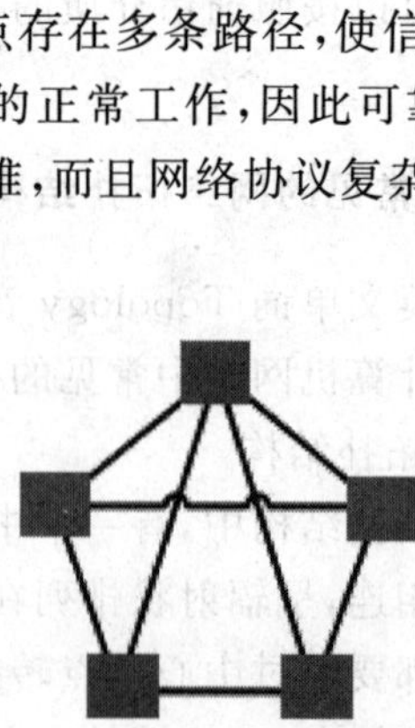

图 6-5　网状结构

6.1.6 网络协议和计算机网络体系结构

在计算机网络中要实现资源共享和信息交换，就需要实现不同系统中的实体之间的通信。这里的实体可以是用户应用程序、数据分组、数据库管理软件或终端等，系统则包括计算机、终端及各种网络设备。要在不同系统的各实体间进行成功的通信，就必须使它们遵循共同的标准和约定。这种在计算机网络中为进行数据交换而建立的一系列规则、标准或约定就被称为网络协议。

网络协议主要由以下要素组成：

- 语法(Syntax)：对用户数据和控制信息的格式或结构、编码及信号电平等的约定。
- 语义(Semantics)：为协调完成某种动作或操作而规定的控制和应答信息。
- 同步(Timing)：对事件实现顺序的详细说明，指出事件的顺序以及速度匹配。

两个计算机系统之间的通信是十分复杂的，为了减少网络协议涉及的复杂性，通常采用协议分层的方法设计网络协议。所谓"协议分层"，就是按照信息的流动过程将网络通信的整体功能分解为多层，各层完成各自的功能，组合在一起成为一个完整的系统。位于不同系统上的同等层之间按相同的协议进行通信，而同一系统上的相邻层之间通过接口进行信息传递。

使用协议分层带来了许多优点：

- 由于每一层只完成系统功能的一部分，这样可以简化协议，便于实现。
- 每一层都是相对独立的功能模块，彼此之间不需要知道对方的实现细节，而只需要了解在层间所提供的接口，实现了层的独立性。
- 只要层间接口所提供的服务不变，不管各层的模块内部是否发生了变化，都不会影响其他各层，实现了层的封装性。
- 因为每一层的功能都有明确的定义和说明，因此有利于标准化。

按照这种"协议分层"的思想，人们把计算机网络的各层及其协议集合就称为计算机网络体系结构。计算机网络体系结构是从全局的观点研究和探讨计算机网络，对促进网络的合理化、标准化、通用化和高性能化发挥着重要影响。

目前得到普遍认可的计算机网络体系结构主要是ISO提出的开放系统互联OSI参考模型和Internet所使用的TCP/IP网络体系结构，下面对这两种网络体系结构分别加以简单介绍。

1. OSI参考模型

在ISO提出的开放系统互联OSI参考模型中，将计算机网络划分为7个层次，如图6-6所示。OSI参考模型定义了系统的层次结构、层次之间的关系及各层所包括的可能服务。它作为一个框架来协调和组织各层协议的制定。

在OSI参考模型中，最低的三层(物理层、数据链路层和网络层)主要实现网络通信和网络服务，是面向通信的层次；最高的三层中会话层、表示层提供处理和对话的功能，应用层则提供应用控制功能，它们属于面向应用的层次；传输层介于面向通信的层次与面向应用的层次之间，它利用底层通信子网提供的网络通信能力为面向应用的层次提供可靠的信息传输服务，使高层应用不必关心底层通信的细节。

OSI参考模型中各层次的主要功能为：

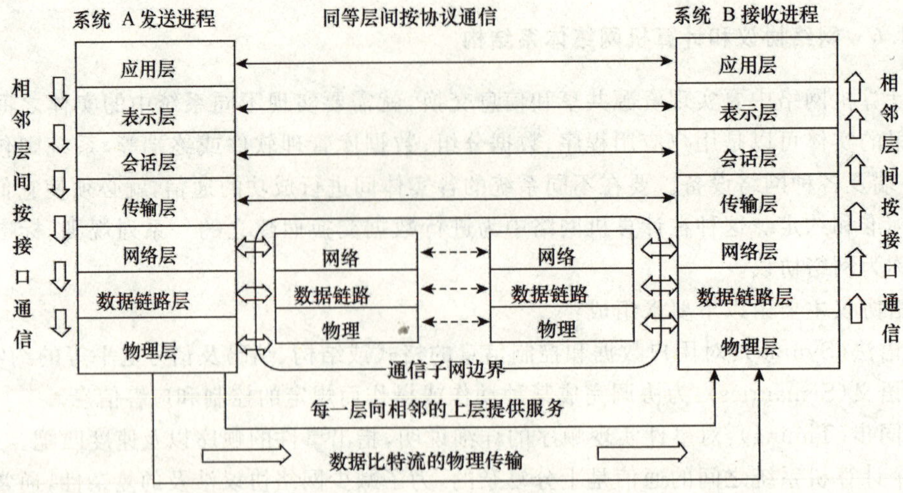

图 6-6 OSI 参考模型

- 物理层：位于 OSI 参考模型的最底层，完成相邻节点之间原始比特流的传输。向它的相邻层——数据链路层提供物理连接建立和数据比特流的透明传输服务。
- 数据链路层：位于物理层之上。数据链路层在通信实体间建立数据链路连接，传送以帧为单位的数据，通过采用差错控制和流量控制方法，将有差错的物理线路变成无差错的数据链路。
- 网络层：网络层又称为通信子网层，它为传输层提供端节点间的可靠通信服务。它的主要功能是通信子网中的路由选择、拥塞控制、计费信息管理等。
- 传输层：传输层位于通信子网之上的主机之中。它的主要功能是利用通信子网为两端主机的进程之间提供可靠、透明的报文传输服务，使得上面的三个层次不再考虑数据的传输问题。因此是计算机网络体系结构中最关键的一层。
- 会话层：会话层是传输层的上一层，它负责管理两个会话进程之间的通信，包括会话管理、会话同步和错误的恢复。
- 表示层：表示层主要解决用户信息的语法表示（代码和格式）问题，提供数据的公共表示、数据的加密和解密服务，消除网络内部各个实体间的语义差异。
- 应用层：应用层是 OSI 参考模型的最高层，直接面向用户。它为应用进程提供网络应用的接口服务，如电子邮件服务、文件传输服务等。

2. TCP/IP 协议体系结构

OSI 参考模型虽然层次划分和功能定义都很清楚，但是层次过于复杂，而且缺乏实际应用的支持。而 Internet 已经发展成为全球最大的国际互联网络，它所使用的 TCP/IP 协议集就成为当今计算机网络领域中使用最广泛的网络体系结构。TCP/IP 协议体系结构主要包括传输控制协议（Transmission Control Protocol，TCP）、用户数据报协议（User Data Protocol，UDP）和网际协议（Internet Protocol，IP）。这三种协议一般由网络操作系统内核来实现，用户往往感受不到它的存在。TCP/IP 参考模型与 OSI 参考模型的层次对应关系如图 6-7 所示。

OSI的协议	TCP/IP 的协议分层
应用层	应用层(Telnet、FTP、SMTP、WWW等)
表示层	
会话层	
传输层	传输层(TCP、UDP协议层)
网络层	互联网层(IP协议层)
数据链路层	网络接口层 (以太网、FDDI、X.25、ATM等)
物理层	

图 6-7　OSI 与 TCP/IP 协议体系结构

从图 6-7 中可以看到，TCP/IP 协议分层与 OSI 协议分层相比简化了协议层次，去掉了表示层和会话层，将其内容归并到应用层；以网络接口层替代了数据链路层和物理层。这是因为 TCP/IP 模型的首要目标是实现异构网的互联，所以在模型中并未涉及底层网络的技术，而是通过网络接口层屏蔽底层网络之间的差异，向上层提供统一的 IP 报文格式，以支持不同物理网络之间的互联、互通。

TCP/IP 协议体系结构中各层的主要功能是：

- 网络接口层：网络接口层负责接收从 IP 层提交来的 IP 分组，并将 IP 分组通过底层网络（如以太网、高速局域网、X. 25、ATM 等）发送出去，或者从物理介质上接收信号，生成数据帧，取出其中的 IP 分组交给互联网层。
- 互联网层：互联网层在 TCP/IP 参考模型中占有非常重要的地位。它作为通信子网的最高层，负责相邻节点之间分组数据报的传送，提供不可靠、面向无连接的传输服务。它的主要协议是无连接的 IP 协议。与其配合使用的协议有 Internet 控制报文协议 ICMP、地址解析协议 ARP、逆地址解析协议 RARP。
- 传输层：在 TCP/IP 网络体系结构中，传输层的作用与 OSI 参考模型中传输层的作用相同，即在不可靠的互联网络上，实现可靠的端到端的传输服务。它包括了两个重要的传输协议：传输控制协议 TCP 和用户数据报协议 UDP。TCP 协议提供了可靠传输服务，而 UDP 则提供不可靠的数据传输。
- 应用层：直接面向用户，为应用进程提供网络接口服务。常见的应用层协议有远程登录协议（Telnet）、文件传输协议（File Transfer Protocol，FTP）、简单邮件传输协议（Simple Mail Transfer Protocol，SMTP）和超文本传输协议（Hypertext Transfer Protocol，HTP）等。

6.1.7　局域网

局域网（Local Area Network，LAN）产生于 20 世纪 60 年代末，70 年代出现一些实验性的网络，到 80 年代，局域网的产品已经大量涌现，其典型代表就是以太网（Ethernet）。

1. 局域网的主要特点

- 局域网覆盖有限的地理范围。

- 局域网具有较高的数据传输速率（10～100 Mbit/s）、低误码率（$<10^{-8}$）的高质量数据传输环境。
- 局域网一般由一个单位或一个组织单独拥有，易于建立、维护和扩展。
- 决定局域网特性的主要技术要素是：网络拓扑结构、传输介质与介质访问控制方法。

2. 局域网的基本组成

同其他的计算机网络一样，局域网的组成包括硬件和软件两大部分。网络硬件包括各种计算机和输入/输出设备以及网络通信硬件（如集线器、交换机等），在网络协议的支持下，实现数据通信和资源共享。网络软件包括系统软件和应用软件。系统软件主要是网络操作系统。一个典型的局域网主要由服务器、工作站、网络设备以及传输介质等组成。

- 服务器：运行网络操作系统，提供硬盘、文件数据及打印机共享等服务功能，是网络控制的核心。包括文件服务器、打印服务器、数据库服务器以及 FTP、E-mail、Web 服务器等。
- 工作站：可以有自己的操作系统，独立操作，通过运行工作站网络软件，访问服务器共享资源。比较常见的有 Windows 工作站、Linux 工作站等。
- 网络设备：网络设备指各网卡、集线器、路由器等硬件设备，它们将工作站或服务器连接到网络上，实现资源共享和相互通信，并进行数据转换和电信号匹配。
- 传输介质：传输介质是信号传输的媒质，目前常用的有双绞线、同轴电缆、光纤和无线等。

6.1.8 广域网

1. 广域网的概念

广域网是作用的地理范围从数十公里到数千公里，可以连接若干个城市、地区甚至跨越国界、遍及全球的一种计算机网络。有时也称为远程网。广域网的主要特点是：

- 主要提供面向通信的服务，支持用户使用计算机进行远距离的信息交换；
- 覆盖范围广，通信距离远，对通信的要求高，复杂性也高；
- 由电信部门或公司负责组建、管理和维护，并向全社会提供面向通信的有偿服务、流量统计和计费问题。

常见的广域网有公用电话交换网（PSTN）、数字数据网（DDN）、分组交换数据网（X.25）、帧中继（Frame Relay）、综合业务数据网（ISDN）和交换多兆位数据服务（SMDS）等。

广域网是一种跨地区的计算机网络，通常使用电信运营商提供的设备作为信息传输平台。与 OSI 参考模型相对照，广域网技术主要位于底层的 3 个层次，分别是物理层、数据链路层和网络层。图 6-8 中列出了一些经常使用的广域网技术以及同 OSI 参考模型之间的对应关系。

从层次上来看，广域网的最高层就是网络层。网络层为连接在网络上的主机提供的服务可以分为两大类：数据报服务和虚电路服务。

- 数据报服务是一种无连接的服务，即用户有数据要发送的时候可以立即发送，而不必预先建立端到端的连接通路。网络为每个分组独立地选择路由。网络只是尽最大努力将分组交付给目的主机，但不保证用户所能得到的服务质量，因此数据报服务是不可靠的服务。

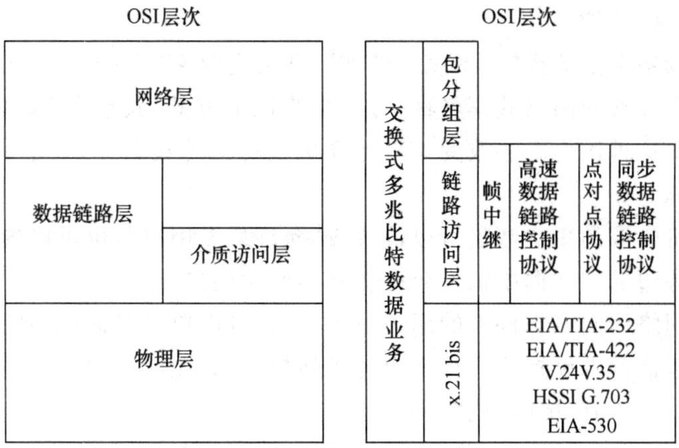

图 6-8 广域网协议模型

- 虚电路是一种逻辑电路，可以在两台网络设备之间实现可靠通信。在虚电路方式下，通信双方需要预先建立一条端到端的逻辑通路。虚电路有两种不同形式，分别是交换型虚电路(SVC)和永久型虚电路(PVC)。

2. 广域网的组成

广域网的通信子网是由结点交换机和连接这些交换机的通信链路组成。通信链路一般采用光纤线路或点对点的卫星链路等高速链路，其距离没有限制。结点交换机的交换方式采用分组存储转发的方式。通常一个结点交换机可以同时与多个结点相连，这样就在网络中两个结点之间提供了多条路径，提高网络的可靠性。

在广域网内，这些结点交换机和它们之间的链路一般由电信部门提供，网络建设的规模很大，可以实现跨国界的资源共享。广域网与局域网不仅在规模上而且在体系结构上都有很大的差别。局域网的体系结构主要由物理层和数据链路层两层组成，而广域网目前主要采用 TCP/IP 体系结构，所以它的主要层次是网络接口层、互联网层、传输层和应用层，其中网络层的路由选择问题是广域网首先要解决的问题。在现实世界中，广域网往往由许多种不同类型的网络互联而成。

6.1.9 设置共享资源的基本操作

计算机网络是以资源共享为目的的，连接在网络上计算机之间可以进行文件传递、数据或协同运算等操作。要把资源放到网络上进行共享，我们必须对计算机进行一定的配置。这里我们就如何在安装了 Windows 操作系统的计算机上进行共享设置进行简单的介绍。

在安装了 Windows 操作系统的计算机上，Microsoft 网络的文件与打印共享组件允许网络中的计算机通过 Microsoft 网络访问其他计算机上的资源。在缺省状态下这种组件将被安装在计算机操作系统中并加以启用，用户可以直接使用该组件提供的功能。文件与打印共享组件使用 TCP/IP 协议作为底层通信协议，并以连接为单位进行应用。为使用该组件所提供的功能，必须首先对本地文件夹进行共享设置。在使用 Windows XP 的网络上将文件夹设置成网络共享的方法是：

①打开“我的电脑”窗口，在窗口中选择要共享的文件夹，单击窗口左边的“共享此文件夹”，或右击文件夹，在弹出的快捷菜单中选择“共享和安全”，会出现文件夹属性对话框，在

对话框中选择“共享”选项卡。

②在“共享”选项卡上选择“共享该文件夹”,即可更改文件夹的共享属性。

③如需修改文件夹的网络共享名称,可以在按钮下方的“共享名”文本框中为文件夹输入一个新的名称。这种操作不会改变本地计算机上的文件夹名称,共享名只是该文件夹在网络上显示的名称。

④对访问本机资源的用户数量可以设置成“允许最多用户”,也可以选中“允许的用户数量”单选项,并在旁边的文本框中输入允许访问的最大用户数。

⑤要为通过网络访问该文件夹的用户设置权限,可以单击对话框中的“权限”按钮,在弹出的文件夹权限对话框中设置用户组和组的访问权限,如允许用户组对共享文件夹进行“完全控制”,或只允许其具有“更改”或“读取”。

⑥在完成共享文件夹设置后,单击对话框中的“确认”按钮就可以完成设置。共享文件夹的图标会显示为一个小手托着的文件夹。

⑦要取消文件夹共享,只要在打开的共享对话框中选择“取消该文件夹的共享”即可。

6.2 Internet 基本概念

6.2.1 Internet 的发展历史

Internet 是由 ARPANET 逐步发展而来的,它使用 TCP/IP 协议将各国家、地区的各种不同结构的计算机网络连接起来,构成一个全球性的、开放的资源共享网络。

下面首先对 Internet 的发展历史做一个简单回顾:

(1) 1969 年,美国国防部高级研究计划管理局(Advanced Research Projects Agency, ARPA)计划把美国的几个军事及研究用计算机互联起来,组成一个采用分组交换技术的网络,称为 ARPANET。最初,ARPANET 上只有 4 台主机,置于美国国防部高级机密的保护之下。

(2) 1983 年,ARPA 和美国国防部通信局提出了用于异构网络互联的 TCP/IP 协议。在美国军方的赞助下,加州大学伯克利分校将 TCP/IP 协议嵌入到当时很多大学使用的网络操作系统 BSDUNIX 中,使得该协议开始在社会上流行起来。

(3) 1986 年,美国国家科学基金会(National Science Foundation, NSF)利用 ARPANET 发展出来的 TCP/IP 协议,在 5 个超级计算机中心的基础上建立了 NSFNET 广域网。由于美国国家科学基金会的鼓励和资助,很多大学、政府资助的研究机构甚至私营的研究机构纷纷把自己的局域网并入 NSFNET 中。那时,ARPANET 的军用部分分离出来,成为独立的 MILNET 网络。ARPANET 也逐步被 NSFNET 所取代, 1990 年 ARPANET 停止运行,正式退出了历史舞台。如今,NSFNET 已成为 Internet 的重要骨干网之一。

(4) 1990 年,欧洲粒子物理实验室 CERN 的计算机科学家 Tim Berners-Lee,为了方便分布于世界各地的高能物理学家之间的协作,设计和开发了 WWW 客户端和服务器端,还定义了 URL、HTTP、HTML 等。WWW 的成功为 Internet 实现广域超媒体信息获取/检索奠定了基础。正是由于 Tim 等人的贡献,Internet 才变成了大家今天所习惯的模样。

(5) 20 世纪 90 年代初期，Internet 开始从学术研究机构转入商业领域。一些企业注意到 Internet 的巨大潜力，纷纷投资 Internet 服务业。1991 年，美国的三家公司分别经营着自己的 CERFnet、PSInet 及 Alternet 网络，可以在一定程度上向客户提供 Internet 服务。他们组成了"商用 Internet 协会"(CIEA)，宣布用户可以把它们的 Internet 子网用于任何的商业用途，这标志着 Internet 进入了商业领域。

(6) Internet 的商用化大大推动了 Internet 的发展，从此 Internet 上的各种业务如雨后春笋般纷纷涌现出来，如资料检索、电子邮件、电子商务、新闻发布、商业广告、财政金融以及股票交易等等。Internet 的规模日益扩大，联网用户数量迅速增加，Internet 逐渐成为人们日常生活中不可或缺的一部分。据统计，截止 2007 年 12 月 30 日，全球 Internet 用户数量已经超过了 12 亿，约占全球人口总数的 19.1%。其中中国 Internet 用户数量增长迅速，2007 年一年增加了 7 300 万人，年增长率达到 53.3%。目前中国的 Internet 用户数量略低于美国的 2.15 亿，位于世界第二位。Internet 的成功已经成为 20 世纪最伟大的事件之一。

随着 Internet 的迅速发展，现有的 Internet 逐渐暴露出了地址耗尽、无法保证服务质量和网络的安全性和移动性存在的诸多问题。这促使各国开始研究下一代 Internet 技术，以提供更高的网络带宽和更好的网络性能。

1993 年美国政府率先提出了发展下一代 Internet 的计划——"NGII 行动计划"。欧美的发达国家紧随其后，相继启动了各自的下一代 Internet 的研究计划。在亚太地区，日本、韩国和新加坡三国在 1998 年发起建立"亚太地区先进网络 APAN"，合作开展下一代 Internet 的国际性研究。

我国在下一代 Internet 的研究上也取得了很大进展。1998 年，清华大学依托中国教育科研计算机网(CERNET)，建设了中国第一个 IPv6 试验床，迈出了中国走向下一代 Internet 的第一步。2004 年 12 月 25 日，中国下一代互联网示范工程 CNGI 核心网 CERNET2 正式开通。CERNET2 采用 IPv6 协议，主干网基于 CERNET 高速传输网，用 2.5～10 Gbit/s 的传输速率，连接分布在北京、上海、广州等 20 个城市的 25 个核心节点。CERNET2 是目前世界上规模最大的纯 IPv6 互联网，吸引了世界各国的高度关注。

6.2.2 Internet 的特点

1. 开放性

Internet 是开放的，可以自由连接和退出，而且没有时间和空间的限制，也没有地理上的距离概念。只要遵受 TCP/IP 协议体系结构，任何系统都可以接入 Internet，实现与世界的自由沟通。

2. 共享性

Internet 是全球最大的资源共享网络，用户可以在 Internet 上查找资料、搜索信息。一旦接入 Internet 网络，即可获得世界各地的有关政治、军事、经济、文化、科学、商务、气象、娱乐和服务等方面的最新信息。通过 Internet 用户既可以共享其他用户的资源，也可以将自己的资源放到网上开放给其他人共享。

3. 平等性

Internet 不属于任何个人、企业、部门和国家，它是一个公共网络，覆盖到了世界各地，涵盖了各行各业。Internet 上是"不分等级"的，用户之间是相互平等的。坐在联网的计算机前的用户，不存在任何等级上的差异，可以自由地表现自我。

4. 低廉性

Internet 是从学术信息交流开始，人们已经习惯于免费使用。进入商业化之后，网络服务供应商(ISP)一般采用低价策略占领市场，使用户支付的通讯费和网络使用费等大为降低，增加了网络的吸引力。目前，在 Internet 上有许多信息和资源也是免费的。

5. 交互性

在 Internet 上，通过动态网页可以实现实时的人机交互，另外还可以通过电子公告板(BBS)或电子邮件实现异步的人机对话。Internet 可以作为平等自由的信息沟通平台，信息的流动和交互是双向式的。

6. 合作性

Internet 是一个没有中心的自主式的开放组织，Internet 强调的是资源共享和共赢发展的模式。

7. 虚拟性

Internet 一个重要的特点是它通过对信息的数字化处理，通过信息的流动来代替传统实物流动，使得 Internet 通过虚拟技术具有许多现实中才具有的功能。

8. 个性化

Internet 作为一个新的沟通虚拟社区，它可以突出个人的特色，只有有特色的信息和服务，才可能在 Internet 上不被信息的海洋所淹没，Internet 引导的是个性化的时代。

9. 全球性

Internet 从一开始商业化运作，就表现出无国界性，信息流动是自由和无限制的。因此，Internet 从一诞生就是全球性的产物。

6.2.3 IP 地址、网关和子网的基本概念

1. IP 地址的概念

Internet 是由不同物理网络互联而成，要在不同网络之间实现通信就必须有相应的地址标识，这个地址标识在 Internet 中被称为 IP 地址。所有 Internet 上的计算机都要有一个 IP 地址，且每台计算机的 IP 地址都是唯一的。若要访问 Internet 中其他计算机，则必须知道其 IP 地址才能进行通信。在 Internet 上传送的每个数据分组中都包含有发送方的 IP 地址和接收方的 IP 地址。

目前使用的 IPv4(IP 协议第四版本)规定 IP 地址由 32 位二进制数组成。通常，IP 地址用点分十进制数的形式表示，即把 32 位地址分成 4 个 8 位组，每个 8 位组用 1 个对应的十进制数表示，每个组之间用句点“.”隔开。这样，IP 地址通常写成 w.x.y.z 的形式，其中 w、x、y、z 分别为一个取值在 0～255 的十进制整数。若 Internet 中某台计算机的 IP 地址是：10011110 01111110 11001111 00010010，则写成点分十进制表示形式是：158.126.207.18。

IP 地址采用层次化结构，它把 32 位地址分为网络地址和主机地址两部分。IP 地址的网络地址用来标明网络设备所连接的网络，主机地址标明网络上的某个特定的网络设备。同一个网络上每台计算机 IP 地址的网络地址都相同，主机地址则唯一地标识一台计算机。

在 IP 地址分配上，网络地址由国际组织按级别统一分配，以保证其唯一性；主机地址则由获得网络地址的网络自己进行分配。

2. 网关的概念

网关也称为IP路由器。它可以连接到多个物理TCP/IP网络的系统,在它们之间路由选择和传递IP报文。网关可在不同的传输协议和数据格式间转换,由于它的转换能力,通常将其加入到网络层中。网关工作在数据链路层之上的协议层,对于连接的两端是透明的。

网关是用来连接异种网络的设备。简单地说,它充当了一个翻译的身份,负责对不同的通信协议进行翻译,使运行不同协议的两种网络之间可以实现互相通信。如果两个运行TCP/IP协议的网络之间进行互联,则可以使用Windows所提供的"默认网关"来完成。

协议转换是一个软件过程,这与专用的协议栈是不同的。网关收到一种通信结构的信息帧后,必须通过协议栈的每一层重新建立头部信息来将这些信息帧转换为另一种通信结构。

3. 子网的概念

子网指一个组织中相连的网络设备的逻辑分组。一般,子网可表示为某地理位置内(某大楼或相同局域网中)的所有计算机。通过将一个大的物理网络划分成若干个逻辑子网络,既有效避免了地址浪费,又减少了子网内地址的冲突。

子网地址是在IP地址主机地址中分出一部分表示子网,另一部分表示子网中的主机地址。这样一个IP地址就被划分为3个部分:网络号、子网号和主机号。子网地址的划分是通过一个子网掩码得到的。子网掩码是和IP地址成对出现的标识,在子网掩码中为1的位表示IP地址中该位是网络位,为0的位表示IP地址中该位是主机位。同一个IP地址,使用不同的子网掩码,其所属的子网也不同。例如,主机的IP地址为210.158.2.133,对应的子网掩码是255.255.255.0时,表示该主机在210.158.2.0的子网内,而子网掩码改为255.255.255.128时表示该主机在202.196.65.128对应的子网内。

对于连接Internet的每一台主机,都需要有确定的网络参数,包括IP地址、子网掩码、网关地址及域名系统(Domain Name System,DNS)参数。

6.2.4 域名系统的基本概念

IP地址采用数字形式,本身没有规律,记忆起来不太方便,同时也不能从中了解IP地址表示的主机能提供什么样的服务,以及所属机构和地理位置等信息。为此,在Internet上使用了一套和IP地址对应的域名系统(DNS)。域名系统由与计算机位置、作用、行业有关的一组字符组成,容易理解,便于记忆。域名的出现,大大推动了Internet的普及,Internet上的网站数量迅速增加起来。

Internet的域名系统和IP地址一样,采用典型的层次结构,每一层由域或标号组成,各域之间用句点"."隔开。从左向右看,"."右边的域总是左边的域的上一层域,其中最右边的域名称为顶级域名。只要上层域的所有下层域名字不重复,那么网上的所有主机的域名就不会重复。域名不区分大小写字母。域名地址就是我们通常所说的"网址"。

域名可分为国际域名和国内域名两类。国际域名也称机构性域名,它的顶级域表示计算机所在机构或组织的性质,由国际互联网络信息中心(InterNIC)负责统一管理。国内域名也称为地理性域名,它的顶级域名表示主机所在区域的国家代码。在表6-1中列举出了常见的机构性域名和地理性域名。域名系统是一个树型结构,在顶级域下面是子域,子域下面可以有主机,也可以再分子域,直到最后是主机。

表 6-1 机构性域名和常见的地理性域名

机构性域名		地理性域名(常见)	
域 名	含 义	域 名	含 义
com	商业机构	cn	中国大陆
edu	教育机构	hk	中国香港
net	网络服务提供者	tw	中国台湾
gov	政府机构	mo	中国澳门
org	非盈利组织	us	美国
mil	军事机构	uk	英国
int	国际机构,主要指北约组织	ca	加拿大
nfo	一般用途	fr	法国
biz	商务	in	印度
name	个人	au	澳大利亚
pro	专业人士	de	德国
museum	博物馆	ru	俄罗斯
coop	商业合作团体	jp	日本
aero	航空工业	…	

例如,域名地址 www. xidian. edu. cn 就有 4 个层次,其中最右边的 cn 代表中国,cn 域名左边的 edu 指的是教育科研网,xidian 说明主机位于西安电子科技大学,www 说明访问的是提供万维网服务的 www 服务器。

6.2.5 Internet 常见服务

Internet 为用户访问信息资源和相互通信提供了一系列的网络服务,其中常用服务有:

1. 远程登录服务

远程登录是 Internet 提供的最基本的信息服务之一。远程登录是在网络通信协议 Telnet 的支持下使本地计算机暂时成为远程计算机仿真终端的过程。要登录到远程计算机上,首先必须成为该计算机系统的合法用户并拥有相应的账号和口令。在登录时要给出远程计算机的域名或 IP 地址,并按照系统的提示输入用户名及口令。登录成功后,用户便可以实时使用该系统对外开放的功能和资源。

2. 电子邮件(E-mail)服务

E-mail 服务类似于接收和发送邮件,但是在 Internet 上进行电子邮件的收发更加快速、简便、高效和廉价。只要能从因特网上连接到 E-mail 服务器,就可以实现收发电子邮件。用户可以先向 Internet 服务提供商(ISP)申请一个 E-mail 地址,利用此地址登录到电子信箱,就可以接收和发送 E-mail 了。

3. 文件传输(FTP)服务

FTP 服务提供了在两台远程计算机之间进行文件传输服务,包括文件的上传和下载。使用 FTP 服务,无论联网的计算机在地理位置上相距多远,都可以实时地进行文件的传输。在使用时用户需要首先登录到对方的计算机上,登录后就可以进行与文件搜索和文件传送有关的操作。

4. WWW 服务

WWW 的含义是万维网(World Wide Web)。WWW 服务是 Internet 上最方便和最受用户欢迎的信息浏览方式，为用户提供了一种友好、方便而功能强大的查询工具。WWW 采用的是客户/服务器结构，整理和储存各种 WWW 资源，并响应客户端软件的请求，把所需的信息资源通过浏览器传送给用户。它基于超文本标记语言 HTML 编写网页，并使用超文本传送协议 HTTP 在服务器和客户端之间进行信息交互。万维网提供了丰富的资源，用户只要操纵鼠标，就可以通过 Internet 从全世界任何地方调来所需要的文本、图像以及音视频信息，充分体现了 Internet 的强大优势。

5. 实时聊天服务

实时聊天是 Internet 上最受欢迎的服务之一。随着网络带宽的扩展，除文字聊天外，语音聊天、视频聊天也开始流行起来。用户在登录到聊天室后，就可以与世界各地的人通过文字、语音和视频等方式进行实时交流。

6. 电子公告板服务

电子公告板(BBS)是 Internet 最早的功能之一。用户可以通过 BBS 在网上发布信息(俗称发帖子)，其他用户可以对帖子进行回复、发表看法等。它为用户提供了一个交流意见的场所，是一种重要的 Internet 服务。

除了上述几种常用服务外，Internet 还提供了诸如搜索引擎、新闻组、电子商务、电子政务、视频点播、远程教育和网络游戏、远程医疗等多种服务。

6.3 网络连接

6.3.1 Internet 的常用接入方式

Internet 的接入服务一般由 Internet 服务提供商(Internet Service Provider，ISP)来提供。ISP 通常是已经接入 Internet 的服务系统，如前面介绍过的中国公用计算机互联网(CHINANET)、中国金桥网(ChinaGBN)等。要想成为 Internet 的合法用户，需要向 ISP 提出申请，也可以向 ISP 代理商提出申请，使用对方提供的 Internet 服务。

接入 Internet 有多种方式，下面对几种主要的接入方式进行简单的介绍。

1. 电话拨号接入

通信量小的计算机用户，通常采用电话线拨号接入。用户必须为计算机加上一个调制解调器(Modem)，并与电话线相连。在向当地电信部门申请入网账号后，就可以通过电话线上网了。这种方式接入速度较慢，最高接入速度一般只能达到 56 kbit/s。

2. 局域网接入

如果一个局域网已连入 Internet，则只要将用户的计算机连入该局域网，就可以接入 Internet。这种方式的先决条件是用户可以连接到一个已接入 Internet 的局域网上，如果所在的地方没有局域网，或者局域网没有和 Internet 连接，就没办法通过局域网访问 Internet。

3. ADSL 接入

ADSL 是一种宽带接入服务，是一种通过现有的普通电话线为家庭、办公室提供宽带数据传输服务的技术。ADSL 方式下利用普通铜质电话线作为传输介质，配上专用的 Modem 即可实现数据高速传输。ADSL 支持上行速率 640 kbit/s～1 Mbit/s，下行速率 1～8 Mbit/s，其有效的传输距离在 3～5 km 范围以内。在 ADSL 接入方案中，每个用户通过单独的一条线路与 ADSL 局端相连，每个用户独享数据传输带宽。

4. ISDN 接入

ISDN 接入技术俗称"一线通"，它采用数字传输和数字交换技术，将电话、传真、数据、图像等多种业务综合在一个统一的数字网络中进行传输和处理。用户利用一条 ISDN 用户线路，可以在上网的同时拨打电话、收发传真，上网速率可以达到 128 kbit/s。

除了以上常用方式外，还有其他的接入方式，如 DDN 接入、Cable modem 接入以及光纤接入等。另外，采用无线方式上网成为近来网络接入技术的发展热点。各种接入方式的特点和适用对象如表 6-2 所示。目前，个人接入 Internet 一般使用电话拨号、ADSL 和 LAN 三种方式。

表 6-2　常见接入 Internet 方式的特点和用途

接入方式	速度/bit · s^{-1}	特　点	成　本	适用对象
电话拨号	56 k	方便、速度慢	低	个人用户、临时用户上网访问
ISDN	128 k	较方便、速度慢	低	个人用户上网访问
ADSL	512 k～8 M	速度较快	较低	个人用户、小企业上网访问
Cable modem	8～48 M	利用有线电视的同轴电缆来传送数据信息、速度快	较低	个人用户、小企业上网访问
LAN 接入	10～100 M	附近有 ISP、速度快	较低	个人用户、小企业上网访问，常称为"宽带接入"
光纤	≥100 M	速度快、稳定	高	大中型企业用户全功能应用
无线 LAN	11～54 M	方便、速度较快	较高	移动笔记本用户
GPRS、CDMA、3G		速度较慢	较低	智能手机和 PCMCIA 卡插入笔记本移动用户

6.3.2　通过局域网接入 Internet

使用局域网接入方式，首先必须在计算机上安装网卡，并通过网线(一般是双绞线)连入 Internet。在对计算机进行网络硬件连接后，还要在操作系统中设置网络连接属性，才能实现上网。下面以安装有 Windows XP 操作系统的计算机为例，讲解软件的安装和配置方法。

1. 创建"本地连接"

安装 Windows XP 时，系统将自动检测网卡，并且创建本地连接。在创建好本地连接后，打开"控制面板"，在控制面板中选择"网络和 Internet 连接"选项，在打开的窗口中选择"网络连接"图标，即可打开"网络连接"窗口，在窗口中会看到创建好的"本地连接"图标。另外，也可以直接右击"网上邻居"，在弹出的快捷菜单上选择"属性"，同样可以打开"网络连接"窗口。默认情况下，本地连接始终是激活的。

2. 安装网络协议

安装好网卡后，Windows 操作系统会自动安装与网络相关的各种协议。要查看和安装

网络协议,可以按下列步骤操作:

①右击"网上邻居",单击"属性",打开"网络连接"窗口。

②右击"本地连接",单击"属性",弹出一个"本地连接属性"对话框。选择对话框的"常规"选项卡,会显示出当前使用的网卡型号,以及加载到该网卡上的各种网络服务和协议。

③默认情况下系统会自动加载"Microsoft 网络客户端"、"Microsoft 网络的文件和打印机共享"、"QoS 数据包计划程序"、"Network Monitor Driver"和"Internet 协议(TCP/IP)"。在每个服务或协议左边都有一个复选框,标有"√"的是已经加载的项目。在它们的下边有"安装"、"卸载"、"属性"3 个按钮,单击按钮可以分别实现安装、卸载和查看属性的操作。

3. 设置 TCP/IP 协议

对于 TCP/IP 协议,安装好后还要进行正确的设置才能正常使用。对 TCP/IP 协议进行设置的操作如下:

①打开"本地连接属性"窗口,选择其中的"Internet 协议(TCP/IP)",单击下边的"属性"按钮,可以打开"Internet 协议(TCP/IP)属性"窗口。

②在"Internet 协议(TCP/IP)属性"窗口中,可以选择"自动获取 IP 地址",选择这个选项后 IP 地址是动态分配的。也可以选择"使用下面的 IP 地址"选项,并在下面的文本框中填入本机使用的 IP 地址、子网掩码、默认网关,这种情况下将使用用户设置好的 IP 地址,属于静态配置方式。

③此外,还需要正确配置网络的域名解析服务器(DNS)的地址,这个参数由网络管理员分配,"在自动获取 IP 地址"方式下,可以选择自动获取 DNS 服务器地址,也可以选择手动配置。而静态分配 IP 地址时,必须手动添加 DNS 服务器地址。

④设置好参数后,单击"确定"按钮,TCP/IP 协议设置完成,就可以访问 Internet 了。

6.3.3 通过 ADSL 接入 Internet

使用 ADSL 拨号接入 Internet,需要首先在计算机上安装好网卡。此外还需要一个 ADSL 调制解调器,调制解调器一端通过双绞线与网卡相连,一端连接电话线。

连接好硬件后,同样需要在计算机系统中安装网络协议,另外还要有支持 ADSL 的虚拟拨号软件 PPPoE。

Windows XP 中已经集成了 PPPoE 协议支持,ADSL 用户不需要单独安装任何其他 PPPoE 拨号软件,直接使用 Windows XP 的连接向导就可以建立自己的 ADSL 虚拟拨号连接。具体操作步骤如下:

①安装好网卡驱动程序后,选择"开始"‖"程序"‖"附件"‖"通讯"‖"新建连接向导",出现"新建连接向导"对话框,直接单击"下一步"按钮;

②在对话框中选择默认选项"连接到 Internet",单击"下一步"按钮;

③继续选择"手动设置我的连接",再单击"下一步"按钮;

④选择"用要求用户名和密码的宽带连接来连接",单击"下一步"按钮;

⑤出现提示输入"ISP 名称",这里只是一个连接的名称,可以随便输入,如"ADSL",然后单击"下一步"按钮;

⑥在对话框中输入自己的 ADSL 账号和密码,并根据向导的提示对创建的连接进行 Windows 的一些安全设置,然后单击"下一步"按钮;

⑦单击“完成”按钮，可以看到桌面上会出现一个名为“ADSL”的连接图标，至此 ADSL 虚拟拨号设置就完成了。

⑧双击 ADSL 图标，确认用户名和密码正确以后，单击“连接”按钮即可实现 ADSL 拨号上网。

6.3.4 网络故障的简单诊断命令

在接入 Internet 后，会由于各种原因造成网络出现故障，这时可以使用一些简单的命令来对网络故障进行检测和诊断。

1. ipconfig 命令

使用 ipconfig 命令可以显示网络适配器的物理地址、主机的 IP 地址、子网掩码以及默认网关等，是一个很有用的查看当前 TCP/IP 设置是否正确的工具。在 Windows 系统中打开命令提示符窗口，输入 ipconfig 命令就可以显示当前网络设置的参数。这个命令在计算机和所在的局域网使用了动态主机配置协议(DHCP)时会更加有用，使用它可以让我们了解自己的计算机是否已成功地获得一个 IP 地址，以及当前的 IP 地址是什么。了解计算机当前的 IP 地址、子网掩码和默认网关实际上是进行测试和故障分析的必要项目。

使用 ipconfig 命令时可以不带任何参数选项，它会显示每个已经配置了的网络接口的 IP 地址、子网掩码和默认网关值。

在命令中也可以带有参数，以显示特定的信息。如使用 all 参数(命令格式为“ipconfig /all”)，ipconfig 能为 DNS 和 WINS 服务器显示它已配置且所要使用的附加信息(如 IP 地址等)，并且显示内置于本地网卡中的物理地址(MAC)。如果 IP 地址是从 DHCP 服务器租用的，ipconfig 还将显示 DHCP 服务器的 IP 地址和租用地址预计失效的日期。另外输入“ipconfig /?”命令，会显示 ipconfig 命令的所有参数及用法。

2. ping 命令

ping 命令是测试网络连接状况以及数据包发送和接收状况的非常有用的工具，是网络测试最常用的命令。使用 ping 可以向目标主机(地址)发送一个回送请求数据包，要求目标主机收到请求后予以响应，从而判断网络的响应时间和本机与目标主机(地址)的连通性。

如果执行 ping 后没有响应，则可以预测故障出现在以下几个方面：网线故障，网络适配器配置不正确，IP 地址不正确。如果执行 ping 成功而网络仍无法使用，那么问题很可能出在网络系统的软件配置方面。ping 命令只能证实本机与目标主机间是否存在一条连通的物理路径。

使用 ping 命令的格式是：ping IP 地址或主机名 可选参数。其中常用的可选参数有：

- -t：不停地向目标主机发送数据；
- -a：以 IP 地址格式来显示目标主机的网络地址；
- -n：count 指定要 ping 多少次，具体次数由 count 来指定；
- -l：size 指定发送到目标主机的数据包的大小。

除了上述 ipconfig 命令和 ping 命令之外，还有数据包跟踪诊断命令 tracert、显示网络连接信息的 netstat 命令等。它们提供了对网络故障和运行状况进行诊断的便捷方法。

第 7 章

Internet 应用

7.1 IE 浏览器的使用

7.1.1 Internet 基本术语

1. 文本与超文本

(1) 文本是可见字符(文字、字母、数字、符号等)的有序组合,又称为普通文本。

(2) 超文本是指由文本、图像、声音、视频等普通的文本外,还包括了一些具体的链接。这些包含链接文本被称为超文本。

(3) 超级链接是指两个网页之间存在链接关系,这种关系可以让用户从一个网页跳转到另一个网页,用户可以通过单击作为链接标志的"文字"和"图形"实现网页的切换。

2. WWW

WWW 是 World Wide Web 的缩写形式,是基于超文本的文件信息服务系统,用户可以通过浏览器搜索和浏览文字、图片、声音和视频等信息,称为万维网或环球网。WWW 的服务特点在于高度的集成性,它能把各种类型的信息(如文字、图片、声音和视频等)和服务无缝连接,提供生动的图形用户界面。WWW 由众多的 WWW 服务器提供资源,在客户端通过 WWW 浏览器访问这些资源,这些资源的基本特征是用超链接互相连接。

3. 超文本标记语言

超文本标记语言(Hyper Text Makeup Language,HTML)在 WWW 浏览器中用来描述超媒体文本的格式和内容,是编写超媒体文本的语言,也称为网页编写语言。

4. 浏览器

浏览器(Browser)是一种用来访问 WWW 服务的客户端程序。借助它用户可以在万维网上浏览和寻找自己所需要的信息。目前最常用的 WWW 浏览器有 Microsoft 公司的 Internet Explorer(IE)和 Netscape 的 Navigator。IE 浏览器可以将图形元素、视频图像、声音、文本和照片以及对数据库的访问有机结合,已经成为当今使用最广泛、最灵活的 WWW 浏览器之一。

5. URL

统一资源定位器(Universal Resource Location,URL)的主要功能是定位信息,即所谓的网址。URL 是唯一在 Internet 上标识计算机的位置、目录与文件的命名协议。URL 地址由服务类型、主机 IP 地址或域名和资源在主机上的路径三部分组成，其语法如下：

<服务类型>://<主机 IP 地址或域名>/<资源在主机上的路径>

其中，服务类型指明所用的语言和协议；主机 IP 地址或域名指明保存资源的计算机服务器的名称；资源在主机上的路径指明资源在 Web 服务器的具体位置，例如 URL 地址：http://www.sina.com.cn/news/2344.htm。URL 是唯一的，没有两个网址有相同的 URL。

7.1.2 Internet Explorer 浏览器的基本操作

Internet Explorer 浏览器（简称 IE 浏览器），由 Microsoft 公司开发设计。Windows XP 操作系统内置了 IE 浏览器 6.0 版本，本章以 IE6.0 浏览器为平台进行介绍。

1. 打开 IE 浏览器

可以通过以下 3 种方法打开 Internet Explorer 浏览器：

(1) 双击桌面上的“Internet Explorer”图标。

(2) 单击在快速启动工具栏上的“Internet Explorer”图标。

(3) 单击“开始”‖“所有程序”‖“Internet Explorer”命令。

打开成功后，屏幕上就会显示 Internet Explorer 窗口。

2. 关闭 IE 浏览器

可以通过以下两种方法关闭正在使用的 IE 浏览器：

(1) 单击 IE 浏览器右上角的☒。

(2) 右击任务栏中打开的 IE 窗口，在弹出的列表菜单中单击“关闭”按钮。

3. IE 浏览器窗口组成部分

IE 浏览器窗口各组成部分如图 7-1 所示，主要包括标题栏、菜单栏、工具栏、地址栏、功能区、工作区和状态栏等。

图 7-1 IE 浏览器窗口组成

①标题栏:位于窗口最上方,除一般窗口标题栏内容外,还显示当前浏览网页的名称。

②菜单栏:提供"文件"、"编辑"、"查看"、"收藏"、"工具"、"帮助"等6个菜单项,实现对网页的保存、复制、设置属性等多种功能。

③工具栏:常用菜单命令的功能按钮,用户可以根据需要自定义工具栏。

④地址栏:显示当前页的标准化URL地址,要访问其他站点,即可按照URL格式输入该站点的网址,按回车即可。

⑤浏览器:为用户提供"搜索"、"收藏夹"等相应的操作功能。

⑥工作区:位于窗口的中间,用来显示当前网页的文字、图像等内容,网页较大时,可通过窗口右边或下边的滚动条浏览更多的内容。

⑦状态栏:显示当前操作的状态信息。

4. 输入网址打开网页

使用IE浏览器打开网页的方法有很多种,在地址栏中直接输入URL是最简捷、最常用的方法之一。

在IE窗口中,可在地址栏中直接输入要访问的Web站点的URL地址,以打开其对应的网页。要打开雅虎网的主页,只需在地址栏输入"http://cn.yahoo.com",按回车后即可打开雅虎网主页,一般情况下"http://"可以省略。

5. 工具栏按钮功能

在IE窗口上部的标准工具栏中,提供了一些常用工具按钮,可以使用这些按钮快速调用IE功能项,各按钮名称如图7-2所示。

图7-2 工具栏常用按钮

各按钮主要功能如下:

(1)"后退"按钮:在本次浏览期间,如果有访问过的前一页,则单击该按钮后返回到前一页。也可单击该按钮右端的下拉箭头,在弹出的下拉列表中会给出本次浏览期间在当前页之前访问过的所有网页,单击其中一项即可返回到该网页。

(2)"前进"按钮:在本次浏览期间,如果刚从某页后退到当前页,则单击该按钮后将前进到该页。也可单击该按钮右端的下拉箭头,在弹出的下拉列表中将给出本次浏览期间在当前页之后访问过的所有网页,单击其中的一项即可返回到该网页。

(3)"停止"按钮:如果连接网页的时间太久,可以单击该按钮结束这次连接,使浏览器空闲,以便访问其他网页。

(4)"刷新"按钮:单击该按钮后将重新打开当前网页,以更新当前网页的内容。

(5)"主页"按钮:单击该按钮后将返回到所设置的默认主页。

(6)"搜索"按钮:单击该按钮后将在浏览器功能区弹出"搜索"栏,在其中搜索含有特定关键字的网页。

(7)"收藏夹"按钮:单击该按钮后将在浏览器功能区弹出"收藏夹"栏,在其中显示收藏夹的内容。

(8)"历史"按钮:单击该按钮后将在浏览器功能区弹出"历史"栏,在其中显示浏览过的网页的链接。

(9)“邮件”按钮:单击该按钮可以转去处理 Internet 电子邮件。

(10)“打印”按钮:单击该按钮可以打印正在查看的网页。

6. 设置默认主页

如果用户经常进入某一网站,可以将该网站首页设置成 IE 默认主页,这样可以一打开 IE 浏览器就进入这个主页中,具体设置步骤如下:

①选择菜单栏中“工具”‖“Internet 选项”命令,打开“Internet 选项”对话框。

②在“主页”下的“地址”栏上填写需要设置的主页地址。地址栏下有三个按钮:“使用当前页”按钮是将当前浏览器打开的网页设置成为主页;“使用默认页”按钮是使用系统默认的主页,一般为微软的主页;“使用空白页”按钮是不设置主页,即 about:blank。

③单击“确定”按钮后,返回浏览器,单击工具栏上的“主页”按钮或重新启动浏览器,即可直接进入设置的主页。

7. 浏览最近浏览过的网页

如果需要在最近浏览过的网页间来回切换,可以单击工具栏中的“后退”和“前进”按钮,或单击按钮右端的下拉箭头,在弹出的下拉列表选择需要转到的网页。

8. 保存网页或网页上的信息

网页上会包含很多有用的信息,用户可以将其保存到自己的硬盘上。可以把整个网页保存起来,也可以只保存部分信息,如图片等。具体操作步骤如下:

①打开所要保存的网页后,选择菜单栏中“文件”‖“另存为”命令,弹出“保存网页”对话框。

②单击“保存在”右端的下拉箭头,选择用于保存网页的文件夹,在“文件名”输入框中输入所要保存网页的名称,在“保存类型”中可以选择保存的文件类型,包括“网页,全部”、“Web 档案,单一文件”、“网页,仅 HTML”和“文本文件”四种。

a)“网页,全部”选项可以保存网页所有信息,包括图片、声音和视频等,并自动生成网页资源文件夹。

b)“Web 档案,单一文件”选项可以将网页所有信息保存为一个 .mht 文件,便于保存和浏览。

c)“网页,仅 HTML”选项保存网页信息,但它不保存图像、声音或其他文件;

d)“文本文件”选项将以纯文本格式保存网页信息。

③单击“保存”按钮,完成网页的保存。

7.1.3 Internet Explorer 浏览器选项参数设置

针对用户的个性化浏览要求,可以对 IE 浏览器选项参数进行设置,单击“工具”‖“Internet 选项”命令,即可打开“Internet 选项”对话框。

“Internet 选项”对话框中包含“常规”、“安全”、“隐私”、“内容”、“连接”、“程序”和“高级”7 个选项卡,分别实现对 IE 浏览器各功能的设置,各选项卡设置内容如下:

(1)“常规”选项卡:包含“主页”、“Internet 临时文件”、“历史记录”3 个栏目,可以进行 IE 浏览器主页设置、删除 Internet 临时文件、清除历史记录、Internet 临时文件保存方式、路径、预留空间大小进行设置等。

(2)“安全”选项卡:进行网页内容的安全设置,其中包括 Internet、本地 Internet、受信任的站点、受限制的站点的内容设置，可以分别对各区域的安全级别进行设置，其中包括自定义级别和默认级别。

(3)“隐私”选项卡：可以移动滑块来为 Internet 区域选择一个浏览的隐私设置，即设置浏览网页是否允许使用 Cookie 的限制。

(4)“内容”选项卡：包含“分级审查”、“证书”和“个人信息”3 个栏目的设置。分级系统可以控制在计算机上看到的 Internet 内容。

(5)“连接”选项卡：可以设置一个 Internet 拨号的连接，添加 Internet 网络连接，设置连接的代理服务器，以及设置局域网的相关参数(代理服务器的地址)等。

(6)“程序”选项卡：可以指定 Windows 自动用于每个 Internet 服务的程序，其中包括 HTML 编辑器、电子邮件等。“重置 Web 设置”可将 IE 浏览器重置为使用默认的主页和搜索页等。

(7)“高级”选项卡：主要是 IE 个性化浏览的设置，包括 HTTP1.1 设置、Microsoft VM、安全、从地址栏中搜索、打印、多媒体、辅助功能、浏览页面的显示效果等相关的属性设置。通过单击“还原默认设置”可将 IE 浏览器的这些高级配置还原为默认值。

7.1.4 快速访问网页信息

对于经常要访问的站点，可以通过 3 种方式进行设置实现快速访问，分别是将网页设置为主页、使用历史记录和使用收藏夹。其中，设置主页的方法将在 7.3.2 小节介绍，以下主要介绍历史记录和收藏夹的使用方法。

1. 使用历史记录

设置和使用历史记录快速浏览网页信息的步骤如下：

①选择菜单栏中“工具”‖“Internet 选项”命令，在“常规”选项卡中“历史记录”栏目中设置网页保存在历史记录中的天数，单击“清除历史记录”按钮，可以清除以前的历史记录。

②在 IE 浏览器工具栏中单击“历史”按钮，浏览器左边任务窗格出现“历史记录”栏。

③在该任务窗格中，单击“查看”按钮，在弹出的下拉菜单中可以选择按日期查看、按站点查看、按访问次数或按今天的访问顺序查看等选项。

④在该任务窗格中，单击“搜索”按钮，可以对网页进行搜索。

⑤在该任务窗格中，单击相应的内容，找到自己要查看的浏览过的网页地址，单击该地址即会打开相应的网页。

2. 使用收藏夹

用户可以将常用的网页地址添加到收藏夹中，以便随时快捷方便的使用。建立了收藏夹后，用户就可以直接单击菜单栏中“收藏”菜单，在弹出的下拉菜单中打开相应的网页；也可单击工具栏上的“收藏夹”按钮，打开“收藏夹”任务窗格，在其中单击相应的地址打开相应的网页。添加网页到收藏夹和整理收藏夹的步骤如下：

(1) 添加网页到收藏夹

① 打开需要收藏的网页后，选择菜单栏中“收藏”‖“添加到收藏夹”命令。

② 在“添加到收藏夹”对话框的“名称”文本框中显示当前网页的名称，如果需要在没有连接网络的情况下浏览该网页，可以单击选择“允许脱机使用”复选框。

③ 如果要将该网页添加到收藏夹根目录，则直接单击“确定”按钮即可；如果需要添加

到收藏夹中的某个文件夹下，可以在“创建到”栏中选择文件夹，也可以单击“创建文件夹”按钮来创建一个新的文件夹。

④ 单击“确定”按钮完成收藏网页操作。

(2) 整理收藏夹

长时间使用 IE 浏览器收藏夹后，大量的网址可能使得收藏夹过于混乱，可以对其进行整理，将收藏的网页分类存储到相应文件夹中。具体操作步骤如下：

① 选择菜单栏中“收藏”‖“整理收藏夹”命令。

② 单击“创建文件夹”按钮，可以在右端的收藏列表的最末尾创建一个新文件夹。

③ 在右边列表中选择某个文件夹或网页图标，单击“重命名”按钮，可以对其重命名。

④ 在右边列表中选择某个文件夹或网页图标，单击“移至文件夹”按钮，则弹出“浏览文件夹”对话框，在对话框中选择转存的文件夹后单击“确定”按钮，则将选择的文件夹或网页移动到该文件夹中。

⑤ 在右边列表中选择某个文件夹或网页图标，单击“删除”按钮，则会弹出删除确认对话框，单击“是”则会将该文件夹或网页地址删除。

⑥ 可以通过拖动鼠标移动文件夹或网页地址的顺序和位置：按住鼠标左键拖动要移动的文件夹或网页图标，然后在目标位置放开，调整完成。

7.1.5 在 Internet Explorer 浏览器中访问 FTP 站点

1. FTP 简介

FTP 文件传送协议是一个用于从一台主机到另一台主机传送文件的协议。FTP 的主要作用是让用户连接上一个远程计算机(这些计算机上运行着 FTP 服务器程序)察看远程计算机有哪些文件，然后把文件从远程计算机上拷到本地计算机，或把本地计算机的文件送到远程计算机去。与大多数 Internet 服务一样，FTP 也是一个客户机/服务器系统。用户通过一个支持 FTP 协议的客户机程序，连接到在远程主机上的 FTP 服务器程序。用户通过客户机程序向服务器发出命令，服务器执行用户所发出的命令，并将执行的结果返回到客户机。比如说，用户发出一条命令，要求服务器向用户传送某一个文件的一份拷贝，服务器会响应这条命令，将指定文件送至用户的机器上。客户机程序代表用户接收到这个文件，将其存放在用户目录中。

FTP 地址格式：ftp://用户名：密码@FTP 服务器 IP 或域名：FTP 命令端口/路径/文件名。其中，FTP 服务器 IP 或域名为必要项，其他都是可选项。例如：

ftp:// /xdwytemp:123456@ftp. xdwy. com. cn:21/download/

ftp:// /xdwytemp:123456@ftp. xdwy. com. cn

ftp://ftp. xdwy. com. cn

2. 使用 IE 浏览器访问 FTP 站点

使用 IE 浏览器可以直接访问 FTP 站点，进行文件下载。具体操作步骤如下：

①打开 IE 浏览器，在地址栏输入所要登录的 FTP 服务器地址，例如 ftp://ftp. xdwy. com. cn，由于该 FTP 站点需要用户认证，因此会弹出登录身份对话框(如果直接输入 ftp:// /xdwytemp:123456@ftp. xdwy. com. cn，则不会弹出该对话框)。

②在“登录身份”对话框中输入“用户名”和“密码”后，单击“登录”按钮，如果用户名和密

码正确，则会登录该FTP站点，否则会要求重新输入用户名和密码；如果没有该FTP站点的用户名和密码，则可以选中“匿名登录”前的复选框，尝试匿名登录。

③登录成功后会在浏览器中显示该FTP站点的文件内容。

④在进入的指定FTP文件夹中右击需要下载的文件，则弹出快捷菜单。

⑤在快捷菜单中选择“复制到文件夹”命令，指定保存路径，单击“确定”按钮，即可将文件下载到本地硬盘指定文件夹下。

通过以上操作可以将FTP服务器上的文件下载到本机上，采用IE浏览器访问FTP站点一般只能下载文件，不能上传文件。

此外，还可以通过使用FTP软件来访问FTP站点，常用的有CuteFTP、LeapFTP、FlashFXP等，与IE浏览器不同的是使用FTP工具软件既可以下载文件，也可以上传文件。

7.1.6 信息搜索的基本方法和常用搜索引擎

信息查询是互联网提供的一项非常重要的服务，为了使用户尽快查询到所需信息，许多网站都提供了信息检索服务，称之为“搜索引擎”。本节结合各种搜索引擎来介绍在网页上搜索信息的方法。

1. 搜索引擎的概念

搜索引擎是一种能够通过Internet接受用户的查询指令，并向用户提供符合其查询要求的信息资源网址的系统。搜索引擎既是用于检索的软件又是提供查询、检索的网站。所以搜索引擎也可称为Internet上具有检索功能的网站，只不过该网站专门提供信息“检索”服务，它使用特有的程序把因特网上的所有信息归类以帮助人们在浩如烟海的信息海洋中搜寻到自己所需要的信息。

2. 信息搜索的基本方法

用户可以根据自己的偏好选择合适的搜索引擎来进行信息查询，常用信息一般的搜索引擎都可以找到，搜索时主要参考以下几点：

(1) 查找中文资料最好使用国内的搜索引擎；查找英文资料最好使用国外的搜索引擎。

(2) 关键字搜索：搜索引擎的首页一般都会有一个信息检索框，如图7-3所示百度搜索引擎，只需在该框中输入所要搜索信息的关键字，按回车键或单击“百度一下”按钮即可执行查询。

图7-3 百度搜索引擎

(3) 分类搜索：搜索引擎一般都提供多种类别的检索，用户可以根据自己的需要，选择相应的搜索引擎进行信息搜索。

(4) 仔细阅读搜索结果的前几条信息，大多数搜索引擎都是将最符合查询条件的结果放在最前边。如果在前几条找不到所需要的结果，可以考虑增大或缩小搜索范围、采用不同逻辑关系组合关键词或使用搜索引擎提供的高级搜索功能，对所要搜索的内容进行更为精确的定位。

(5) 网页快照：一般的搜索引擎都提供“网页快照”功能，即在搜索到的每一条搜索结果的后面都有一个链接“网页快照”，当这个网页被删除或连接失效时，用户可以使用网页快照来查看这个网页的主要内容，而且又由于这个快照以文本内容为主，因此访问速度比访问一般网页更快。

3. 常用搜索引擎

目前网上的搜索引擎非常繁多，一些常见的中文搜索引擎如表 7-1 所示。

表 7-1 常用中文搜索引擎

搜索引擎名称	网址	简介
Google	www.google.cn	规模最大的全文搜索引擎
百度	www.baidu.com	世界最强大的中文搜索引擎
一搜	www.yisou.com	雅虎中国推出的独立搜索门户
中国搜索	www.zhongsou.com	国内领先的搜索引擎公司之一
爱问搜索	www.iask.com	新浪完全自主研发的搜索产品
搜狗	www.sogou.com	搜狐旗下的搜索引擎
有道	www.yodao.com	网易公司新研发的搜索引擎
TOM 搜索	i.tom.com	TOM 集团提供的搜索引擎

下面重点介绍一下谷歌(Google)和百度这两个最常用的搜索引擎。

(1) Google 搜索引擎

Google(www.google.cn)成立于 1997 年，是全球最大的搜索引擎，也是互联网上最受欢迎的网站之一，在全球范围内拥有无数的用户。2006 年 4 月宣布其中文名称为“谷歌”。Google 的使命是整合全球信息，使人人皆可访问并从中受益。

Google 搜索引擎属于全文搜索引擎，分为“网页”、“图片”、“视频”、“资讯”、“地图”等众多搜索类别。

单击首页上“高级搜索”链接，可以打开高级搜索页面，使用高级搜索可以限制搜索的“关键词”、“语言”、“文件格式”、“日期”等等。与其他搜索引擎相比，Google 搜索引擎具有以下特点：

① 页面简洁。Google 依据网络自身的结构，清理了混沌信息，页面非常简洁，便于使用。

② 涵盖网页范围广。Google 目录中收录了 10 亿个以上的网址。

③ 搜索结果精炼。Google 只显示与关键词相关的结果，其正文或指向的链接即包含所输入的关键词。

④ 搜索结果的排序人性化。Google 可以对搜索结果与关键词的接近程度进行分析、

排序，节省用户搜索时间。

⑤ 存储网页快照。Google 同样提供网页快照功能，方便查找。

⑥ 提供语言选择。Google 提供十几种语言的查询。

(2) 百度搜索引擎

百度(www.baidu.com)，2000 年 1 月创立于北京中关村，是全球最大的中文搜索引擎。创立之初，百度就将自己的目标定位于打造中国人自己的中文搜索引擎，并为此目标不懈的努力奋斗。2000 年 5 月，百度首次为门户网站——硅谷动力提供搜索技术服务，之后迅速占领中国搜索引擎市场，成为最主要的搜索技术提供商。2001 年 8 月，发布 Baidu.com 搜索引擎 Beta 版，从后台服务转向独立提供搜索服务，并且在中国首创了竞价排名商业模式，2001 年 10 月 22 日正式发布 Baidu 搜索引擎。2005 年 8 月 5 日，百度在美国纳斯达克上市，成为 2005 年全球资本市场上最为引人注目的上市公司，百度由此进入一个崭新的发展阶段。百度搜索引擎界面友好、操作简便、搜索快速，可以分别搜索"新闻"、"网页"、"MP3"、"图片"、"贴吧"、"知道"等等。

7.1.7 BBS 的基本操作

1. BBS 简介

电子公告板是当今很受欢迎的个人和团体交流的手段，已经形成了一种独特的网上文化。网友们可以把想要表达的思想、观点等交流信息通过 BBS 传播出去。

BBS 实际上也是一种网站，从技术角度讲，BBS 实际上是在分布式信息处理系统中，在网络的某台计算机中设置的一个公告信息存储区。任何合法用户都可以通过 Internet 或局域网在这个存储区中存取信息。现在的 BBS 不仅可以提供电子邮件、FTP、新闻组等服务，还保留了传统的讨论、交流信息等功能，这种 BBS 实际上已经变成了网上论坛。

BBS 可按不同的主题分成多个栏目，栏目的划分是依据大多数 BBS 使用者的需求、喜好设立。BBS 的使用权限分为浏览、发帖、发邮件、发送文件、聊天等，未注册用户一般都可以自由浏览，只有正式注册用户才享有其他服务。

2. 使用 BBS

BBS 的连接方式主要有两种：通过 Telnet 命令进入或通过 WWW 方式进入。BBS 系统由站长负责软件资源的维护、新用户注册及一些协调工作。

(1) 通过 WWW 方式访问 BBS

以西安电子科技大学雁塔晨钟 BBS 为例进行介绍，主要操作步骤如下：

① 启动 IE 浏览器，在地址栏输入 http://bbs.xidian.edu.cn 打开雁塔晨钟 BBS 登录页面。

② 如果只是浏览信息，可以直接单击页面上的"游客请进"链接，即可登入 BBS，但此时只能浏览信息，而不能发布、回复信息。

③ 如果需要进行交流、讨论，则需要进行用户注册，可以单击"注册"链接，填写后单击"提交表格"按钮，即可完成用户注册，此时，可以用新注册的用户重新登录 BBS。

④ BBS 浏览界面中通常包含很多话题，可以单击感兴趣的话题进行查看，如果是正式注册用户，则可以对话题进行回复，或发表新话题。

(2) 通过 Telnet 命令访问 BBS

Telnet 就是基于 TCP/IP 协议的远程登录命令。在 Internet 中进行远程登录时，用户需要在 Telnet 命令中给出远程计算机的域名 IP 地址，根据系统提示键入用户名和口令，有时还需回答自己所用的终端类型。

利用 Telnet 建立 BBS 连接方法如下：

① 启动 IE 浏览器，在地址栏输入 telnet://bbs. xidian. edu. cn 后按回车，即可打开 BBS 连接界面。

② 进入雁塔晨钟 BBS 站，需要在"请输入账号"处输入已有账号进行登录，如果试用可以输入"guest"，此外也可以根据提示进行新用户注册。

③ 登录后可以使用键盘进行操作，浏览信息，注册用户可以进行回复和发表新话题等操作。

7.2 电子邮件的使用

7.2.1 电子邮件的概念

1. 电子邮件的工作原理

所谓电子邮件，是利用简单邮件传输协议(Simple Mail Transfer Protocol，SMTP)将信息发送到网络上，再通过邮件网关把电子邮件从一个网络传送到另一个网络，即相当于邮车把邮件从一个邮局寄到另一个邮局。当电子邮件被送到指定的网络后，再由邮件代理把电子邮件发送到接收者的邮箱中，即相当于邮差将信件投递到收信者的信箱里。接收者可以直接在网页中浏览或下载信件，也可以使用邮局协议 3(Post Office Protocol 3，POP3)协议从网络上收取自己的信件。

通常 Internet 上的个人用户不能直接接收电子邮件，而是通过申请 ISP 主机的一个电子信箱，由 ISP 主机负责电子邮件的接收。一旦有用户的电子邮件到来，ISP 主机就将邮件移到用户的电子信箱内，并通知用户有新邮件。因此，当发送一条电子邮件给另一个客户时，电子邮件首先从用户计算机发送到 ISP 主机，再到 Internet，再到收件人的 ISP 主机，最后到收件人的个人计算机。

用户可以选定自己的电子邮件账号，但需由 ISP 认可，以保证账号的唯一性和有效性。ISP 主机起着"邮局"的作用，管理着众多用户的电子信箱。每个用户的电子信箱实际上就是用户所申请的账号名。每个用户的电子邮件信箱都要占用 ISP 主机一定容量的硬盘空间，由于这一空间是有限的，因此用户要定期查收和阅读电子信箱中的邮件，以便腾出空间来接收新的邮件。

电子邮件除了可以发送文字信息之外，理论上还可以传送计算机上所有数据信息，如图片、影音文件、文档、软件等。电子邮件传送速度一般与信件内容的多少、网络条件和邮件代理的传输速度有关系，和距离远近几乎没有关系，一般只需几秒钟。

2. 电子邮件的特点

(1) 发送速度快。只需几秒钟即可将邮件发送到世界各地。

(2) 信息多样化。电子邮件发送的信件内容除普通文字内容外，还可以包括软件、数据、影音视频等各类多媒体信息。

(3) 收发方便、高效、可靠。发件人可以在任意时间、任意地点通过发送服务器(SMTP)发送电子邮件，收件人通过当地的接收邮件服务器(POP3)收取邮件。如果电子邮件因地址不对或其他原因无法递交，服务器会将其退回发信人。

3. 电子邮件的书写格式

电子邮件的地址的书写格式为：用户名@域名．域名后缀。

(1) 用户名由用户自己设定，邮件代理对账号设置有特殊要求，一般可以包括字母、数字和特殊字符，但不允许有空格。

(2) 符号“@”表示“在”(即英文单词 at)。

(3) 域名为服务器的名称，每个域名都有一个后缀，标识该服务器所属于的组织，常用的后缀有：

- com 商业机构
- net 网络服务机构
- org 非营利性组织
- edu 教育机构
- gov 政府部门

例如，“xdwymail@126.com”为一个电子邮件地址，由用户名“xdwymail”、域名“126”和后缀“com”组成，该地址表示在域名为“126.com”的电子邮件服务器上有一个账号为“xdwymail”的电子信箱，用户“xdwymail”可以通过该邮箱发送和接收电子邮件。域名“126.com”在因特网上是唯一的，而在该域中创建的用户名“xdwymail”也是唯一的。

4. 电子邮件中的常用术语

一封完整的电子邮件应该由邮件头和邮件主题两部分组成，邮件主体是由发信人输入的邮件内容，一般包括收件人地址、主题、附件、正文等信息，各术语的含义如下：

(1) 收件人：邮件的接收者，相当于收信人。

(2) 发件人：邮件的发送人，一般来说，就是用户自己。

(3) 抄送：用户给收件人发出邮件的同时把该邮件抄送给另外的人，在这种抄送方式中，“收件人”知道发件人把该邮件抄送给了哪些人。

(4) 密送：用户给收件人发出邮件的同时把该邮件暗中发送给另外的人，但所有“收件人”都不会知道发件人把该邮件发给了哪些人。

(5) 主题：即这封邮件的标题。

(6) 附件：同邮件一起发送的附加文件或图片资料等。

5. 电子邮件的申请

ISP 为每一个持有账号的用户分配一个电子邮箱，即在某台计算机上划分出用于存放往来信件的磁盘存储区域，这个区域由电子邮件系统软件负责管理。

IP 地址和域名是主机在网络中的识别标识，个人收发邮件必须有自己的通信地址，即个人电子邮箱。要得到电子邮箱，需要向网络管理部门申请。一般可以申请收费信箱或免费信箱。

(1) 收费邮箱：是指通过付费方式得到的一个用户账号和密码，收费邮箱有容量大、安全性高等特点。

(2) 免费邮箱：是指网站上提供给用户的一种免费邮箱，用户只需填写申请资料即可获得用户账号和密码。它具有免付费、使用方便等特点，是使用较为广泛的一种通信方式。

具体申请方法如下：

(1) 利用电话拨号入网的用户，在办理入网手续时，网络管理部门 ISP 会提供一个电子邮件地址，用户可以依照入网登记表上“邮件接收服务器”和“邮件发送服务器”的地址来配置自己计算机上的邮件服务。

(2) 通过局域网登录 Internet 的用户，可向本地网络管理中心申请邮箱，有时需要交纳一定的费用，然后在自己计算机上配置 Outlook Express 即可使用。

(3) 最常用、简单的方式是在 Internet 上申请邮箱。目前雅虎、126、网易、新浪、263 等网站都提供电子邮件服务。以在 126 网站申请邮箱为例，具体操作如下：

① 启动 IE 浏览器，在地址栏输入 http://www.126.com，打开 126 网站首页。

② 单击“注册”按钮。打开邮箱申请页面，根据页面要求填写用户名、密码等用户个人信息，填写完成后确认提交。

③ 如果填写无误，电子邮箱则申请成功，即可以使用“用户名@126.com”这个邮件地址进行收发电子邮件。

7.2.2 Web 格式邮件的使用

1. 电子邮件使用方式

当申请了一个新的电子邮箱后，即可以使用邮箱收发电子邮件了。目前，电子邮件有两种使用方式：Web 方式和邮件客户程序方式。

使用 Web 方式收发电子邮件，首先要登录到提供电子邮件服务的站点，再通过站点收发邮件；使用邮件客户程序方式收发邮件时，需要在用户客户机上安装邮件客户程序，如 Outlook Express、Foxmail 等。

2. 使用 Web 方式收发电子邮件

下面将以邮箱“xdwymail@126.com”发送邮件为例，介绍使用 Web 方式收发电子邮件的方法。

①启动 IE 浏览器，在地址栏输入 http://www.126.com，打开 126 网站首页。

②在“用户名”和“密码”处分别输入邮箱的用户名 xdwymail 和其对应密码。

③单击“登录”按钮，即可进入 126 邮箱主界面。

④126 邮箱系统左侧列表中包括“收件箱”、“草稿箱”、“已发送”、“已删除”、“垃圾邮件”、“通讯录”等文件夹，分别单击可以在右侧区域看到文件夹的内容。单击“收件箱”则会在右侧区域列出最近收到的邮件列表，单击需要查看的邮件则可以查看邮件内容，如果邮件带有附件，可以进行下载。

⑤如果要写信，可以单击左侧的“写信”按钮，切换到写信页面，分别在收件人、主题栏填写接收方的邮件地址和邮件主题，如果有抄送、密送地址或附件，可以在相应输入框输入邮件地址，并上传附件。最后，在下方空白处输入信件正文内容。

⑥邮件写好后，可以设置正文字体大小格式等，还可以设置精美信纸，如选用“浪漫海滩”信纸等。

⑦ 单击窗口左上方的“发送”按钮，即开始发送邮件，发送成功后会显示“邮件发送成

功!"的提示。

⑧ 如果需要再发一封邮件,则单击"继续写信"按钮,可以返回写信页面,否则可以单击"返回收件箱"按钮返回到"文件夹"页面。

7.2.3 Outlook Express的基本操作

Outlook Express是Microsoft(微软)自带的一种电子邮件,简称为OE,是微软公司出品的一款电子邮件客户端。微软将这个软件与操作系统以及Internte Explorer网页浏览器捆绑在一起,是目前最常用的电子邮件客户端软件。以下介绍它的基本应用。

1. 设置邮件账号

在第一次启动Outlook Express时,系统会要求用户设置第一个账号,如果已经设置了账号,则可以通过在Outlook Express窗口中创建账号。具体操作步骤如下:

①在桌面或任务栏双击Outlook Express图标,即可启动Outlook Express程序。

②选择菜单栏中"工具"‖"账户"命令,打开"Internet账户"对话框,单击"添加"‖"邮件"命令,出现"Internet连接向导"对话框。

③在"显示名"栏输入用户名,该用户名在发送邮件时将作为"发件人"项。

④单击"下一步",在新对话框中输入"电子邮件地址",该地址是用户自己的邮箱地址,例如xdwymail@126. com。

⑤单击"下一步",分别输入发送(SMTP)和接收(POP3)电子邮件服务器名。

⑥单击"下一步",输入"账户名"和"密码",账户名即为用户名。

⑦单击"下一步",出现设置完成的提示信息,单击"确定",完成设置。此时,出现"Internet账户"对话框,刚才设置的电子邮箱名字显示在对话框中,并自动设置为"默认"类型。

2. 撰写和发送邮件

在用户设置好账户后,即可进入Outlook Express窗口进行电子邮件的发送操作了。如撰写新邮件、发送邮件、回复邮件、转发邮件等,具体操作步骤如下:

(1) 撰写电子邮件

①单击Outlook Express窗口工具栏中的"新邮件"按钮,或选择菜单栏中"邮件"‖"新邮件"命令,打开"新邮件"窗口。

②在"收件人"文本框中输入收件人完整的电子邮件地址,如果需要同时给多个地址发送邮件,多个地址之间用分号或逗号隔开,如果有抄送地址,则在"抄送"文本框输入,否则可以不填写。

③ 在"主题"文本框中输入邮件主题信息,在下方的编辑窗口中输入邮件正文内容。

④ 如果有附件,则单击工具栏中回形针状的图标,或单击"插入"‖"文件附件"命令,浏览本地磁盘或局域网,选择附件文档,单击"附件"按钮,附件文档就会自动粘贴到"内容"下面。

(2) 发送电子邮件

撰写新邮件后,直接单击新邮件窗口中"发送"按钮,即可将邮件发送出去。

单击工具栏上的"保存"按钮或选择菜单栏中"文件"‖"保存"命令,可以将撰写的新邮件保存到"草稿"文件夹中,以待以后再进行编辑或发送。

选择菜单栏中"工具"‖"发送和接收"‖"发送全部邮件"命令,或者直接单击工具栏上的“发送和接收”按钮右侧下拉箭头，选择“发送全部邮件”命令，即可将邮件全部发送出去。

3. 接收和阅读电子邮件

选择菜单栏中“工具”‖“发送和接收”‖“接收全部邮件”命令，或者直接单击工具栏上的“发送和接收”按钮右侧下拉箭头，选择“接收全部邮件”命令，即可开始接收邮件。

接收到的邮件存放在“收件箱”中，单击 Outlook Express 左侧菜单中的“收件箱”图标，所有邮件将出现在邮件列表中，此时单击要阅读的邮件主题，其邮件内容即显示在预览窗口中，可以双击邮件主题，则弹出新窗口显示该邮件的全部内容。

4. 回复和转发电子邮件

打开收件箱阅读完邮件后，可以回复发件人。具体操作步骤如下：

①在邮件列表中单击要回复的邮件主题，单击工具栏中的“答复”图标或选择菜单栏中“邮件”‖“答复发件人”命令，弹出回复窗口。

②在回复窗口中的“收件人”和“主题”由系统自动填入，在编辑区键入要回复的内容后单击工具栏上的“发送”按钮即可将回复邮件发送出去。

如果要将信件转给第三方，可以将邮件原封不动进行转发。具体操作步骤如下：

①在邮件列表中单击要转发的邮件主题，单击工具栏上的“转发”按钮或选择菜单栏中“邮件”‖“转发”命令，弹出转发邮件窗口。

②邮件的标题和内容已经由系统自动填入，只需在“收件人”输入框填写第三方的邮件地址，单击工具栏上的“发送”按钮即可将邮件转发出去。

7.2.4 Outlook Express 基本参数设置

在使用 Outlook Express 收发邮件时，可以根据用户的需求对其基本参数进行个性化设置，选择菜单栏中“工具”‖“选项”命令，弹出“选项”对话框。

Outlook Express 的“选项”对话框中包含“常规”、“阅读”、“回执”、“发送”、“撰写”、“签名”、“拼写检查”、“安全”、“连接”和“维护”10 个选项卡，分别实现对 Outlook Express 各功能的设置，各选项卡设置内容如下：

- “常规”选项卡：包含“常规”、“发送/接收邮件”、“默认邮件程序”3 个栏目，可以进行启动显示文件夹设置、新闻组通知设置、显示未读邮件设置、接收邮件声音设置、自动接收新邮件设置以及将系统默认邮件程序设置等。
- “阅读”选项卡：主要对阅读邮件时的显示效果，包括字体、颜色、编码方式等进行设置。
- “回执”选项卡：主要对是否请求阅读回执、是否返回阅读回执、是否为数字签名的邮件请求安全回执等进行设置。
- “发送”选项卡：主要对发送条件和要求进行设置，同时还可以设置邮件发送格式和新闻发送格式，包括 HTML 和纯文本两种格式。
- “撰写”选项卡：主要对撰写邮件时使用的字体格式、信纸样式和名片内容进行设置。
- “签名”选项卡：主要对是否在邮件中添加签名，以及签名的样式进行设置。
- “拼写检查”选项卡：主要对发送前是否检查拼写、检查拼写时可忽略的内容、使用语言进行设置。
- “安全”选项卡：主要对病毒防护、图形下载、数字标识、数字签名和附件加密进行设置。

- "连接"选项卡:主要对拨号和 Internet 连接进行设置。
- "维护"选项卡:主要对邮件清除选项和日志进行设置。

7.2.5 Outlook Express 电子邮件管理

电子邮件管理是 Outlook Express 的一个最基本的功能,可以对邮件设置一定的规则进行分类管理。Outlook Express 将根据邮件状态将邮件分别存放在"发件箱"、"收件箱"、"已发送邮件"、"已删除邮件"、"草稿"和用户自建文件夹中。各文件夹的功能如下:

- 收件箱:保存各账户收到的已读和未读的邮件;
- 发件箱:保存各账户没有成功发送到收件服务器的邮件,Outlook Express 启动或按"发送/接收"按钮,会自动发送其中的邮件;
- 已发送邮件:保存各账户已成功发送到收件服务器的邮件,包括邮件账号错误的邮件;
- 已删除邮件:保存用户删除的邮件,以便用户在必要时恢复或查阅;
- 草稿:保存用户撰写后尚未发送的邮件,一旦用户做了"发送"操作,这个邮件立即转到"发件箱"中,等待发送,如果发送成功,这个邮件又及时转到"已发送邮件"箱中。
- 自建文件夹:用户根据需要自己建立的文件夹来分类管理各类邮件。

1. 使用文件夹为邮件分类

用户利用 Outlook Express 的邮件的分类管理功能,在各类文件夹中添加一些新的文件夹并设置一定的规则,使收到的邮件分门别类归入到不同的文件夹中,这样,用户就可以按其轻重缓急程度来处理邮件了。现以"收件箱"为例介绍具体操作方法。

(1) 新建文件夹

①在 Outlook Express 窗口左侧文件夹列表中右键单击"收件箱",在弹出的菜单中选择"新建文件夹"或选择菜单栏中"文件"‖"新建"‖"文件夹"命令,打开"创建文件夹"对话框。

②在"创建文件夹"对话框中输入新建文件夹的名称,并选择新文件夹创建的位置为"收件箱"。

③单击"确定"按钮,则"收件箱"下的新文件夹"工作信件"创建成功。

(2) 邮件移动

用户可以将"收件箱"中原有的邮件移动到指定的文件夹中去。主要有两种操作方法:

①在 Outlook Express 窗口选择"收件箱"文件夹,从右侧邮件列表中选择要移动的邮件拖到用户指定的文件夹中即可。

②在 Outlook Express 窗口选择"收件箱"文件夹,右击要移动的邮件,在弹出的菜单中选择"移动到文件夹"命令,弹出"移动"对话框,选择目的文件夹,按"确定"就可以把邮件移到指定的文件夹。

(3) 邮件删除

如果需要删除邮件,具体操作步骤如下:

①打开"收件箱",在右侧邮件列表中选择要删除的邮件。

②右键单击该邮件在弹出菜单中选择"删除"或直接单击工具栏中的"删除"按钮,则该邮件将从"收件箱"移到"已删除邮件"文件夹中。

③如果需要彻底删除该邮件,在"已删除邮件"文件夹中选定该邮件,右击该邮件,在弹

出菜单中选择“删除”或直接单击工具栏中的“删除”按钮，弹出删除确认对话框。

④选择“是”，则彻底删除了该邮件。

2. 邮件规则设置

在 Outlook Express 中可以设置邮件规则，从而在收信时自动的把不同的来信分类放在相应的文件夹中。具体的操作步骤如下：

①选择菜单栏中“工具”‖“邮件规则”‖“邮件”命令，弹出“邮件规则”对话框。

②在“邮件规则”对话框中单击“新建”按钮，则弹出“新建邮件规则”对话框。

③在“新建邮件规则”对话框首先“选择规则条件”，在条件列表中选中所需规则条件前的复选框，该规则详细内容会显示在“规则描述”中。

④选择规则操作即对刚才所选规则条件制定相应的操作，在操作列表中选中所需操作前的复选框，该操作详细内容会显示在“规则描述”中。

⑤在“规则描述”中单击带下划线的内容进行编辑。

⑥在“规则名称”栏填写所创建规则的名称。

⑦单击“确定”按钮，该规则创建成功。

在实际的使用中可以制定多条规则，多条规则是按照从上到下的顺序依次执行的。

3. 定时收取邮件

Outlook Express 提供了定时收取邮件的功能，便于用户在规定时间自动收取邮件。具体设置方法如下：

①选择菜单栏中“工具”‖“选项”命令，弹出“选项”对话框。

②在“选项”对话框中选择“常规”选项卡。

③在“发送/接收邮件”栏目下“每隔 30 min 检查一次新邮件”中修改或设置自动收取邮件的时间间隔。

④设置完成后单击“确定”按钮，则运行 Outlook Express 时就可以根据设置定时自动收取邮件。

7.2.6 Outlook Express 通讯簿的使用

通讯簿相当于一个电子名片夹，用于保存经常与本人有邮件往来的用户信息。

1. 添加用户信息

(1) 手动输入

①选择菜单栏中“工具”‖“通讯簿”命令，打开通讯簿窗口。

②单击工具栏中“新建”‖“新建联系人”按钮，在弹出的“属性”对话框中，输入该联系人的各项信息。

③单击“确定”，则该联系人信息添加成功。

(2) 从邮件导入

在正在撰写或阅读的邮件窗口中，单击发件人地址，在弹出的快捷菜单中选择“将发件人添加到通讯簿”命令选项，则该联系人信息会添加到通讯簿中。

(3) 从其他程序导入

其他电子邮件应用程序，如 Foxmail、Netscape Communicator 和 Microsoft Exchange 等也有相应的通讯簿功能，把电子邮件应用程序通讯簿中的信息导出为 C3V 格式，然后将其导人 Outlook Express 中即可。

2. 联系人组管理

通过创建包含用户名的联系人组，可以将邮件方便地发送给一组收件人，在发送邮件时，只需在“收件人”框中输入组名就可以将邮件发送给该组的每个用户。用户可以创建多个组，并且联系人可以分属不同的组。创建联系人组的步骤如下：

①选择菜单栏中“工具”‖“通讯簿”命令，打开通讯簿窗口。

②单击工具栏中“新建”‖“新建组”按钮，弹出“属性”对话框，在“组”选项卡中输入该组的名称，选择该组的成员或直接在“姓名”和“电子邮件”输入框输入新联系人，单击“添加”即可。

③在“属性”对话框中，切换到“组详细信息”选项卡填写该组的详细信息。

④单击“确定”按钮，地址簿中就会增加相应的一条组信息。

3. 查找用户

在通讯簿及网络中可以方便的查找用户，具体操作步骤如下：

①选择菜单栏中“工具”‖“通讯簿”命令，打开通讯簿窗口。

②单击工具栏中的“查找用户”按钮，弹出“查找用户”对话框。

③在“搜索范围”下拉列表中选择查找区域。

④用户信息栏中输入查找的依据，单击“开始查找”，则开始根据所填依据在所选范围内开始查找。

第8章

安全使用计算机

8.1 计算机安全的基本知识

8.1.1 计算机病毒的基本知识

1. 计算机病毒的概念

(1) 计算机病毒的定义

计算机病毒(Computer Virus)在《中华人民共和国计算机信息系统安全保护条例》中被明确定义,病毒是:"指编制或者在计算机程序中插入的破坏计算机功能或者破坏数据,影响计算机使用并且能够自我复制的一组计算机指令或者程序代码。"

计算机病毒是一个计算机程序,是一段可执行码,它可以附属在可执行文件或隐藏在系统数据区中,在开机或执行某些程序后悄悄进驻内存,然后对其他的文件进行传染,对计算机的正常使用进行破坏,使得电脑无法正常使用甚至整个操作系统或者电脑硬盘损坏。

就像生物病毒一样,计算机病毒有独特的复制能力。计算机病毒可以很快蔓延,又很难根除。它们能把自身附着在各种类型的文件上。当文件被复制或从一个用户传送到另一个用户时,它们就随同文件一起蔓延开来。病毒程序不是独立存在的,它往往隐蔽在其他可执行的程序之中,既有破坏性,又有传染性和潜伏性。轻则影响机器运行速度,使机器不能正常运行;重则使机器处于瘫痪,会给用户带来不可估量的损失。

目前有很多的杀毒软件,但是新病毒还是层出不穷,成为一大危害。

(2) 计算机病毒的历史

计算机刚刚诞生,就有了计算机病毒的概念。1949年,计算机之父冯·诺依曼在《复杂自动机组织论》中便定义了计算机病毒的概念——一种"能够实际复制自身的自动机"。1960年,美国的约翰·康维在编写"生命游戏"程序时,首先实现了程序自我复制技术。他的游戏程序运行时,在屏幕上有许多"生命元素"图案在运动变化。这些元素过于拥挤时,会因缺少生存空间而死亡。如果元素过于稀疏,由于相互隔绝失去生命支持系统,也会死亡。只有处于合适环境的元素才非常活跃,它们能够自我复制并进行传播。

贝尔实验室的3位年轻程序员也受到冯·诺依曼理论的启发,发明了"磁心大战"游戏。玩这个游戏的两个人编制了许多能自身复制、并可保存在磁心存储器中的程序,然后发出信号。双方的程序在指令控制下就会竭力去消灭对方的程序。在预定的时间内，谁的程序繁殖得多，谁就得胜。这种有趣的游戏很快就传播到其他计算机中。

计算机病毒的形成有着悠久的历史，并还在不断地发展。电脑病毒最初的历史，可以追溯至1982年。当时，电脑病毒这个名词还未正式被定义。当年，Rich Skerta 撰写了一个名为“Elk Cloner”的电脑程式，使其成为了电脑病毒史上第一种感染个人电脑(Apple II)的电脑病毒，它以软磁碟作传播媒介，破坏程度相当轻微，受感染电脑只会在萤光幕上显示一段小小的诗句。

然而，真正开始为世人所关注的是1986年，巴基斯坦籍两兄弟编写了 Pakistan 病毒，该电脑病毒名为“脑(Brain)”，这段恶意电脑病毒能破坏电脑的起动区(boot-sector)，亦被视为第一只能透过自我隐藏来逃避侦测的病毒，这是世界上第一个真正意义上的计算机病毒，在一年时间内流传到了世界各地。

1987年，Lehigh 病毒于美国 Lehigh 大学被发现，是首个文件感染型病毒(File infectors)。文件感染型病毒主要通过感染 .com 档案和 .exe 档案，来破坏资料、损毁档案配置表(FAT)或在染毒档案执行的过程中感染其他程序。

1988年，罗伯特·莫里斯(Robert T. Morris)将他编写的蠕虫病毒程序输入计算机网络，造成重大灾害，美国6 000多台计算机被病毒感染，计算机系统直接经济损失达9 600万美元，这是一次非常典型的计算机病毒入侵计算机网络事件，迫使美国国防部成立了计算机应急行动小组。

1988年底，我国发现“小球病毒”，这是我国首次发现计算机病毒。

1990年，首个病毒交流布告栏(Virus Exchange Bulletin Board Service, VX BBS)于保加利亚上线，藉以给病毒编程者交换病毒程式码及心得。同年，防毒产品如 McAfee Scan 等开始粉墨登场。

1991年，美国在攻打伊拉克的“海湾战争”中，美军第一次将计算机病毒用于战争，并取得最后胜利，计算机病毒首次应用于现代战争。

1992年，出现专门对付杀毒软件的“幽灵病毒”。病毒和杀毒软件的斗争正式开始。

1994年，出现了采用密码技术、编写技巧高超的隐蔽性病毒和多变性病毒。

1995年，美国首次发现“宏病毒”，一种专门针对 Word 编写的病毒，专门攻击 Windows 操作系统以及微软公司的其他产品。

1998年，世界上首先出现了首例既能攻击软件又能攻击硬件的病毒——CIH 病毒，这种病毒可以损坏计算机的应用程序、主板和芯片，CIH 病毒是继 DOS 病毒、Windows 病毒、宏病毒之后的第四类新型病毒，1999年4月26日，CIH 病毒大爆发，全球超过6 000万台电脑被不同程度的破坏，造成了巨大的损失。

2000年5月，一种利用微软公司电子邮件系统 Outlook 的漏洞的病毒：“I Love You”(爱虫)病毒发作，致使雅虎、亚马逊书店等主要网站服务瘫痪。全球经济损失100亿美元。

2001年，一种结合了蠕虫、木马、后门、黑客等攻击手段的综合性病毒：红色代码(codeRed)病毒传遍全球，危害之大，堪称病毒史上的一个里程碑式事件。

2002年，混合式病毒“求职信”除了会像传统病毒般感染电脑档案外，同时亦拥有蠕虫(worm)及木马程序的特征。它利用微软邮件系统自动运行附件的安全漏洞，耗费大量的系统资源，造成电脑运行缓慢直至瘫痪。

2003年,冲击波(Blaster)病毒于八月开始爆发,它利用了微软作业系统 Windows 2000及 Windows XP 的保安漏洞,取得完整的使用者权限在目标电脑上执行任何的程序代码,并透过互联网,继续攻击网络上仍存有此漏洞的电脑。由于防毒软件不能过滤这种病毒,病毒迅速蔓延至多个国家,造成大批电脑瘫痪和网络连接速度减慢。

继"冲击波"病毒之后,第六代"大无极"电脑病毒(SOBIG. F)透过电子邮件肆虐扩散,该病毒通过伪造寄件人身份,根据电脑通讯录内的资料,发出大量以"Thank you!","Re: Approved"等内容的电邮之外,还驱使染毒的电脑自动下载某些网页,使编写病毒的作者有机会窃取电脑用户的个人及商业资料。

2004年,"悲惨命运"病毒于1月下旬出现,它利用电子邮件作传播媒介,以"Mail Transaction Failed"、"Mail Delivery System"、"Server Report"等字眼作电邮主旨,诱使用户开启带有病毒的附件档。受感染的电脑除会自动转寄病毒电邮外,还会令电脑系统开启一道后门,供骇客用作攻击网络的中介。它还会对一些著名网站(如 SCO 及微软)作分散式拒绝服务攻击 (Distributed Denial of Service, DDoS),其变种阻止染毒电脑访问一些著名的防毒软件厂商网站。由于它可在30 s内寄出高达100封电子邮件,令许多大型企业的电子邮件服务被迫中断,在电脑病毒史上,其传播速度创下了新纪录。

防毒公司都会以 A、B、C 等英文字母作为同一病毒变种的命名。网络天空(NetSky)这种病毒,被评为史上变种速度最快的病毒,因为它自2004年2月中旬出现以来,在短短的两个月内,其变种的命名已经用尽了26个英文字母,接踵而至的是以双码英文字母名称,如 NetSky. AB。它透过电子邮件大量传播,当收件人运行了带着病毒的附件后,病毒程序会自动扫瞄电脑硬盘及网络磁碟机来搜集邮件地址,透过自身的邮件发送引擎,转发伪冒寄件者的病毒邮件,而且病毒邮件的主旨、内文及附件档案名称都是多变的。

"震荡波"病毒与较早前出现的冲击波病毒雷同,都是针对微软视窗作业系统的安全漏洞,也不需依赖电子邮件作传播媒介。它利用系统内的缓冲溢位漏洞,导致电脑连续重新开机并不断感染互联网上其他电脑。以短短18 d的时间,它取代了"冲击波病毒",创下了修补程序公布后最短攻击周期纪录。

(3) 计算机病毒的来源

计算机病毒不是来源于突发或偶然的原因。一次突发的停电和偶然的错误,会在计算机的磁盘和内存中产生一些乱码和随机指令,但这些代码是无序和混乱的,计算机病毒则是一种经过精心设计的精巧严谨的程序代码段,是按照严格的逻辑组织起来,与所在的系统网络环境相适应和配合起来的,所以,病毒是人为的特制程序。

通过大量的资料分析统计来看,计算机病毒的主要来源是:

- 计算机人员和业余爱好者恶作剧、寻开心制造出的病毒,一些天才的程序员为了表现自己和证明自己的能力,例如像圆点一类的良性病毒。
- 软件公司及用户为保护自己的软件被非法复制而采取的报复性惩罚措施。因为他们发现对软件上锁,不如在其中藏有病毒对非法拷贝的打击大,这更加助长了各种病毒的传播。
- 出于对上司的不满,为了好奇,为了报复,为了祝贺和求爱,为了得到控制口令,旨在攻击和摧毁计算机信息系统和计算机系统而制造的病毒。例如1987年底出现在以色列耶路撒冷西伯莱大学的犹太人病毒,就是雇员在工作中受挫或被辞退时故意制造的。它针对性强，破坏性大，产生于内部，防不胜防。

- 用于研究等有益目的而设计的程序，由于某种原因失去控制或产生了意想不到的效果。例如：首例计算机病毒是一个简单的试验程序，科学家最初只是想测试该理论是否有效，结果是，他们证实了该理论，但是同时也发现了部分负面影响，病毒可干扰某些正常的计算机处理，并导致误操作。
- 当然也有因政治、军事、宗教、民族、专利等方面的需求而专门编写的，其中也包括一些病毒研究机构和黑客的测试病毒。

(4) 计算机病毒的传播途径

计算机病毒的传播途径通常分为主动传播和被动传播两种。

- 主动传播

一是无线注入，通过无线电波把病毒发射注入到被攻击对象计算机系统当中；二是有线注入，即通过网络节点有线注入病毒，使病毒在网络内向所有的计算机传播；三是接口输入，通过网络中的计算机接口输入病毒，最终侵入网络中心和要害终端，最终使整个网络系统瘫痪；四是先机植入，即将病毒固化在计算机芯片中，一旦需要，便可遥控激活。

- 被动传播

引进的计算机系统或软件中带有病毒；下载、拷贝或执行了染有病毒的应用程序或游戏软件，维护系统时加以感染；通过网络、电子邮件传入盗版光盘、软盘等的使用。

(5) 计算机病毒的命名规则

计算机病毒的命名规则是：＜病毒前缀＞.＜病毒名＞.＜病毒后缀＞。

病毒前缀是用来区别病毒的种族分类，不同种类的病毒，其前缀也是不同的。如常见的木马病毒的前缀 Trojan、蠕虫病毒的前缀 Worm 等。

病毒名是是用来区别和标识病毒家族特征的，如著名的 CIH 病毒的家族名都是统一的"CIH"，"震荡波"蠕虫病毒的家族名是"Sasser"。

病毒后缀是用来区别具体某个家族病毒的某个变种特征的，一般都采用英文中的 26 个字母来表示，如 Worm. Sasser. b 就是指"震荡波"蠕虫病毒的变种 B，因此一般称为"震荡波 B 变种"或者"震荡波变种 B"。如果该病毒变种非常多(也表明该病毒生命力顽强)，可以采用数字与字母混合表示变种标识。

(6) 计算机病毒的结构

计算机病毒包括三大模块，即引导模块、传播模块和破坏(表现)模块。其中，后两个模块各包含一段触发条件代码，它们分别检测是否满足传染触发条件和是否满足破坏触发条件，只有相应的触发条件满足时，病毒才会进行传染或破坏，实际上，很多病毒并不都包括以上 3 个模块，有些病毒没有引导模块，有些病毒没有破坏模块。

3 个模块的作用分别是：引导模块将病毒由外存引入内存，使后两个模块处于活动状态；传播模块用来将病毒传染到其他对象上去；破坏(表现)模块实施病毒的破坏作用，由于该模块在有些病毒中并没有明显的恶意，只是进行一些自我表现，因此该模块有时也称为表现模块。

2. 计算机病毒的特点

(1) 破坏性

计算机病毒破坏性的表现多种多样，例如破坏数据、导致系统异常、窃取用户数据、阻塞网络等，任何病毒只要侵入系统，都会对系统及应用程序产生不同程度的影响。轻者会降低计算机工作效率，占用系统资源，重者可导致系统崩溃。

(2) 传染性

计算机病毒不但本身具有破坏性，且具有传染性，病毒要进行传染，就需要进行自我复制，常用的方法就是把自身的代码注入到宿主程序中，当宿主程序运行时，病毒代码也能随之运行，是否具有传染性是判别一个程序是否为计算机病毒的最重要条件。一般正常的程序是由用户调用，再由系统分配资源，完成用户交给的任务，对用户是可见的、透明的。而病毒隐藏在正常程序中，当用户调用正常程序时窃取系统的控制权，先于正常程序执行，病毒的动作、目的对用户是未知的，是未经用户允许的。

(3) 隐蔽性

计算机病毒要获得有效的传染和传播，就应该尽量在能觉察的范围之外进行，因此计算机病毒都具有很强的隐蔽性，病毒一般是具有很高编程技巧、短小精悍的程序。通常附在正常程序中或磁盘较隐蔽的地方，也有个别的以隐含文件形式出现。目的是不让用户发现它的存在。

如果不经过代码分析，病毒程序与正常程序是不容易区别开来的。一般在没有防护措施的情况下，计算机病毒程序取得系统控制权后，可以在很短的时间里传染大量程序。而且受到传染后，计算机系统通常仍能正常运行，使用户不会感到任何异常。大部分病毒的代码之所以设计得非常短小，也是为了隐藏。

(4) 潜伏性

潜伏性是指病毒在相当长的一段时间里，虽然在系统中存在，但不执行它的破坏功能，使用户难以察觉，只有在满足其特定条件时才执行恶意代码。正是由于病毒的这种潜伏性，才使得它可以进行广泛的传播。

(5) 触发性

计算机病毒一般都有一个或多个出发条件，在条件未满足时，计算机病毒安静地潜伏在系统之中，但是一旦满足其触发条件，就会表现出破坏性，触发的条件可能是时间、文件类型或特定数据等。

如著名的“黑色星期五”只在逢 13 号的星期五发作。国内的“上海一号”会在每年 3、6、9 月的 13 日发作。当然，最令人难忘的便是 26 日发作的 CIH。这些病毒在平时会隐藏得很好，只有在发作日才会露出本来面目。

(6) 寄生性

计算机病毒一般都不是独立存在的，为了进行自身的主动传播，通常将自身寄生在其他程序之中，当执行这个程序时，病毒就起破坏作用，而在未启动这个程序之前，它是不易被人发觉的。

计算机病毒除以上特性之外，还具有非法性、不可预见性和衍生性等。

3. 计算机中毒的症状

计算机受到病毒感染后，会表现出不同的症状，主要表现为：

(1) 机器不能正常启动

有些引导型病毒修改了硬盘的引导信息，或删除了某些启动文件都会导致计算机不能正常启动，或者可以启动，但所需要的时间比原来的启动时间长。系统不能识别磁盘或硬盘不能引导系统等。

(2) 运行速度降低

病毒进驻计算机系统后不但干扰系统运行,还要与其他应用程序争夺 CPU 和内存资源,在后台运行大量的非法操作,从而影响计算机速度。如果发现在运行某个程序时,读取数据的时间比原来长,存文件或调文件的时间都增加了,那就可能是由于病毒造成的。

(3) 磁盘空间迅速变小

由于病毒本身或其复制品不断侵占系统空间,使可用系统空间迅速变小。如文件型病毒把病毒体写到其他可执行文件或磁盘的某个位置,然后通过其快速的传播,使感染文件的长度都会不同程度地增长,以此造成非法占据大量的磁盘空间。

(4) 文件内容和长度有所改变

由于病毒的干扰,文件长度可能改变,文件内容也可能出现乱码。有时文件内容无法显示或显示后又消失了。由于病毒程序把自己的某个特殊标志作为标签,使接触到的磁盘出现特别标签,生成不可见的表格文件或特定文件,程序运行出现异常现象或不合理的结果。

病毒还经常会修改文件格式或文件链接位置导致文件损坏损坏或文件打不开。

(5) 经常出现"死机"现象

正常的操作是不容易造成死机现象的,如果计算机经常死机,那可能是由于系统被病毒感染了。由于病毒程序的异常活动,造成异常的磁盘访问。系统会经常出现异常动作,如突然死机,又在无任何外界介入下自行起动。

(6) 外部设备工作异常

如果机器中有病毒,外部设备在工作时可能会出现一些异常情况,如键盘或鼠标无端地锁死:或运行某个应用程序之后,长时间系统繁忙,表现出按键盘或鼠标不起作用。

(7) 经常蓝屏

以上仅列出一些比较常见的病毒表现形式,肯定还会遇到一些其他的特殊现象,这就需要由用户自己判断了。

4. 计算机病毒的分类

按照计算机病毒的特点及特性,目前针对计算机病毒的分类方法很多,因此,同一种病毒有可能被分到多个不同的类别当中。

(1) 根据计算机病毒的攻击的操作系统分类

• 攻击 DOS 系统的病毒

这类病毒也称 DOS 病毒,出现最早,变种最多,传播也最广泛,如小球病毒等。

• 攻击 Windows 系统的病毒

这类病毒也称 Windows 病毒,攻击 Windows 的病毒主要是宏病毒,有感染 Excel、Access 的宏病毒,但更多的是感染 Word 的宏病毒。

• 攻击 Unix 或 OS/2 系统的病毒

目前,许多大型的操作系统均采用 Unix 作为其主要的操作系统,所以攻击 Unix 操作系统的病毒也是对人类信息处理是一个严重的威胁,目前也已经发现了不少攻击 OS/2 操作系统的病毒。

(2) 根据计算机病毒的传播媒介分类

• 单机病毒

单机病毒的载体是磁盘，最常见的是病毒从软盘传入硬盘，感染系统，然后再感染其他软盘，进而感染其他系统。早期的病毒都属于此类。

• 网络病毒

网络病毒的传播媒体是网络，随着计算机网络技术的飞速发展和网上用户的增加，网络病毒的传播速度更快、范围更广，造成的危害也越来越大。网络病毒经常会造成网络堵塞，修改网页，甚至与其他病毒相结合修改或破坏文件。如 CIH、Sircam、CordeRed 等病毒在网络上肆虐的程度越来越严重。如今的大多数病毒都属于网络病毒。

(3) 根据计算机病毒的破坏程度分类

• 良性病毒

良性病毒危害性小，入侵的目的不是破坏计算机系统和数据，多数只是想表现自己，常常出自一些病毒发烧友或恶作剧者之手，想测试一下自己的开发病毒程序的水平。这些病毒会干扰计算机系统的正常运行，占用一定的硬盘空间和 CPU 处理时间，而且违背计算机用户的意愿。这类病毒较多，如 GENP、小球、W-BOOT 等。

• 恶性病毒

恶性病毒的目的就是破坏系统的信息资源。如破坏数据、删除文件或加密磁盘、格式化磁盘，有的病毒还会对数据造成不可挽回的破坏。常见的恶性病毒只对软件系统造成干扰，不会造成硬件损坏、数据丢失等严重后果，如果是感染上极恶性病毒，计算机系统就会彻底崩溃，根本无法正常启动，硬盘中的有用数据也可能随之不能获取，灾难性病毒会破坏磁盘的引导扇区文件、修改文件分配表和硬盘分区表，造成系统根本无法启动，有时甚至会格式化或锁死系统硬盘，一旦染上这类病毒，计算机系统很难恢复，保留在硬盘中的数据也很难获取，所造成的损失是非常巨大的，如 1998 年 4 月 26 日发作的 CIH 病毒就可划归此类，因为它不仅对软件造成破坏，更直接对硬盘、主板的 BIOS 等硬件造成破坏。

(4) 根据计算机病毒的寄生方式分类

• 引导型病毒

引导型病毒也称磁盘引导型、引导扇区型、磁盘启动型或系统型病毒。这类病毒攻击的对象是磁盘的引导扇区，这样就能使系统在启动时获得优先的执行权，从而控制整个系统，这类病毒因为感染的是引导扇区，所以造成的损失也比较大，一般来说系统无法正常启动。

• 文件型病毒

文件型病毒是指所有通过操作系统的文件系统进行感染的病毒。早期的这类病毒一般是感染以 . exe、. com 等为扩展名的可执行文件，当用户执行某个可执行文件时病毒程序就随即被激活。这类病毒还可以感染高级语言程序的源代码、开发或编译过程所产生的中间文件，如 . dll、. ovl、. sys 等为扩展名的文件，因为这些文件通常是某程序的配置、链接文件，所以执行某程序时病毒也就自动被加载了。它们加载的方法是插入病毒代码到段落或分散插入到这些文件的空白字节中，如 CIH 病毒就是把自己拆分成 9 段嵌入到 PE 结构的可执行文件中，感染后通常文件的字节数并不见增加，这就是它隐蔽性的一面。

• 混合型病毒

混合型病毒，也称“综合型、复合型病毒”，是因为它们同时具备了“引导型”和“文件型”病毒的某些特点，它们既可以感染磁盘的引导扇区文件，也可以感染某些可执行文件，如果没有对这类病毒进行全面的清除，则残留病毒可自我恢复，还会造成引导扇区文件和可执行文件的感染，所以这类病毒查杀难度极大，所用的杀毒软件要同时具备查杀两类病毒的功能。

- 宏病毒

宏病毒是一种存储于文档、模板或加载宏程序中的计算机病毒。当打开已受感染的文件(如 Word 文档)或执行触发宏病毒的操作时，病毒就会被激活，并存储到 Normal. dot 模板或 Personal. xls 文件中。此后，保存的每个文档都会自动被病毒感染，如果其他人打开受感染的文件，那么宏病毒就会传播到他们的计算机中。

该类病毒的共有特性是能感染 Office 系列文档，然后通过 Office 通用模板进行传播，宏病毒很容易通过电子邮件附件、软盘、文件下载和群组软件等多种方式进行传播，如著名的美丽莎(Macro. Melissa)。

- 蠕虫病毒

蠕虫病毒(Worm)是通过分布式网络自行复制和扩散特定信息或错误的程序，它是破坏网络中的信息或造成网络服务中断的病毒。蠕虫病毒最主要的特点是通过网络或者系统漏洞进行传播，大多数的蠕虫病毒都有向外发送带毒邮件、阻塞网络的特性，比如冲击波(阻塞网络)、小邮差(发带毒邮件) 等。蠕虫病毒跟电脑病毒有些不同，电脑病毒通常会专注感染其他程序，但蠕虫是专注于利用网络扩散。

- 木马病毒

木马又称特洛伊木马(Trojan horse)，它原本是一种基于远程控制的工具。木马的运行模式属于客户/服务模式，它包括两大部分，即客户端和服务器端。其原理是作为服务器的主机一般会打开一个默认的端口进行监听，如果客户机向服务器的这一端口提供接连请求，服务器上的相应程序就会自动运行，来应答客户机的请求。

木马病毒的前缀是 Trojan，木马病毒的共有特性是通过网络或者系统漏洞进入用户的系统并隐藏，然后向外界泄露用户的信息。与电脑病毒的区别是特洛伊不会复制自己。它的传播技俩通常是诱骗电脑用户把特洛伊木马植入电脑内。

(5) 根据计算机病毒的链接方式分类

病毒只有进入计算机系统才能进行感染和破坏，因此，病毒必须与计算机系统内部可能被执行的文件建立链接，这些链接可能是操作系统文件，也可能是各种程序设计语言编写的应用程序，也可能是应用程序所用到的数据文件(如 Word 文档)，根据病毒对这些文件的链接形式不同，可以划分为如下几类：

- 源码型病毒

源码型病毒的前缀是 Script。这类病毒在高级语言(如 FORTRAN、C、或 PASCAL 等语言)编写的程序被编译之前，插入到目标源程序之中，经编译，成为合法程序的一部分，使病毒程序与目标程序成为一体。这类病毒一般寄生在编译处理程序或链接程序之中。通过网页进行的传播的病毒，如红色代码(Script. Redlof)等，目前这类病毒并不多见。

- 嵌入型病毒

嵌入型病毒也叫入侵型病毒，在感染时往往对宿主程序进行一定的修改，通常是寻找宿主程序的空隙将自己进去，并成为合法程序的一部分，使病毒程序与目标程序成为一体。即病毒是在源程序编译之前插入病毒代码，最后随源程序一起被编译成可执行文件，这样生成的文件就是带毒文件。嵌入型病毒编写起来很难，要求病毒能够自动在目标程序中寻找恰当的位置，把自身插入，同时还要保证病毒能正常实施攻击，且目标程序能正常运行，因此这种入侵的方法难度极大，需要非常专业的编程水平。一旦病毒侵入宿主程序，对其清除也是十分困难的，清除这类病毒往往会破坏合法程序，这类病毒的数量不多，但破坏力极大且很难检测、查杀。

• 外壳型病毒

外壳型病毒一般链接在宿主程序的首尾，对原来的主程序不作修改或仅作简单的修改。这类病毒相当于给程序添加一个外壳，当宿主程序执行时，首先激活并执行病毒代码，然后才将正常的程序调入内存。这种病毒较常见，易于编写，易于发现，数量最多。目前大多数文件型病毒属于这一类。一般通过测试可执行文件的大小即可知是否感染病毒。

• 操作系统型病毒

这类病毒程序用自己的逻辑部分取代一部分操作系统中的合法程序模块，从而寄生在计算机磁盘的操作系统区，在启动计算机时，能够现运行病毒程序，然后再运行启动程序。这种病毒具有很强的破坏力，可以导致整个系统的瘫痪，无法启动。圆点病毒和大麻病毒是典型的操作系统病毒。

8.1.2 计算机病毒的预防

1. 预防为主、加强管理

解决计算机病毒防治的关键是要在思想上足够重视，要“预防为主、防治结合”，从加强管理入手，制定切实可行的预防管理措施并严格地贯彻落实。由于计算机病毒的隐蔽性和主动攻击型，要完全杜绝病毒的传染，对于目前的网络系统和开放式系统而言，几乎是不可能的。因此，一定要牢固树立预防为主的思想，通过防止结合的策略，把病毒的感染和传播的几率降到最低，切忌轻视、侥幸和麻痹思想。

2. 及时做好数据备份工作

由于计算机病毒的不可预知性和杀毒软件的滞后性，导致用户很难保证自己的计算机系统不感染病毒，只有及时对用户数据或系统进行备份，才可能在系统崩溃时最大限度地进行恢复，尽可能地减少损失。因此，定期与不定期地将重要数据和资料备份起来，是最有效最可行的防范措施。

3. 主动杜绝病毒传染途径

计算机病毒的主要传播途径是移动存储设备和网络，随着计算机网络的广泛应用，这一途径已经成为病毒最重要和最快速的传播渠道。因此，对于用户来说，不要轻易下载小网站上来路不明的软件、游戏，不要访问非法的、不健康的网站，不要随便打开某些来路不明的E-mail与附件程序，经常给自己发封E-mail，看看是否会收到第二封未属标题及附带程序的邮件。同时，不要使用来路不明的磁盘或移动存储设备上的软件和数据，对于软盘、光盘传染的病毒，不要随便打开程序或安装软件。可以先复制到硬盘上，接着用杀毒软件检查一遍，再执行安装或打开命令。

4. 将新技术应用于反病毒软件

传统的病毒防治软件绝大多数采用特征码扫描技术，而加密变形病毒的出现使得特征码扫描技术一筹莫展。因此，要不断将启发式检测、虚拟机技术、实时监控技术、人工智能陷阱等反病毒的新技术引入到病毒防治软件之中。

5. 安装杀毒软件和个人防火墙

安装并经常升级杀毒软件和个人防火墙,是最简单、最有效的病毒防范措施之一。为有效防止病毒进入本地局域网,也可以在本地网络入口处设置病毒防止系统。目前很多个人防火墙都具有病毒防止功能。

6. 邮件杀毒

电子邮件在带来方便和快捷的同时,也成为病毒传播的主要工具。很多极具破坏力的病毒,如"梅丽莎"、"红色代码"、"爱虫"、"尼姆达"等,都把电子邮件作为重要的传播渠道,因此病毒防止的一个重要方面就是邮件杀毒,邮件杀毒分为对已收邮件进行查杀和接收邮件时的实时查杀。

8.1.3 计算机病毒的清除

1. 计算机病毒的清除方法

在检测出计算机系统感染了病毒之后,就要设法消除病毒,计算机病毒的清除可以分为手动清除和使用杀毒软件清除两种方法,由于计算机技术的不断发展和计算机系统的复杂性,即使专业人员也很少自己动手进行清除病毒,一般都是借助于专业的计算机病毒检测和清除软件。

手动消毒的方法主要是借助工具软件对病毒进行手工清除。操作时使用工具软件打开被感染的文件,从中找出病毒代码并清除干净。手工杀毒操作复杂,速度慢,风险大,要求操作者具有熟练的操作技能和丰富的病毒知识,这种方法是专业防病毒研究人员用于消除新病毒的时候采用的,一般用户不易采用这种方式。

自动消除病毒方法是使用杀毒软件来进行病毒的清除。用杀毒软件进行消毒,操作简单,用户只需要按照菜单提示和联机帮助操作即可。自动消除病毒的方法具有效率高、风险小的特点,是一般用户最常采用的方法。

2. 常见杀毒软件

目前国内比较常用的杀毒软件有以下几种。

(1) 金山毒霸

金山毒霸2008杀毒套装是金山公司最新推出的防毒杀毒软件,采用"病毒库+主动防御+互联网可信认证"为一体的三维互联网防御体系,使病毒查杀更快、更准、更加彻底,所谓三维互联网防御体系即在传统病毒库、主动防御的基础上,引用了全新的"互联网可信认证"技术,搭建起了一个以病毒库为根基,以主动防御为先锋,以互联网可信认证为核心的立体化互联网木马病毒防御体系。金山毒霸2008的新技术亮点是:"安全诊断"、"抢杀技术"、"网页防木马"、"主动实时升级"、"主动漏洞修补"、"黑客防火墙"等,从某种意义上讲,金山毒霸已经不仅是一款杀毒软件,而是一款可防止更多网络威胁的互联网安全软件。

金山软件公司于1988年开始从事软件产品的研发和销售,目前是国内最知名的软件企业之一。金山软件公司2000年推出金山毒霸,目前金山毒霸已是国内领先的信息安全软件品牌之一,为国内大多数计算机用户所采用。

(2) 瑞星杀毒软件

瑞星杀毒软件2008版,是基于新一代虚拟机脱壳引擎、采用三层主动防御策略开发的新一代信息安全产品。瑞星08独创的"账号保险柜"基于"主动防御"构架开发,可保护上百种流行软件的账号,包括70多款热门网游,30多种股票、网上银行类软件,QQ、MSN等常用聊天工具及下载软件等；同时，瑞星 08 采用“木马强杀”、“病毒 DNA 识别”、“主动防御”、“恶意行为检测”等大量核心技术，可有效查杀目前各种加壳、混合型及家族式木马病毒共约 70 万种。

瑞星公司成立于 1998 年，以研发、生产和销售计算机反病毒产品、网络安全产品和“黑客”防治产品为主，目前已经成为国内最知名的反病毒专业企业之一。

(3) 诺顿

Norton AntiVirus 是一套强而有力的防毒软件，它可侦测上万种已知和未知的病毒，并且每当开机时，自动防护便会常驻在 System Tray，当从磁盘、网络、E-mail 中开启档案时便会自动侦测档案的安全性，若档案内含病毒，便会立即警告，并作适当的处理。另外它还附有“LiveUpdate”的功能，可自动连接 Symantec 的 FTP Server 下载最新的病毒码，下载完后自动更新。

(4) 卡巴斯基

卡巴斯基中文个人版（Kaspersky Anti-Virus Personal）是俄罗斯著名数据安全厂商 Kaspersky Labs 专为我国个人用户量身定制的反病毒产品。这款产品功能包括：病毒扫描、驻留后台的病毒防护程序、脚本病毒拦截器以及邮件检测程序，时刻监控一切病毒可能入侵的途径。产品采用第二代启发式代码分析技术、iChecker 实时监控技术和独特的脚本病毒拦截技术等多种最尖端的反病毒技术，能够有效查杀“冲击波”、“Welchia”、“Sobig. F”等病毒及其他 8 万余种病毒，并可防范未知病毒。

另外，该软件界面简单、管理集中、定制方式多、自动化程度高，而且几乎所有的功能都是在后台模式下运行，系统资源占有低。最具特色的是该产品每天两次更新病毒代码，更新文件只有 3～20 KB，对网络带宽的影响极其微小，能确保用户系统得到最为安全的保护，是很多个人用户的首选反病毒产品。

8.2 网络安全的基本知识

8.2.1 网络安全的基本概念

1. 网络安全的定义

随着社会信息化的迅速发展，计算机网络对安全的要求越来越搞，网络安全从其本质上讲就是网络上的信息安全。它涉及的领域相当广泛。这是因为在目前的公用通信网络中存在着各种各样的安全漏洞和威胁。从狭义的保护角度来看，计算机网络安全是指计算机及其网络系统资源和信息资源不受自然和人为有害因素的威胁和危害，从广义来说，凡是涉及到网络上信息的保密性、完整性、可用行、真实性和可控性的相关技术和理论都是网络安全所要研究的领域。下面给出网络安全的一个通用定义：网络安全是指网络系统的硬件、软件及其系统中的数据受到保护，不受偶然的或者恶意的原因而遭到破坏、更改、泄露，系统连续可靠正常地运行，网络服务不中断。

网络安全涉及的内容既包含技术方面的问题，也包含管理方面的问题，缺一不可。技术方面主要是侧重于防范外部非法用户的攻击，管理方面侧重于内部人为因素的管理。如何更有效地保护重要的信息数据，提高计算机网络系统的安全性已经成为当前计算机用户和整个社会所要面对的一个重要问题。

2. 网络安全的特征

一般来说，计算机网络安全应该具有以下几个特征：

(1) 保密性

是指确保非授权用户不能获得网络相关信息资源的性能。为此要求网络具有良好的密码体制、密钥管理、传输加密保护、存储加密保护、防电磁泄漏等功能。

(2) 完整性

是指确保数据未经授权不被非法修改、删除或增加，以保证信息正确、一致的特性，即信息在存储或传输过程中保持不被修改、不被破坏和丢失的特性。

(3) 可用性

是指确保网络合法授权用户能够访问并按需求使用网络资源的特性。为此要求网络应该具备身份识别、访问控制，以及对访问活动过程进行审计的功能。

(4) 可控性

对信息的传播及内容具有控制能力，确保合法机构所获授权能够对网络及其中的信息流动与行为进行监控的性能。

(5) 真实性

又称抵赖性，是指确保接收到的信息不是假冒的，而发言方无法否认所发信息的性能，为此要求网络具有数字取证、证据保全等功能。

3. 网络安全的内容

计算机网络安全的内容涉及广泛，对于不同的对象而言，其所关心的重点有所不同，主要表现为以下几个方面：

(1) 运行系统的安全

即保证信息处理和传输系统的安全。

(2) 系统信息的安全

包括用户口令鉴别、用户存取权限控制、数据存取权限、方式控制、安全审计、安全问题工作、计算机病毒防止、数据加密。

(3) 信息传播的安全

重点考虑信息传播后果的安全。主要侧重于防止和控制因非法传播而造成的社会效应和不良后果，确保不会因为网络上的信息失控而危害国家利益，破坏社会稳定和阻碍人类发展。

(4) 信息内容的安全

即我们讨论的狭义的“信息安全”，主要考虑信息的保密性、真实性和完整性。避免攻击者利用系统的安全漏洞进行窃听、冒充、诈骗等有损于合法用户利益的行为。

4. 网络安全的服务

针对网络系统受到的威胁，OSI安全体系结构提出了以下几类安全服务。

(1) 身份认证

身份认证是在两个开放系统同等层中的实体建立连接和数据传送期间，为提供连接实体身份的鉴别而规定的一种服务。这种服务防止冒充或重传以前的连接，即防止伪造连接初始化这种类型的攻击。这种鉴别服务可以是单向的也可以是双向的。

(2) 访问控制

访问控制服务可以防止未经授权的用户非法使用系统资源。这种服务不仅可以提供给单个用户,也可以提供给封闭的用户组中的所有用户。

(3) 数据保密

数据保密服务的目的是保护网络中各系统之间交换的数据,防止因数据被截获而造成的泄密。

(4) 数据完整性

用来防止非法实体对用户的主动攻击,如对正在交换的数据进行修改、插入,使数据延时或丢失数据等,确保数据接收方收到的信息与发送的信息完全一致。

(5) 不可否认性

这种服务有两种形式:第一种是源发证明,即某一层向上一层提供的服务,他用来确保数据由合法实体发出,它为上一层提供对数据源的对等实体进行鉴别,以防假冒;第二种是交付证明,用来防止发送方发送数据之后否认自己发送过数据,或接收方接收数据后否认自己收到过数据。

(6) 审计管理

对用户和程序使用资源的情况进行记录和审查,可以及时发现入侵活动,以保证系统的安全,并帮助查清事故原因。

(7) 可用性

保证信息使用者都可以得到相应授权的全部服务。

8.2.2 网络系统的不安全因素

网络信息系统的安全威胁主要来自 4 个方面,即自然灾害威胁、系统故障、操作失误和人为蓄意破坏。对前三种安全威胁的防范可以通过加强管理、采用切实可行的应急措施和技术手段来解决,而对于人为的蓄意破坏,问题则复杂得多,必须通过制定综合防范和治理的安全机制以及研制相关技术来加以解决,网络信息系统的不安全因素主要来自以下几个方面。

1. 网络信息系统的脆弱性

信息不安全因素是由网络信息系统的脆弱性决定的,主要由以下 3 个方面的原因:

(1) 网络的开放性

由于开放性,网络系统的协议和实现技术都是公开的,其中的设计缺陷很可能被别有用心的人所利用,在网络环境中,可以不到现场就可以实施对网络的攻击,网络各成员之间的关系也可以被假冒,这些因素都决定了网络信息系统的脆弱性是先天的。

(2) 软件系统的自身缺陷

由于系统设计人员的认知能力和实践能力的局限性,在系统的设计、开发过程中难免会产生许多的缺陷、错误,形成安全隐患,而且系统越大、越复杂,这种安全隐患就越多,有专家指出每千行程序中至少有一个缺陷,随着系统功能、复杂性的增加,错误也会增加。

(3) 黑客攻击

黑客是指专门从事网络信息系统破坏活动的攻击者,由于网络技术的飞速发展,在网上存在大量公开的黑客站点,使得获得黑客工具、掌握黑客技术越来越容易,从而导致网络信息系统所面临的威胁也越来越大。

2. 对安全的攻击

对网络信息系统的攻击有许多种类，美国国家安全局在2000年公布的《信息保障技术框架IATF》3.0版本中把攻击划分为以下5种类型。

(1) 被动攻击

被动攻击是指在未经用户同意和认可的情况下将信息泄漏给系统攻击者但不对数据信息做任何修改，这种攻击方式一般不会干扰信息在网络中的正常传输，因而也不容易被检测出来。被动攻击常用的手段包括搭线监听、无线截获、其他截获。

搭线监听是最常用的一种手段，只需将一根导线搭在无人职守的网络传输线路上就可以实现监听，只要所搭载的监听设备不影响网络负载平衡，就很难被察觉出来。

无线截获是通过高灵敏度的接受装置接受网络站点辐射的电磁波，再通过对电磁信号的分析，恢复原数据，从而获得信息数据。

其他截获是通过在通信设备或主机中预留程序或释放病毒程序之后，这些程序将有用的信息通过某种方式发送出来。其他截获方式主要有以下几种：

发送含有恶意代码的电子邮件，当用户使用具有执行脚本能力的电子邮件客户端软件时，例如使用Outlook打开一封包含有恶意的电子邮件时，使计算机受到攻击。

发送带有迷惑性描述并以可执行文件作为附件的电子邮件，当用户执行附件中的可执行文件时，计算就会遭到攻击或破坏。

发布带有欺骗性的后门程序或病毒软件，当用户不小心下载了这些后门程序或病毒软件时，计算遭到攻击或破坏。

被动攻击由于不对被攻击对象的信息作任何修改，很少或根本不留痕迹，非常难检测，抗击被动攻击的重点在于预防。

(2) 主动攻击

主动攻击具有更大的破坏性，攻击者不仅要截获系统中的数据，还要对系统中的数据进行修改，或者制造虚假数据。主动攻击的方式主要有：中断、假冒、重放、窜改消息、拒绝服务、对静态数据的攻击、漏洞扫描、利用漏洞实施攻击等。

中断：是指通过破坏系统资源或使其变得不能再利用，造成系统因资源短缺而中断。

假冒：是指以虚假身份获取合法用户的权限，进行非法的操作。

重放：指攻击者对截获的合法数据进行复制，并以非法目的重新发送。

窜改消息：是指对合法的消息进行窜改、部分删减，或使消息延迟或改变顺序。

拒绝服务：是指拒绝系统的合法用户、信息或功能对资源的访问和使用。

对静态数据的攻击包括3种方式：一是口令猜测，通过穷举方式扫描口令空间，实时非法入侵；二是IP地址欺骗，通过伪装、盗用IP地址，冒名他人，窃取信息；三是制定非法路由，通过不设防路由，将信息发送到指定目的站点。

主动攻击的一般步骤是：首先对目标进行漏洞扫描，针对特定目标的主机，搜索其基本信息，包括OS类型、开放服务、防火墙路由器信息等，寻找薄弱点或突破点，然后利用漏洞实施攻击，黑客根据不同目的对系统采取不同的攻击，一般而言，窃取重要资料或植入木马程序的较多，也有涂改网页、破坏重要数据库的。

(3) 物理临近攻击

指非授权个人物理接近网络、系统或设备实施攻击活动。物理攻击的手段非常多,例如切断网络连线,破坏计算机单机系统、服务器或网络设备使之瘫痪。

(4) 内部人员攻击

这种攻击包括恶意攻击和非恶意攻击。恶意攻击是指内部人员有计划地窃听、偷窃或损坏信息,或拒绝其他授权用户的正常访问。有统计数据表面,80%的攻击和入侵来自组织内部。由于内部人员更了解系统的内部情况,所以这种攻击更加难以防范和检测。非恶意攻击则通常是由于粗心、工作失职或无意间的误操作而造成对系统的破坏行为。

(5) 软硬件装配攻击

指采用非法手段在软硬件的生产过程中将一些“病毒”植入到系统中,以便日后待机攻击,进行破坏。

3. 有害程序的威胁

(1) 程序后门

后门是指信息系统中未公开的通道,系统设计者或其他用户可以通过这些通道出入系统而不被用户发现。后门的形成可能有几种途径:黑客设置,黑客通过非法入侵一个系统而在其中设置后门,伺机进行破坏活动;非法预留,一些不道德的设备生产厂家或程序员在生产时留下后门。这两种后门的设置有些是为了测试、维护信息而设置的,有些是恶意设置的。

(2) 特洛伊木马程序

这种程序主要是借用于古希腊传说中的著名计策木马计。它是冒充正常程序的有害程序,它将自身程序代码隐藏在正常程序中,在预定的时间或特定的事件中被激活而起破坏作用。

(3)“细菌”程序

“细菌”程序是不明显危害系统或数据的程序,它唯一的目的就是复制自己。它本身没有破坏性,但是通过不停的自我复制,耗尽系统资源,造成死机或拒绝服务。

(4) 蠕虫程序

也称超载式病毒,它不需要载体,不修改其他程序,二是利用系统中的漏洞直接发起攻击,通过大量繁殖和传播造成网络数据过载,最终使整个网络瘫痪。

(5) 逻辑炸弹程序

这类程序与特洛伊木马程序有相同之处,它将一段程序(炸弹)蓄意置入系统内部,在一定条件下发作(爆炸),并大量吞噬数据,造成网络爆炸性混乱,乃至瘫痪。

8.2.3 网络安全技术

常用的网络安全技术有:防火墙技术、数据加密技术、身份认证技术、访问控制技术、数字签名技术、入侵检测技术、信息审计技术、安全评估技术、网络反病毒技术、安全监控技术以及备份隔离技术等。下面重点介绍数据加密、身份认证、访问控制以及防火墙技术。

1. 数据加密技术

(1) 数据加密基本概念

数据加密是网络安全的重要部分。口令加密是防止文件中的密码被人偷看;文件加密主要应用于网络上的文件传输,防止文件被看到或被劫持;数据加密是防范网络监听最为有效的措施。因此,数据加密技术是网络中最基本的安全技术,主要是通过对网络中传输的信息进行数据加密来保障其安全性，这是一种主动安全防御策略，用很小的代价即可为信息提供相当大的安全保护。

所谓加密，就是把可读的数据信息即明文转换为不可辨识的形式即密文的过程，目的是使非授权人员不能知道和识别。相反，将密文转变为明文的过程就是解密。数据加密技术常常涉及到的一些术语有：明文、密文、加密、加密算法、解密、解密算法和密钥等。

明文：指原文数据（原始数据），即需要加密的报文。

密文：伪装后的数据，即加密以后的报文。

加密：把明文转换为密文的过程。

加密算法：加密所采用的变换方法。

解密：对密文实施与加密相逆的变换，从而获得明文的过程。

解密算法：解密所采用的变换方法。

密钥：由数字、字母或特殊符号组成的字符串，用它控制数据加密解密的过程。

任何一个加密系统都是由明文、密文、算法和密钥组成。发送方通过加密算法，用加密密钥将数据加密后发送出去，接收方在受到密文后，用解密密钥将密文解密，恢复为明文，在信息传输过程中，即使密文被非法分子截获，得到的只是无法识别的密文，从而起到数据加密的作用。

(2) 加密技术分类

目前加密技术是防止信息泄漏的有效技术之一，他的核心是密码学。加密技术在网络中的应用一般采用两种类型："对称式"加密和"非对称式"加密。

对称式加密又称作传统加密，这种加密方法很简单，就是加密和解密使用同一个密钥。这种加密技术目前被广泛应用，其安全性依赖于密钥的秘密性，而非加密算法的秘密性，对称式加密的优点是安全性高、加解密速度快、适用于大数据量的加密，缺点是密钥的管理是一大难题，在网络上传输加密文件时，很难做到在绝对保密的安全通道上传输密钥，另外，在网络上无法解决消息确认，也无法自动检测密钥泄密问题。

如美国国家标准局颁布的DES加密标准就是一种典型的对称式加密算法。它采用了著名的DES分组密码算法，其密钥长度为64 bit。1997年由一个美国民间组织利用Internet的力量将DES成功破译。

非对称式加密又称为公钥密码加密。它的加密密钥和解密密钥是两个不同的密钥，一个称为"公开密钥"，另一个称为"私有密钥"，两个密钥必须配对使用才有效，否则不能打开加密的文件。公开密钥是公开向外界公布的。而私有密钥是保密的、只属于合法持有者本人所有。在网络上传输数据之前，发送者先用公钥将数据加密，接收者则使用自己的私钥进行解密，用这种方式来保证信息秘密不被外泄，很好地解决了密钥传输的问题。

非对称式加密的缺点是加密速度慢，适用于少量数据的加密，而优点是加密强度高，密钥分发方便，并且为数字签名、身份认证等技术的实现提供了支持。目前RSA密码体制是最具有代表性的典型的公钥密码体制，在金融和工业部门得到了广泛的应用。

在实际应用中，网络信息传输的加密通常都采用对称密钥和公钥密钥相结合的混合加密体制，加密和解密采用对称密钥密码，密钥传递则采用公钥密钥密码，这样既解决了密钥管理的困难，又解决了加密和解密速度慢的问题。

2. 身份认证

身份认证是指证实客户的真实身份与其所声称的身份是否相符的过程，其依据有三类：客户所知，例如密码、口令等；客户所有，例如身份证、护照、密钥等；客户本身特征，例如指纹、笔迹、声音等。

身份认证可以是单向的也可以是双向的。单向认证是指通信双方只有一方向另一方进行鉴别；双向认证是指通信双方相互进行认证。

一个身份认证系统一般由三方组成：一方是出示证件人员，称为示证者，又称为申请者，他提出某种要求；第二方为验证者，它验证示证者出示证件的正确性与合法性，并决定是否满足其要求；第三方是攻击者，他可以窃听和伪装示证者，骗取验证者的信任。在必要时，认证系统也会有第四方，即可信赖者参与调解纠纷。

为了能够进行身份认证，首先需要进行身份注册。申请者提供其相关性信息，如：社会特征属性、自然属性等。验证者或注册机构赋予申请者某些信物，如：口令、密码、智能卡等。

3. 访问控制

访问控制是网络安全防范和保护的主要策略，它的主要任务是保证网络资源不被非法使用和访问。它是保证网络安全最重要的核心策略之一。如果用户身份认证是网络系统安全的第一道防线，那么访问控制就是网络系统安全的第二道防线。虽然用户身份认证可以将非法用户拒于系统之外，但是当合法用户进入系统之后，也不能不受任何限制地访问系统中的所有资源。从安全的角度出发，需要对用户进入系统后的访问活动进行限制，非法用户即使混入系统也不能为所欲为。访问控制功能主要通过操作系统和数据库系统来实现。

为了防止非法用户进入系统及合法用户对资源的非法使用，访问控制应具备3个功能：一是用户身份认证功能，识别与确认访问系统的用户；二是资源访问权限控制功能，决定用户对系统资源的访问权限（读、写、运行等）；三是审计功能，记录系统资源被访问的时间和访问者信息。访问控制涉及的技术比较广，一般包括入网访问控制、网络权限控制、目录级控制以及安全属性控制等多个层次。

目前主流的访问控制技术主要有自主访问控制（DAC）、强制访问控制（MAC）和基于角色的访问控制（RBAC）。自主访问控制安全性最低，但灵活性高，通常可以根据网络安全的登记、网络空间的环境不同而灵活地设置访问控制的种类和数量。

（1）自主访问控制技术

目前我国大多数网络信息系统的访问控制模块基本都是借助于自主型访问控制方法中的访问控制列表（ACLs）。自主访问控制有一个明显的缺点就是这种控制是自主的，它能够控制主体对客体的直接访问，但不能控制主体对客体的间接访问（利用访问的传递性，即A可访问B，B可访问C，于是A可访问C）。虽然这种自主性为用户提供了很大的灵活性，但同时也带来了严重的安全问题。

（2）强制访问控制技术

安全级别高的计算机采用这种策略，它常用于军队和国家重要机构，例如将数据分为绝密、机密、秘密和一般等几类。用户的访问权限也类似定义，即拥有相应权限的用户可以访问对应安全级别的数据，从而避免了自主访问控制方法中出现的访问传递问题。这种策略具有层次性的特点，高级别的权限可以访问低级别的数据。这种策略的缺点在于访问级别的划分不够细致，在同级间缺乏控制机制。

（3）基于角色的访问控制技术

由于DAC和MAC安全性的缺陷及其基于用户的机制造成的添加用户和功能时操作的复杂性，出现了一种新型的访问控制技术RBAC。在RBAC中，在用户和访问许可权之间引入角色(Role)的概念，用户与特定的一个或多个角色相联系，角色与一个或多个访问许可权相联系，角色可以根据实际的工作需要生成或取消，而用户可以根据自己的需要动态地激活自己拥有的角色，避免了用户无意中危害系统安全。

8.3 系统安全防护的基本知识

8.3.1 防火墙技术

1. 防火墙的基本概念

防火墙技术是建立在现代通信网络技术和信息安全技术基础上的应用性安全技术，越来越多地应用于专用网络与公用网络的互联环境之中。

防火墙是指一个由软件和硬件组合而成，处于企业或网络群体计算机与外界通道之间，限制外界用户对内部网络访问，以及管理内部用户访问外界网络的权限。

防火墙是一种将内部网和公众网分开的方法。他能限制被保护的网络与互联网络之间，或者与其他网络之间进行的信息存取和传递操作。防火墙可以作为不同网络或网络安全域之间信息的出入口，能根据企业的安全策略(允许、拒绝、监测)控制出入网络的信息流，且本身具有较强的抗攻击能力。他是提供信息安全服务，实现网络和信息安全的基础设施。在逻辑上，防火墙是一个分离器、一个限制器，也是一个分析器，有效地监控了内部网和公众网之间的任何活动，保证了内部网络的安全。

2. 防火墙的功能

对于防火墙有两个基本的要求：保证内部网络的安全性和保证内部网与外部网之间的连通性。这两者缺一不可，既不能因为安全而牺牲连通性，也不能因为连通性而失去安全性，基于这两个基本要求，一个性能良好的防火墙应该具备以下功能：

- 实现网间的安全控制，保障网间通信安全。
- 能有效记录网络活动情况。
- 隔离网段，限制安全问题扩散。
- 自身具有一定的抗攻击能力。
- 综合运用各种安全措施，使用先进健壮的信息安全技术。
- 人机界面良好，用户配置方便，容易管理。

防火墙技术并不是万能的，它也有局限性，主要表现在：

- 它能保障系统的安全，但是不能保障数据安全，因为他无法理解数据内容。
- 由于执行安全检查，会带来一定系统开销，导致传输延迟、对用户不透明等问题。
- 不能防范不经过它的连接。
- 当使用端到端加密时，因为只检查数据包包头，而不检查加密的密文，使得安全监控能力大打折扣。
- 过于依赖网络拓扑结构。当网络拓扑结构改变时，防火墙配置也必须改变。

- 不能有效防范病毒。
- 是一种静态的防御技术，难以适应日益多变的网络安全环境。

3. 防火墙的技术分类

自从 1986 年美国 Digital 公司在 Internet 上安装了全球第一个商用防火墙系统，并提出了防火墙概念之后，防火墙技术得到飞速的发展，特别是 1996 年，随着防火墙技术和密码技术相结合，防火墙技术得到了长足的发展，目前防火墙已经历了四代。

第一代防火墙，又称包过滤路由器(PACKET Filtering Router)或筛选路由器(Screening Router)，即通过检查经过路由器的数据包源地址、目的地址、TCP 端口号等参数来决定是否允许该数据包通过，是否对其进行路由选择转发。

第二代防火墙，也称代理服务器(Proxy Server)，它用来提供网络服务级的控制，起到外部网络向受保护内部网申请服务时中间转接的作用。

第三代防火墙，具有状态监控(Stateful Inspection)，它在网络层对数据包的内容进行检查。

第四代防火墙，建立在安全操作系统之上，已经演变成全方位的安全技术集成系统。

尽管防火墙的经历了上述几代的发展，但是按照防火墙对内外数据的处理方法，大致可以分为两大类：包过滤(Packet Filtering)防火墙和应用代理(Application Proxy)防火墙。前者以以色列的 Checkpoint 防火墙和 Cisco 公司的 PIX 防火墙为代表，后者以美国 NAI 公司的 Gauntlet 防火墙为代表。

包过滤技术是指对于所有进入网络内部的数据包按照指定的过滤规则进行检查，凡是符合指定工作的数据包才允许通过，否则将被丢弃。包过滤是针对数据包包头的。基于包过滤技术的防火墙的优点是简单灵活。通过修改过滤规则中的 IP 地址，从而可以组织来自或前往指定地址的链接。

包过滤防火墙的缺点是不能防止假冒。对熟悉包过滤技术的黑客来说，他可以先窃取真正的源 IP 地址，并将该地址加入到其恶意构成的 IP 数据包的包头中，由于防火墙不具有识别真假 IP 源地址的能力，使得该数据包可以骗过防火墙而非法入侵；二是由于只在网络层和传输层实现包过滤，对于通过高层进行非法入侵的行为没有防范能力；三是包过滤技术只是丢弃非法数据包并不作任何记录，也不向系统汇报，从而不具备安全保障系统所要求的可审核性；四是不能防止来自内部人员造成的威胁。

包过滤技术的一个重要特点是防火墙内、外的计算机系统是直接连通的，因此产生的副作用是外部用户能够获得内部网络的结构和运行状况，为网络留下隐患。而应用代理服务器技术就是针对包过滤技术的相关缺陷而设计和改进防护策略的。

为了防止网络外部的用户直接获得网络内部的信息，在网络内部设置一个代理服务器，将内部网和外部网隔离开，使得内、外部网络之间没有直接链接，而是提供具有详细注册和安全审计功能的代理服务器进行链接。当外部主机请求访问 Internet 内部的某一台应用服务器时，请求被送到代理服务器上，并在此接受安全检查后，再由代理服务器与内部网中的应用服务器建立链接，从而实现外部主机对 Internet 内部的应用服务器的访问。这里特别强调的是通过“代理”实现内、外部网之间的数据交流。

8.3.2 操作系统的更新与还原

1. Windows XP 操作系统更新

Windows XP 的“自动更新”,会例行检查可以保护计算机免受最新病毒和其他安全威胁攻击的更新。这些高优先级的更新位于 Windows Update 网站,包括安全更新、重要更新或 Service Pack。

如果尚未打开“自动更新”,那么计算机系统会比较容易遭受到病毒和其他安全威胁的攻击。打开自动更新之后,不必联机搜索更新或担心错过重要的修复程序,Windows XP 会利用用户确定的计划自动下载并安装更新程序。如果要用户希望自己下载并安装更新,还可以设置“自动更新”通知,这样一来当有任何可用的高优先级更新时,就会接到通知。

(1) 自动更新的方法

Windows XP 操作系统自动更新的方法有两种:

方法一:单击“开始”‖“所有程序”‖“Windows Updates”即可。

方法二:依次进入“开始”‖“控制面板”‖“安全中心”‖“自动更新”,随即弹出的“自动更新”对话框,在“自动更新如何工作”中点选“自动”复选框,然后单击“从 Windows Update 网站安装更新”,如果选择“有可用下载时通知我,但是不要自动下载或安装更新”,以后微软再发布更新,用户还会收到通知。

(2) 自动更新的优点

- 方便

用户不必再惦记着要访问 Windows Update 网站或其他联机安全站点来获取更新。也不必再选择最重要的更新来保护计算机,“自动更新”将查找安全更新、重要更新和 Service Pack,并按照用户设定的计划来安装。

- 可靠

计算机系统连接到 Internet 之后,更新会在后台下载。下载过程不会干扰其他下载或用户的其他工作。如果在更新尚未完全下载之前与 Internet 断开连接,那么在下次连接到 Internet 时将继续该下载过程。但是更新只有在安装之后才生效。Windows XP 将自动安装更新,除非用户选择接收通知并自行安装更新。

- 最新软件

设置计划可以使 Windows XP 安装新的更新。这意味着 Windows XP 将例行检查并安装计算机需要的所有重要更新。即使用户选择接收通知并自行安装更新,仍会了解最新发布的重要更新。通过更新计划,可以迅速便捷地使计算机保持最新。

2. Windows XP 操作系统的备份和还原

Windows XP 操作系统可能会因为各种原因出现异常或崩溃,对操作系统进行备份是使操作系统恢复正常最为快捷的办法。Windows XP 操作系统自带的系统还原功能可以对操作系统进行备份,系统还原可以在 Windows XP 图形界面下进行,如果进入不了图形界面,也可以在命令行模式下进行。

(1) 启动系统还原功能

默认情况下,Windows XP 系统还原功能是开启的。如果系统还原功能被关闭,可以按照以下方式启动:

首先单击“开始”‖“控制面板”菜单项，在控制面板中双击“系统”图标，打开“系统属性”对话框，选择“系统还原”选项卡。在“系统还原”选项卡中单击取消“在所有驱动器上关闭系统还原”选项。然后在“可用的驱动器”列表中选择系统所在的磁盘或分区，单击右侧的“设置”按钮，在出现的对话框中单击取消“关闭这个驱动器上的系统还原”选项，并可设置用于系统还原的磁盘空间的大小，最后单击“确定”按钮后即可开启该分区的系统还原功能。

(2) 图形界面下进行系统还原

单击“开始”‖“所有程序”‖“附件”‖“系统工具”‖“系统还原”菜单项，随即弹出“系统还原”对话框，单击选择“创建一个还原点”选项，单击“下一步”按钮，在出现的对话框中填写“还原点描述”后，单击“创建”按钮，即可创建一个新的还原点。还原点创建时会将系统分区当前状态保存下来，一旦系统出现问题，就可以恢复到这个状态。

进行系统还原操作时，可从“系统还原”对话框中单击选择“恢复我的计算机到一个较早的时间”选项，单击“下一步”按钮，在出现的“系统还原”对话框中，先在日历中选择要还原到的日期，并在还原点列表中选择一个还原点，单击“下一步”按钮即可开始还原，重新启动后计算机系统回到还原点状态。

(3) 在命令行模式下还原系统

在 Windows XP 启动时按下 F8 键显示启动菜单，在启动菜单中选择“带命令行提示的安全模式”，并以管理员身份登录，在命令行提示符后输入：“%systemroot%\system32\restore\rstrui. exe”，回车后即可根据屏幕上的向导将系统恢复到正常状态。

第 9 章

计算机多媒体技术

9.1 基本知识

本章介绍计算机多媒体技术的概念、多媒体计算机的概念与组成、多媒体技术在网络教育中的作用以及多媒体设备与接口。

9.1.1 计算机多媒体技术的概念

多媒体技术(Multimedia Technology)是指能够综合处理文本、图形、声音、动画和视频等多种媒体数据的技术,使它们建立一种逻辑上的连接,集成为具有交互性的系统技术。它使计算机具有综合处理文本、图形、声音、动画和视频的能力,可以进行数据的压缩和解压缩,可以展现形象丰富的各种信息,具有很强的交互性,极大地改善了人机对话的界面,改变了计算机的使用方式,从而使计算机进入了人类的各个领域,给人们的工作、生活、学习和娱乐带来了巨大的变化。从本质上说多媒体技术具有 3 种特性。

第一是信息媒体的多样性,多媒体技术不仅能处理数值、文字、静态图像等静态媒体,还可以处理语言、动画、视频等动态媒体。

第二是多种媒体的集成性,也称综合性。多媒体技术使用不同的媒体信息综合地表现某个内容,尤其是能把动态媒体和静态媒体相结合。

第三是内容展现过程中的交互性,在使用多种媒体信息展现内容的过程中,用户可以对系统进行有效的、小粒度的控制,使人们获取和使用信息变被动为主动。

多媒体技术包括对媒体设备的控制和媒体信息的处理与编码技术、多媒体系统技术、多媒体信息组织与管理技术、多媒体通信网络技术、多媒体人机接口与虚拟现实技术以及多媒体应用技术 6 个方面。多媒体技术主要研究内容有:

(1) 多媒体计算机图形与图像处理技术。主要研究如何借助于数学的方法和多媒体硬件技术的支持,在计算机上生成、处理和显示图形与图像的一门技术。主要包括图形处理技术,数字图像处理技术,图形、图像处理中的虚拟现实技术。

(2) 数字音频、视频处理技术。主要包括模拟音频、视频信号的数字化编码(模/数转换),数字音频、视频信息的压缩编码(信源编码),数字音频、视频信息的存储与传输编码(信道编码)。

(3) 多媒体网络通信技术。主要包括一系列标准的制订,通信和网络系统基础设施建设,满足企业和家庭用户需求的各种产品的开发研制以及应用的配套服务。

多媒体技术的应用主要涉及教育培训领域、电子出版领域、娱乐领域、咨询服务领域和多媒体网络通信领域等。

多媒体技术今后将朝以下方向发展:进一步完善计算机的协同工作环境(CSCW),使计算机的性能指标进一步提高;把多媒体信息实时处理压缩编码算法集成到 CPU 芯片中;智能多媒体技术等。智能多媒体技术是指将多媒体技术与人工智能相结合,即把人工智能领域的某些研究成果移植到多媒体计算机中,把人工智能领域的某些研究课题与多媒体计算机技术相结合。智能多媒体系统应具有接近人的推理能力和知识表示能力。

1. 媒体与多媒体

媒体(Media)又称为介质,是存储、传播、表现信息的载体,是承载信息的有形物体。从信息的角度上讲,媒体主要指下列几种:感觉媒体,如声音、图像、图形、动画和文本等;存储媒体,如磁盘、光盘等;传输媒体,如同轴电缆、双绞线、光纤等;表示媒体,如字符编码和声音编码等;显示媒体,如显示器、音箱、打印机等输出媒体,以及键盘、鼠标等输入媒体。

多媒体是融合两种或者两种以上媒体的一种人-机交互式信息交流和传播媒体,使用的媒体包括文字、图形、图像、声音、动画和视频等。通常所说的"多媒体",常常不是指多种媒体本身,而主要是指能够同时获取、处理、编辑、存储和展示两个或两个以上不同类型信息媒体的技术,这些信息媒体包括文字、声音、图形、图像、动画、视频等。

2. 文本与超文本

文本是数字、字母、符号和汉字或者其他语言符号的集合。超文本是一种文本,它和书本上的文本是一样的。但与传统的文本文件相比,它们之间的主要差别是:传统文本是以线性方式组织的,而超文本是以非线性方式组织的。这里的"非线性"是指文本中遇到的一些相关内容通过超链接组织在一起,用户可以很方便地浏览这些相关内容。这种文本的组织方式与人们的思维方式和工作方式比较接近。

超链接(hyper link)是指文本中的词、短语、符号、图像、声音剪辑或影视剪辑之间的链接,或者与其他的文件、超文本文件之间的链接,也称为"热链接(hot link)",或者称为"超文本链接(hypertext link)"。词、短语、符号、图像、声音剪辑、影视剪辑和其他文件通常被称为对象或者文档元素(element),因此超链接是对象之间或者文档元素之间的链接。建立互相链接的这些对象不受空间位置的限制,它们可以在同一个文件内也可以在不同的文件之间,也可以通过网络与世界上的任何一台连网计算机上的文件建立链接关系。

3. 图像与图形

一幅彩色图像可以看成二维函数 $f(x,y)$,其彩色幅度是位置(x,y)的函数。计算机多媒体技术从图像的生成、显示、处理和存储的机制出发,需要对彩色图像数字化。也就是把连续的函数 $f(x,y)$在空间的坐标和彩色幅度进行离散和量化。空间坐标(x,y)的离散化通常以分辨率来表征,彩色幅度的离散化则由像素的颜色深度来表征。分辨率主要分为显示分辨率、图像分辨率、扫描分辨率和打印分辨率等。显示分辨率指某一种显示方式下,显示屏上能够显示出的像素数目,以水平和垂直的像素数表示。图像分辨率指数字化图像的大小,以水平和垂直的像素数表示。扫描分辨率指扫描图像时指定的扫描的分辨率。打印分辨率指图像打印时每英寸可识别的分辨率。颜色深度指图像中每个像素的颜色(或亮度)

信息所占的二进制数位数,颜色深度决定了构成图像的每个像素可能出现的最大颜色数,颜色深度值越高,显示的图像色彩越丰富,但是同时所占用的存储空间越大。一般 32 bit 的颜色深度已足够。

图形与图像文件的大小是指在磁盘上存储整幅图像所有点的字节数,反映了图像所需数据存储空间的大小。在实际应用中,为了节省存储空间,要对图像应用某种压缩文件格式。颜色层次多,图形复杂的图像文件会较大。

计算机图形与图像从其生成、显示、处理和存储的数据运算机制看可以分为两种类型:一种是位图,一种是矢量图。位图是由许许多多的像素组合而成的平面点阵图,其中每个像素的颜色、亮度和属性使用一组二进制像素值来表示。显示器上显示的图像称为位图映射图像,简称位图图像。像素值通常称为图像数据。按照一定的结构编排的图像数据集合就是位图文件。位图文件占据的存储器空间一般比较大。矢量图是用一系列计算机指令集合的形式来描述或处理一幅图,描述的对象包括图中各图元的位置、颜色、大小、形状、轮廓和其他一些特性,绘制和显示矢量图时可以采用绘图程序来进行处理操作。矢量图占据的存储空间较小,但显示速度没有位图快,而且对于复杂的彩色照片,很难用数学来完美地描述,因而就只适合采用位图法来表示。矢量图向位图转换比较容易,但位图向矢量图转换比较困难。

图形与图像的获取过程就是图形与图像的数字化过程。图形与图像的数字化过程包括采样、量化和编码 3 个步骤。其中以空间连续坐标(x,y)的离散化来观测颜色幅值的过程称为采样;将观测的各点的坐标及颜色幅值 $f(x,y)$分别按照一定的量值标准离散化为整数标度的过程称为量化;将各个量化点的空间与图像函数点两种量化整数用一组二进制数码序列来表示称为编码。全部过程称为数字化,数字化的结果称为数字图像。图像存储时由两部分组成:图像说明部分和图像数据部分。其中图像说明部分描述图像的格式、深度、压缩方法等;图像数据部分描述每一个像素颜色的数据。图像文件规范不同,具体格式也不同。

计算机输出图形与图像的设备主要有光栅扫描显示器和硬复制设备两类。光栅扫描显示器主要使用光栅影射显示技术实现显示图形与图像,为了避免图像的闪烁,必须使整个图像数据以 60 Hz 以上的速率刷新,以获得视觉上稳定的显示图像;硬复制设备主要指图像打印机等设备。

图形处理技术包括二维及三维空间的图形处理两类。二维图形的变换是在二维空间进行,三维图形处理集中在三维真实感图形技术的研究,以及对于三维图形对象赋予运动属性后生成连续动画效果的研究等。总之图形处理的具体内容可以归纳为几何变换、曲线和曲面拟合、建模或造型、隐线或隐面消除、阴暗处理、纹理产生、配色、动态处理等。主要三维动画软件有 3DS MAX、Maya、SoftImage 等。

图像处理指将客观世界中实际存在的物体影射成数字化图像,然后在计算机上用数学的方法对数字化图像进行处理。主要有图像变换、图像增强、复原和重建、图像分割和特征提取、图像识别、图像编码压缩等。主要处理软件有 Photoshop、PAINTER 等。

4. 音频与视频

声音是携带信息的极其重要的媒体,是多媒体技术研究中的一个重要内容。声音的种类繁多,如人的话音、乐器声、动物发出的声音、机器产生的声音以及自然界的雷声、风声、雨声、闪电声等。人类能够听到的所有声音都称之为音频。

视频泛指将一系列的静态影像以电信号方式加以捕捉、记录、处理、储存、传送与重现的各种技术。连续的图像变化每秒超过 24 桢画面以上时,根据视觉暂留原理,人眼无法辨别单幅的静态画面,看上去是平滑连续的视觉效果,这样连续的画面叫做视频。

音频、视频技术是多媒体技术中的重要组成部分,人类直接接受的音频、视频信号都是由模拟信号构成的,所以在数字音频、视频处理技术中一个主要任务是将模拟音频、视频信号转变为数字信号。

声音是一种波,其本质是机械振动或气流扰动引起周围弹性媒质发生波动的现象,声波可以在空气中传播,也可以在液体和固体中传播。可以使用声压和声压级定量描述声音的强弱。人对相同声压级而不同频率声音的敏感程度也不同。为了记录、分析、处理声音信息,采用拾音设备(如录音机)进行声-电转换,与此相反为了将音频信号还原和重放,又采用扩音设备(如音箱)进行电-声转换,以实现电信号转换为声信号的目的。

在传统的音响设备中,均采用模拟信号处理记录和重放音频信号。但在数字音响系统中,尤其在多媒体系统中的音频、视频信号必须是数字信号。数字化技术具有动态范围大、信息易处理、媒体易保存、使用时间长、成本低、可靠性高的特点。模拟信号的数字化过程包括采样、量化和编码 3 个步骤,即模/数(A/D)转换的过程,在实际应用中,是采用保持电路和 A/D 转换器完成的。当然,如果需要驱动模拟设备,还需要将数字信息转换成模拟信息,这一过程称为数/模(D/A)转换。表 9-1 所示为常见的音频文件格式。

表 9-1 常见音频文件格式

文件格式	扩展名	描述
AIFF 音频文件	.aiff	音频交换文件格式,这种声音格式最初用于 Apple 和 Silicon Graphics (SGI) 计算机。波形文件以 8 位的非立体声(单声道)格式存储,这种格式不进行压缩,因此会导致文件很大
AU 音频文件	.au	UNIX 音频,这种文件格式通常用于为 UNIX 计算机或网站创建声音文件
MIDI 文件	.mid .midi	乐器数字接口,这是用于在乐器、合成器和计算机之间交换音乐信息的标准格式
MP3 音频文件	.mp3	MPEG Audio Layer 3,这是一种使用 MPEG Audio Layer 3 编解码器进行压缩的声音文件
Windows 音频文件	.wav	波形格式,这种音频文件格式将声音作为波形存储。一分钟长的声音所占用的存储空间可能仅为 644 KB,也可能高达 27 MB,这取决于各种不同的因素
Windows Media Audio 文件	.wma	Windows Media Audio,这是一种使用 Microsoft Windows Media Audio 进行压缩的声音文件,该编解码器是 Microsoft 开发的一种数字音频编码方案,用于发布录制的音乐(通常发布到 Internet 上)
Real Audio 格式	.ra、.ram、.rpm	具有非常高的压缩品质,文件大小要小于 MP3,同样也能进行“流式处理”。其声音品质比 MP3 文件声音品质要差,但新推出的播放器和编码器在声音品质方面已有显著改善

模拟视频信号的数字化与模拟音频信号的数字化有很多相同之处,它们的基本原理是一样的,但是由于视频信号本身有其特点,所以要复杂的多。对模拟视频信号进行数字化时,有全信号数字化和分量信号数字化两种。全信号数字化对符合电视信号直接进行数字化;分量信号数字化先分别对 Y、U、V 进行数字化,然后利用时分复用制进行处理。目前普遍采用分量数字化。为了规范国际上存在的多种视频数字化格式,国际无线电咨询委员会(CCIR)规定了 ITU-601 标准,用于电视演播室等级的标准,又称为 D1 标准。MPC 机中的

视频输入一般采用D1标准作为视频的I/O接口(如视霸卡等),也可以采用其他接口。

多媒体信息的输入就是将有关的多媒体信息和数据收集起来,通过系统的输入设备转换成系统处理与存储工作所需数据形式的过程;多媒体信息的输出就是将多媒体信息系统处理与存储的数据通过系统的输出设备转换为用户所需数据形式的过程。表9-2所示为常见视频文件格式。

表9-2 常见视频文件格式

文件格式	扩展名	描述
Windows Media 文件	.asf	高级流格式,这种文件格式存储经过同步的多媒体数据,可在网络上以流的形式传输音频和视频内容、图像及脚本命令
音频视频交错格式	.avi	音频视频交错是一种多媒体文件格式,这是最常用的格式之一,因为很多不同的编解码器压缩的音频或视频内容都可以保存在.avi文件中
影片文件	.mpg .mpeg	运动图像专家组,这是运动图像专家组开发的一组不断发展变化的视频和音频压缩标准。这种文件格式是为与Video-CD和CD-i媒体一起使用而专门设计的
Windows Media Video 文件	.wmv	Windows Media Video格式使用Windows Media Video编解码器压缩文件,这是一种压缩率很大的格式,它需要的计算机硬盘存储空间最小
Apple格式	.mov	Apple计算机公司开发的一种音频、视频文件格式,用于保存音频和视频信息,具有先进的音视频功能
Real视频格式	.rm .rmvb	是RealNetworks公司开发的一种新型流式视频文件格式,它包含在RealNetworks公司所制定的音频视频压缩规范RealMedia中,主要用来在低速率的广域网上实时传输活动视频影像,可以根据网络数据传输速率的不同采用不同的压缩比率,从而实现影像数据的实时传送和实时播放

5. 计算机动画

人眼具有视觉暂留的时间特性,人眼对光像的主观亮度感觉与光像对人眼作用的时间并不同步。如果图形与图像的画面刷新率为每秒24帧以上,则前后两帧之间在视觉亮度上就有重叠时间,就使在时间和空间上都不连续的画面给人以真实的连续的感觉。动态图形与图像是由多幅连续的、内容相关而又彼此独立的画面序列构成的一种离散性的基媒体形式。动画是指每一帧画面是人工或计算机生成的画面,视频指每一帧画面是实时获取的自然景物形成的画面。

计算机动画是利用计算机二维或三维图形处理技术,并借助动画编程软件直接生成或对一系列人工图形进行一种动态处理后生成的一系列可供实时演播的连续画面。运动是动画的要素,计算机动画是采用连续播放静止图像的方法产生物体运动的效果。计算机动画具有的特点是:动画的前后帧之间在内容上有很强的相关性;画面内容是时间的函数;由于计算数据量太大,必须采用合适的压缩方法才能按正常时间播放;对计算机性能有更高的要求,比如显示速度、数据读取速度等必须满足动画生成或播放的实时性要求。

计算机动画有多种分类方式,从动画的生成机制看可以分为实时生成动画、帧动画;从画面对象的透视效果划分可以分为二维动画和三维动画;从画面形成的规则和制作方法划分可以分为路径动画、作用动画和变形动画;从人与动画播放的相互关系划分可以分为时序播放性动画和实时交互型动画。其中实时生成动画是一种矢量型动画,由计算机实时生成并演播;帧动画是由一幅幅连续的画面组成的图像或图形序列,这是产生各种动画的基本方法;路径动画是让每个对象根据指定路径进行运动的动画;作用动画能够真实的按照力对物体的实际作用情况来描述物体运动的特性；变形动画将两个对象联系起来进行相互转化的一种动画形式；时序播放性动画必须按照既定的方案播放；实时交互型动画可以与用户在实时交互下播放。

计算机动画制作基本方法主要有中间帧画面的生成方法、动画的运动控制方法等。动画中的一系列画面称为中间帧画面，创作人员绘出若干主动作关键帧画面，而其余各帧画面则由计算机根据主动作关键帧画面的设定而自动内插生成，这种方法即是关键帧方法；算法生成方法是根据物理定律以及其他约束条件利用计算机算法来控制和描述动画过程并生成相应的中间画面的方法。

9.1.2 多媒体计算机

多媒体计算机(Multimedia Personal Computer，MPC)是指在多媒体技术的支持下，能够实现多媒体信息处理的计算机系统。它是具有能捕获、存储并展示包括文字、图形、图像、声音、动画和活动影像等信息处理能力的计算机。MPC 不但可以完成多媒体的输入、处理、存储和输出，还能够使人们工作、学习与生活更加丰富，更加富有乐趣。

多媒体计算机一般由 3 个部分构成：多媒体硬件系统、多媒体操作系统和支持多媒体数据开发的应用工具软件。

多媒体计算机的硬件系统构成可由公式 MPC＝PC＋视频卡＋音频卡＋CD-ROM 体现。也就是说，多媒体计算机硬件由 PC 机添加视频卡、音频卡及 CD-ROM 构成。其中视频卡(视频接口)可以将摄像机的视频图像信息转换为计算机能够处理的数字信号，并将处理完毕的视频传输到家用电视机上播放。CD-ROM 盘片及 CD-ROM 驱动器作为存储、读取多媒体信息的存储载体出现。音频卡(音频接口)作为采集声音并转换为数字信号的接口，还能够完成将数字化声音信息传送到音箱输出的功能。

1990 年美国微软公司组建的多媒体个人计算机市场协会提出了一个多媒体计算机技术规格 MPC1.0。从此以后 PC 机连续多年不断升级、硬盘存储容量和存储速度的大幅度提高、Windows 版本的不断升级、各种数字化的音视频设备大量出现、各种音视频压缩标准被制定和运用，所有这些因素使多媒体计算机技术得到了极大的发展。

多媒体计算机软件主要有以下 3 种：支持多媒体计算机工作的操作系统、多媒体编辑工具及多媒体应用软件。

多媒体计算机的硬件以及软件可构成以下 3 种多媒体系统：对多媒体对象具有编辑和播放功能的开发系统，对多媒体对象进行播放的演示系统以及以家用电视机为输出设备的家用系统。

9.1.3 多媒体技术与网络教育

多媒体计算机辅助教学已经在教育教学中得到广泛的应用。多媒体教材通过图、文、声、像的有机组合，能多角度、多侧面地展示教学内容。多媒体技术通过视觉、听觉或视、听并用等多种方式帮助教师将抽象的不易用语言和文字表达的教学内容表达得更直观、更清晰。多媒体计算机辅助教学有效地支持了个别化的教学模式，促进了学生的自主学习活动，使学生从被动接受知识转变为自主选择教学信息。多媒体教学网络系统在教育培训领域得到了广泛应用，教学网络系统可以提供丰富的教学资源、优化教师的教学设计，更有利于个别化学习。

教育与培训是多媒体应用最活跃的领域之一。多媒体技术在教育中最重要的应用方式包括计算机辅助教学(Computer Assisted Instruction,CAI)系统和远程教育系统。

1. 计算机辅助教学

计算机辅助教学是为了弥补传统教学模式的不足和提高教学质量与教学效率,它把计算机作为一种新型教学媒体,将计算机多媒体技术运用于课堂教学、实验课教学、学生个别化教学及教学管理等各教学环节。

计算机辅助教学综合应用了多媒体、计算机网络、人工智能和知识处理多种技术,它既可以作为常规教学的补充手段,也可以部分地替代常规教学内容进行课程的教学。对于那些难以用语言文字表达的抽象内容、动态变化过程和复杂的微观结构等,CAI 通过使用图表、动画、声音等多媒体技术进行演示或者模拟其变化过程,改善教学效果。采用 CAI 技术的课程以学生为中心,按学生各自的进度进行,适合个性化教学,能充分发挥学生的学习主动性。CAI 利用计算机的交互性实现双向教学,克服传统教学中学生只是单向接受知识的被动局面。

CAI 的教学模式有多种,如模拟实验型、示教型、练习自测型和授课型。其中模拟实验型适用于电路实验和化学反应实验等;示教型适用于演示一些抽象的数学、物理现象和过程;练习自测型可以提高外语、医学、程序设计等课程的学习效果和效率;授课型有利于自学某些课程,特别适用于职业培训和成人教育。

计算机辅助教学系统由硬件系统、软件系统和教学资源(课件)组成。硬件系统包括:CPU(控制器和运算器)、存储器、输入设备和输出设备。常用的输入设备有:磁盘机、光盘机、磁带机、数字照相机、扫描仪、视频采集卡、声卡、MIDI 合成器、话筒、调制/解调器和网络适配器、键盘、鼠标、笔式输入器等。常用的输出设备有:磁盘机、光盘刻录机、磁带机、打印机、胶片记录仪、高亮度投影仪、显示器、声卡及放大器和扬声器 、MIDI 合成器、调制/解调器和网络适配器。软件系统包括:操作系统、教学管理系统及其开发与支持环境软件。教学资源包括各种形式的课件、题库、案例库、问题库等,其中课件是最重要的一个部分。通过运行课件,计算机能实现预定的教学计划、过程、方法和策略,支持教学活动的全过程。制作 CAI 课件既要按照选题确定相应的教学模式,还要恰如其分地运用多媒体技术的表现手段和计算机交互技术,更要在学习理论的指导下,按照人的认知规律指导课件的设计。

2. 现代远程教育与流媒体技术

20 世纪 90 年代以来,随着计算机网络的发展与应用的普及,计算机辅助教学进入了新的发展阶段,主要表现在建构主义学习理论的应用和互联网的使用。建构主义学习理论突出了学习者的主体作用,它认为学习者是信息加工的主体,是意义的主动建构者,情景、协作、会话和意义建构是学习环境中的四大要素,教师要由知识的传授者、灌输者转变成为学生主动构建意义的帮助者和促进者。互联网的发展为开发能体现建构主义理论的学习环境提供了良好的条件,于是基于互联网的现代远程教育应运而生。

现代远程教育是随着现代信息技术的发展而产生的一种新型教育方式,是以现代远程教育手段为主,多种媒体优化、有机组合的教育方式,是构筑 21 世纪终身学习体系的主要手段。

在现代远程教育中借助互联网可以开展多种不同形式的教学活动,例如教师实时或者非实时地向学生讲授学习内容、实时或者非实时地进行个别辅导、学生之间或者学生与教师之间可以利用电子公告板、聊天室、电子邮件实时或者非实时地进行讨论。

在以上应用中应用最多的是流媒体技术。目前的互联网大多采用基于 TCP/IP 协议以太网技术组建，每个用户的网络带宽随着用户数量的增加而降低，传统的多媒体文件需要从服务器上下载到终端设备上才能播放，这就限制了人们在计算机和互联网上使用多媒体数据进行交流。流媒体技术可以解决这个问题，它的特点是边下载边播放，省去了用户等待多媒体数据下载的过程。

所谓流媒体技术是指以流的形式在网络上进行数字媒体传输的技术。它将视频、音频或者动画之类的连续媒体经过压缩编码、数据打包后按照一定的时间间隔要求连续地发送给接收方，接收方在数据不断到达的同时对接收的数据进行重组、解码和播放。

流媒体技术中采用的流式传输包含两种方法，即顺序流式传输和实时流式传输。顺序流式传输是顺序下载，用户在下载文件的同时可以在线观看，在某一时刻用户只能观看已经下载的那部分内容，不能跳转。实时流式传输总是实时发送媒体数据，适合现场事件的直播，也支持随机访问，用户可以快进和快退以观看前面或者后面的内容。

为了实现流式传输，不但需要特定的流媒体服务器的支持，还需要专门的网络协议支持，这些网络协议包括：实时传输协议、实时传输控制协议、实时流协议和资源预留协议。

9.1.4 多媒体设备与接口

1. 多媒体设备

多媒体设备可以分为多媒体输入输出设备、存储设备、传输设备。其中输入输出设备根据媒体的类型又分为音频设备、视频设备和图形图像设备。存储设备按照存储技术分为半导体存储、磁存储和光存储设备。传输设备主要指传输媒体，如同轴电缆、双绞线、光纤等。

音频设备是音频输入输出设备的总称，对计算机来说最重要的音频设备是声卡，声卡是计算机处理音频信号的 PC 扩展卡，也叫做音频卡，它处理的音频媒体包括数字化声音、合成音乐、CD 音频等。声卡的主要功能是音频的录制与播放、编辑与音乐合成、文字语音转换等。声卡是多媒体信息系统中处理声音信息的基本设备，集输入与输出功能为一体，是工作在系统与声源设备和回放设备之间的传输系统。声卡通过 PC 总线与系统的中央处理器和存储器进行信息交换。主要由数字信号处理器、混合信号处理器、MIDI 音乐合成器、多种信号放大器、总线接口控制器以及各种接口模块组成。通过系统板上 I/O 扩展槽与系统总线连接，通过多种接口与外部声源和回放设备连接。

视频采集卡是主要的视频设备，它与播放软件和显示设备一起完成视频信息的采集和显示播放。视频采集卡主要用于捕捉、数字化、冻结、存储、输出、放大、缩小和调整来自激光视盘机、录像机或摄像机的图像，同时还可以进行一些音频的相关处理。

激光盘是主要的光存储设备，它主要由保护层、反射层、刻槽和聚碳脂衬垫组成，光盘上的铝反射层是用来反射激光光束的，其上的保护层主要用来保护镀铝层不被磨损。激光盘片上轧有许多用来表示二进制数据的坑。光盘分为 3 个区：导入区、导出区和数据记录区。光盘光道的结构与磁盘磁道的结构不同，不是同心环光道，而是螺旋型光道，光盘转动时线速度是恒定的。普通光盘的记录原理是采用在盘片上压制凹坑的方式，利用凹坑的边缘来记录“1”，而凹坑和非凹坑的平坦部分记录“0”，从而利用光学读出头对不同的反射光束的拾取来读出数据。光盘格式包含逻辑格式和物理格式。逻辑格式指文格式，比如文件的目录结构等;物理格式指数据是如何放在光盘上的,比如数据块的大小等。光盘格式主要有CD标准、CD-ROM标准、可录CD标准、VCD标准和DVD标准等。

图形图像设备包括笔输入设备、触摸屏、扫描仪、数码相机、数码摄像机等。其中扫描仪是光机电一体化的产品,通常由滤光镜、光源、聚焦透镜、扫描模组、扫描头、扫描灯管等组成。扫描仪的原理是通过扫描光源通过待扫描材料,再经过一组镜面反射到CCD,CCD器件将不同强弱的亮度信号转换为不同大小的电信号,最后经D/A转换器,产生一行图像数据,然后随着扫描光源与待扫材料的相对运动,完成整个图像的扫描。

数码相机也叫数字式相机,英文全称Digital Camera,简称DC。数码相机是集光学、机械、电子一体化的产品。它集成了影像信息的转换、存储和传输等部件,具有数字化存取模式,与电脑交互处理和实时拍摄等特点。数码相机最早出现在美国,20多年前,美国曾利用它通过卫星向地面传送照片,后来数码摄影转为民用并不断拓展应用范围。

与传统相机相比,传统相机使用"胶卷"作为其记录信息的载体,而数码相机的"胶卷"就是其成像感光器件,而且是与相机一体的,是数码相机的心脏。感光器是数码相机的核心,也是最关键的技术。数码相机的发展道路,可以说就是感光器的发展道路。目前数码相机的核心成像部件有两种:一种是广泛使用的CCD(电荷藕合)元件;另一种是CMOS(互补金属氧化物导体)器件。

电荷藕合器件图像传感器CCD(Charge Coupled Device),它使用一种高感光度的半导体材料制成,能把光线转变成电荷,通过模数转换器芯片转换成数字信号,数字信号经过压缩以后由相机内部的闪速存储器或内置硬盘卡保存,因而可以轻而易举地把数据传输给计算机,并借助于计算机的处理手段,根据需要和想像来修改图像。

互补性氧化金属半导体CMOS(Complementary Metal-Oxide Semiconductor)和CCD一样,同为在数码相机中可记录光线变化的半导体。CMOS的制造技术和一般计算机芯片没什么差别,主要是利用硅和锗这两种元素所做成的半导体,使其在CMOS上共存着带N(带-电)和P(带+电)级的半导体,这两个互补效应所产生的电流即可被处理芯片记录和解读成影像。然而,CMOS的缺点就是太容易出现杂点,这主要是因为早期的设计使CMOS在处理快速变化的影像时,由于电流变化过于频繁而产生过热的现象。

在相同分辨率下,CMOS价格比CCD便宜,但是CMOS器件产生的图像质量相比CCD来说要低一些。到目前为止,市面上绝大多数的消费级别以及高端数码相机都使用CCD作为感应器。

2. 多媒体设备常用接口

通用的多媒体设备接口包括并行接口、USB接口、SCSI接口、IEEE1394接口、VGA接口等。

(1)并行接口(简称并口),是采用并行通信协议的扩展接口。并行接口的数据传输率比串行接口快8倍,标准并口的数据传输率为1 Mbit/s,一般用来连接打印机、扫描仪、外置存储设备等。

(2)USB接口也就是通用串行总线接口,它是由Compaq、HP、Intel等公司提出的,它具有支持热插拔(也就是即插即用)的优点,因此已经成为一种非常常用的接口方式,可用于连接用于连接打印机、扫描仪、外置存储设备、游戏杆等。USB有两个规范,即USB 1.1和USB 2.0,目前USB2.0的传输速率高达480 Mbit/s。

(3)SCSI 接口也就是小型计算机系统接口,它具备与多种类型的外设进行通信的能力。SCSI 接口是一种广泛应用于小型机上的高速数据传输技术。SCSI 接口具有应用范围广、多任务、带宽大、CPU 占用率低以及热插拔等优点,可用于连接外置存储设备、打印机等。目前 SCSI 接口的接口速率高达 320 Mbit/s。

(4)IEEE1394 接口也称"火线"接口,是苹果公司开发的串行标准。同 USB 一样,IEEE1394 也支持外设热插拔,并可为外设提供电源,省去了外设自带的电源。IEEE1394 接口能连接多个不同设备,并支持同步数据传输。IEEE1394 接口用于连接数码相机、DVD 驱动器等。IEEE1394 接口的最高传输速率为 400 Mbit/s。

(5)VGA 接口也就是视频图形阵列接口,它是显卡上输出模拟信号的接口,一般用于连接显示器。

9.2 多媒体信息处理

本节主要介绍文件压缩和解压缩的基本知识、压缩工具 WinRAR 的基本操作、常见多媒体文件的类别和文件格式,以及常用的多媒体创作工具。

9.2.1 数据压缩

包含字符、图像、声音和视频数据的文件尺寸一般都相当大,会占用大量的存储空间并且在传输时速度较慢。如果可以减少文件的大小而又不丢失数据,就可以节省存储空间和传输时间。数据压缩是对数据重新进行编码,以减少所需存储空间的操作过程。

数据压缩技术一般可以分为有损压缩和无损压缩两种。无损压缩指使压缩后的数据进行重构,重构后的数据与原来的数据完全相同。一般用于要求重构的信号与原始信号完全一致的场合。典型无损压缩的算法有 Huffman 编码、算术编码、行程编码等。这类算法的主要特点是压缩比较低,一般用来压缩文本数据。有损压缩是指使用压缩后的数据进行重构,重构后的数据与原来的数据有所不同,但不影响人对原始资料表达的信息造成误解。典型的用于有损压缩的算法有混合编码的 JPEG 标准、预测编码、变换编码等。这类算法的主要特点是压缩比高,为几十到几百倍。一般用于图像,声音,视频压缩。

数据压缩技术的性能指标包括压缩比和压缩解压的速度,压缩比指输入数据和输出数据比。在静态图像中,压缩速度没有解压速度严格;在动态图像中,压缩、解压速度都有要求,因为需实时地从摄像机或其他设备中抓取动态视频。

常用的数据压缩方法包括:

- 统计编码

根据消息出现概率的分布特性而进行的压缩编码。其中典型的算法有行程编码 Huffman 编码、LZW 编码、算术编码等。

- 预测编码

先对原始模拟信号作脉冲取样,把实际样值与预测样值之间的差进行量化。解压时,也用同样的预测器,把预测出的值与已存储的量化后差值相加,产生近似的原始信号。

- 变换编码

变换编码是指先对信号进行某种函数变换，从一种信号(空间)变换到另一种信号(空间)。再对变换后的信号进行编码。

• 混合编码

使用两种或两种以上的编码方法混合进行编码称为混合编码。它能提高数据压缩的效率。多媒体图像压缩标准中都采用混合编码。

文件压缩是指把一个或多个文件压缩成一个单独的较小文件。WinRAR 和 WinZip 是常用的两种压缩和解压缩软件。压缩文件的优点在于可以有选择地进行压缩，并把它们放到一张软盘中或用电子邮件发出等。

9.2.2 压缩工具 WinRAR

WinRAR 是 32 位 Windows 版本的 RAR 压缩文件管理器，它允许用户创建、管理和控制压缩文件。WinRAR 也是目前流行的压缩工具，界面友好，使用方便，在压缩率和速度方面都有很好的表现。其压缩率比高，3.0 以上版本采用了更先进的压缩算法，是现在压缩率较大、压缩速度较快的格式之一。同时具有扫描压缩文件内病毒、解压缩“增强压缩”ZIP 压缩文件的功能。支持 ARJ、CAB、LZH、ACE、TAR、GZ、UUE、BZ2、JAR、ISO 类型文件的解压，具有多卷压缩功能，可以创建自解压文件，可以制作简单的安装程序，使用方便，压缩文件大小可以达到 8 589 934 TB。

图 9-1 所示为 WinRAR 的主界面，它是典型的 Windows 应用程序界面，包含标题、菜单、工具栏、工作区和状态栏。

图 9-1 WinRAR 主界面(3.71 版)

9.2.3 多媒体著作工具

多媒体著作工具是多媒体文档和多媒体程序的一种开发平台，它能够统一地编辑、管理多媒体数据，一般不需要高级语言程序设计就可以把多媒体数据连接成完整的多媒体文档或者应用程序。

多媒体可以分为基于流程图的、基于卡片的和基于语言的 3 类。其中，基于流程图的工具功能强大，但要求用户具有相当的程序设计经验。基于卡片的著作工具是按照超链接的结构设计的，超链接的结点是由具有一定时空关系的多媒体数据构成，通常被看做卡片、页或者场景，用户可以直观地编辑卡片上的内容，操作直观方便，目前的非线性编辑系统大多属于这类多媒体制作工具。基于语言的多媒体著作工具为多媒体对象的操作设计了面向对象的操作语言，需要用户掌握这类语言，也需要较长时间的培训。

大多数用于制作各种多媒体软件与演示程序的多媒体著作工具，通常具有可视化的创作界面，并具有直观、简便、交互能力强和无需编程、简单易学的特点。常见的有 Authorware、Director、Flash、PowerPoint 等。

9.3 多媒体应用工具

本节介绍如何使用 Windows"画图"工具进行简单图像编辑、使用 Windows 音频工具进行音频的播放和使用 Windows 视频工具进行视频的播放。

9.3.1 Microsoft 的画图程序

Windows XP 系统自带的一个附件"画图"是一个画图工具，可以用它创建简单或者精美的图画。这些图画可以是黑白或彩色的，并可以存为位图文件。可以打印绘图，将它作为桌面背景，或者粘贴到另一个文档中。甚至还可以用"画图"程序查看和编辑扫描好的照片。可以用"画图"程序处理图片，例如 .jpg、.gif 或 .bmp 文件。可以将"画图"图片粘贴到其他已有文档中，也可以将其用作桌面背景。

1. 启动画图程序

在 Windows 桌面上选择"开始"‖"所有程序"‖"附件"‖"画图"命令，启动"画图"程序，如图 9-2 所示。

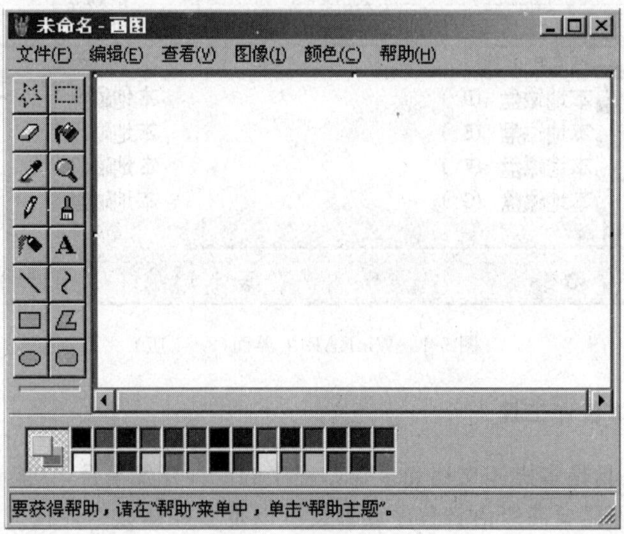

图 9-2 "画图"窗口

画图程序的窗口的主体部分是绘图区，用于显示和编辑图画。左边的工具箱中包括各种绘画工具，用于完成一系列的绘画功能，例如填充、喷涂、剪切、输入文字等。当选中不同工具时，工具箱下的选项框中可能会出现其他一些选项，例如线的粗细、刷子类型等。窗口下部是颜料盒，用于设置前景色和背景色。另外，当绘制文字时，还会出现文本工具栏。窗口的最下方为状态栏，用于显示命令提示。

2. 创建图片

(1) 画直线

在工具箱中单击“直线”按钮╲，在工具箱下面，单击线宽，拖动指针，即可绘制线条即可画出所需的直线。要画完美的水平线、垂直线或45°斜线，按住 Shift 键，同时拖动指针。当拖动指针时，将使用前景颜色。要使用背景颜色，按下鼠标右键并拖动指针。前景色是线条、形状边框和文本的颜色。它由“画图”中颜色框左方的顶部方块表示。除了橡皮以外的任何工具都可以使用此颜色。任何时间都可以通过单击“颜料盒”中的颜色更改此颜色。背景色是用于填充封闭图形和文本框背景的颜色。背景色替换了使用“任意形状的裁剪”和“选定”工具裁剪或者移动的区域。它由“画图”中颜色框左方的底部方块表示。除了文本工具以外的任何工具都可以使用此颜色。任何时间都可以通过右击“颜料盒”中的颜色更改此颜色。

(2) 画线条

在工具箱中单击“直线”按钮，拖动指针，即可绘制线条。

(3) 画曲线

在工具箱中单击“曲线”按钮，在工具箱下面，单击线宽，拖动指针，绘制直线。单击曲线的一个弧所在的位置，然后拖动指针调整曲线形状。对第二个弧线重复该操作。只能为每行创建两条曲线。

(4) 画椭圆或圆

在工具箱中单击“椭圆”按钮，在工具箱下方，单击填充形式，拖动指针，即可绘制椭圆或圆。拖动指针时，将使用前景颜色来绘制环绕形状的线条，使用背景颜色来填充形状。要用背景色绘制环绕形状的线条，并用前景色来填充形状，按住鼠标右键并拖动指针。按住 Shift 键的同时拖动指针可以画一个精确的圆。该圆或椭圆的边线宽度与所选的直线工具粗细相同。如要更改边宽，单击工具箱中的直线或曲线工具，然后在工具箱下面的框中单击所需的宽度。

(5) 画矩形或正方形

在工具箱中单击“矩形”按钮，创建正角矩形或者单击“圆角矩形”按钮，创建圆角矩形。在工具箱下方，单击填充形式。如要画矩形，沿所需的对角线方向拖动指针。要画正方形，在拖动指针时按住 Shift 键。拖动指针时，将使用前景颜色来绘制环绕形状的线条，使用背景颜色来填充形状。要用背景颜色绘制环绕形状的线条，并用前景颜色来填充形状，按住鼠标右键并拖动指针。该框的边线宽度与所选的直线工具粗细相同。如要更改边宽，单击工具箱中的直线或曲线工具，然后在工具箱下面的框中单击所需的宽度。要创建有色填充，在工具箱下面单击填充样式。

(6) 画多边形

在工具箱中单击“多边形”按钮，在工具箱下方，单击填充形式，拖动指针，即可绘制直线，在想要新线段出现的每个位置单击一次，完成后双击。如果仅使用45°或90°角，在拖动指针时按住 Shift 键。

(7) 键入并设置文本格式

只能在常规视图中将文本输入到图像。要显示常规视图，在“查看”菜单中指向“缩放”，然后单击“常规尺寸”。在工具箱中，单击“文本”按钮**A**，如要创建文字框，沿对角线方向拖动指针以得到所需尺寸，在文字工具栏上，单击所需的文字字体、字号和字型。如果没有显示文本工具栏，在“查看”菜单上单击“文本工具栏”。可以在窗口中将工具栏拖到任意位置，键入文本，还可以粘贴文本到文本框，但不能是图形。

文本的颜色由前景颜色定义。要使文本的背景透明，单击。要使背景不透明并定义背景颜色，单击。只有一次机会可以在文本框中输入文本。当在框外单击时，文本被转换为图形图像，而且不能再次激活。要更改文本颜色，单击颜色框中的颜色。只能撤消三次最近的更改，针对每次更改，单击“编辑”菜单中的“撤消”。

(8) 擦除小块区域

在工具箱中单击“橡皮”按钮，在工具箱下面，单击橡皮大小，如果擦除所用的颜色与当前的背景颜色不同，右击颜色框中的颜色，在要擦除的区域内拖动指针。当前背景颜色是橡皮擦颜色。右击颜料盒中的其他颜色可以更改背景色。

(9) 擦除大块区域

在工具箱中，单击“选择”按钮选择矩形区域，或单击“选择自由格式”按钮选择自由格式区域，选择要擦除的区域，橡皮擦颜色与工具栏底部颜色框内所示的背景颜色相同。右击颜料盒中的颜色以更改背景颜色，在“编辑”菜单上，单击“清除选定内容”。

(10) 清除整幅图像

如果图像的某一部分被选中，单击所选区域的外面，单击“图像”菜单上的“清除图像”。当前的背景颜色将用于填充被清除的区域。

(11) 拉伸或扭曲某项

在工具箱中，单击“选择”按钮选择矩形区域，或单击“选择自由格式”按钮选择自由格式区域，围绕要更改的项目拖动框，在工具箱下面，单击以下任何一项：

- 单击 以应用不透明背景。
- 单击 以应用透明背景。

在“图像”菜单上，单击“拉伸/扭曲”，在“拉伸”下，键入要水平或垂直拉伸图片的百分比，在“扭曲”下，键入水平或垂直扭曲图片的百分比。

(12) 更改图片大小

选择菜单栏中“图像”‖“属性”命令，在“单位”下面，单击要选用的宽度和高度的度量单位，在“宽度”和“高度”框中输入宽度和高度值。通过拖动位于图片右下角、底部和右侧的3个图像大小调整柄可以缩放图像。如果当前图片大于新尺寸，则图片的右边和底边部分将被剪掉，以适应较小的区域。如果当前图片小于新尺寸，多出的区域将用选定的背景色。

9.3.2 Microsoft 音视频工具

1. 录音机

使用 Windows 的“录音机”可以录制、混合、播放和编辑声音。也可以将声音链接或插入另一个文档中。需要注意的是，如果要录音，计算机必须安装麦克风。录下的声音被保存为波形(.wav)文件。

(1) 启动“录音机”程序

选择“开始”‖“所有程序”‖“附件”‖“娱乐”‖“录音机”命令，即可启动“录音机”程序，如图 9-3 所示。

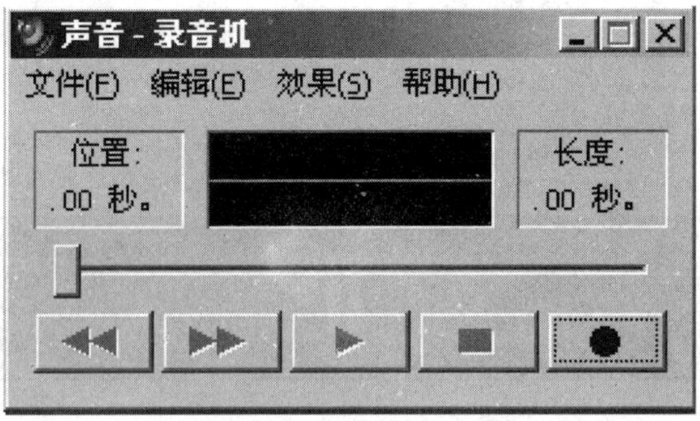

图 9-3 “录音机”程序

(2) 录制和播放声音

要录制声音，需要确保音频输入设备已经连接到计算机上。然后在“文件”菜单上，单击“新建”。要开始录制，单击“录制”按钮●，要停止录制，单击“停止”按钮■。录下的声音被保存为波形(.wav)文件，可以用“录音机”或者任意其他支持.wav 文件的程序播放录音。

要播放声音，单击“文件”菜单上的“打开”，在“打开”对话框中，双击想要修改的声音文件，单击“播放”按钮▶开始播放声音。单击“停止”按钮■停止播放声音。单击“移至首部”按钮◀◀可以转到声音文件的开始，单击“移至尾部”按钮▶▶可以转到文件的末尾。

2. 媒体播放器

“媒体播放器”既可以播放音频文件，也可以播放视频文件，Windows 自带的媒体播放器 Windows Media Player 提供了直观易用的界面，可以播放数字媒体文件、组织数字媒体收藏集、刻录音乐 CD、从 CD 翻录音乐、将数字媒体文件同步到便携式音乐播放机并可从在线商店购买数字媒体内容。

选择“开始”‖“全部程序”‖“附件”‖“娱乐”‖“Windows Media Player”命令，可以启动 Windows Media Player，其用户界面如图 9-4 所示。Windows Media Player 的用户界面由标题栏、菜单区、任务栏、工作区和播放控制区组成。

(1) 播放音频或视频文件

可以使用 Windows Media Player 播放位于播放机媒体库、计算机、网络文件夹或者网站上的数字媒体文件。

播放计算机中的文件的步骤为：单击“文件”‖“打开”，如果“文件”菜单不可见，则显示经典菜单。导航到适当的位置，单击该文件，然后单击“打开”。

图 9-4 媒体播放器窗口

播放媒体库中的文件的步骤为:单击“媒体库”选项卡,然后浏览或搜索要播放的项目,双击此项开始播放。

通过输入文件的 URL 播放 Internet 上的文件的步骤为:单击“文件”|“打开 URL”,如果“文件”菜单不可见,则显示经典菜单。键入文件的 URL,然后单击“确定”。可指定以下类型的位置:

- mms://server/filename(例如,扩展名为 .wma、.wmv、.mp3 的文件)
- http://server/filename
- mms://server/sami.asf? SAMI=http://server/sami/sami_demo.smi(同步可访问媒体交换 (SAMI) 文件)

播放 CD 或 DVD 的步骤为:启动播放机并将要播放的 CD 或 DVD 插入驱动器。通常情况下,光盘自动开始播放。如果没有播放,或者要选择已经插入的光盘,单击“正在播放”选项卡下的箭头,然后单击光盘所在的驱动器。

(2) 设置使用的流媒体协议

可以使用 Windows Media Player 播放从 Internet 流入的数字媒体内容。若要根据环境的不同确保 Windows Media 服务器能够建立到播放机的最佳连接,将播放机配置为自动从下列任何流协议中接收流:用户数据报协议 (UDP)、传输控制协议 (TCP) 和超文本传输协议 (HTTP)。播放机也可以接收多播流。UDP 和 TCP 是基本的网络协议,与管理高级数据交换的实时流协议 (RTSP) 结合使用。

如果位于公用网络中,Windows 防火墙可能将阻止 UDP 和广播流发送到播放机。若要解决此问题,打开 Windows 防火墙,单击“例外”选项卡,然后选中“Windows Media Player”复选框。

更改播放机的协议设置的步骤:单击“正在播放”选项卡下的箭头,单击“更多选项”,然后单击“网络”选项卡,进行需要的更改:

- 如果清除 TCP 复选框,或者如果防火墙阻止 TCP 流,并且播放机配置为使用 RTSP 协议,播放机将尝试使用 UDP 协议接收流。
- 如果清除 UDP 复选框,或者如果防火墙阻止使用这些协议的流,并且播放机配置为使用 RTSP 协议,播放机将尝试使用 HTTP 协议接收流。

如果通过代理服务器连接到 Internet,更改播放机代理服务器设置的步骤:单击“正在播放”选项卡下的箭头,单击“更多选项”,然后单击“网络”选项卡。在“流代理服务器设置”中,单击要配置的协议,然后单击“配置”。更改下列任意设置:

- “自动检测代理服务器设置”。如果要让播放机对代理服务器设置或自动配置设置自动进行检测,选择此选项。
- “使用 Web 浏览器的代理服务器设置”。如果要让播放机使用默认的 Web 浏览器的代理服务器设置,选择此选项(仅可用于 HTTP 协议)。
- “不使用代理服务器”。如果选择了此选项,在连接到 Internet 时,播放机将不会尝试与代理服务器进行通信。通常,这意味着播放机不从 Internet 接收流内容。
- “使用以下代理服务器”。通过提供要用于连接到 Internet 的代理服务器的名称或 IP 地址和端口号,可指定要使用的代理服务器。默认端口号为:HTTP (80) 和 RTSP (554)。

如果不想播放机对于来自局域网的流使用代理服务器,可以使本地地址避开代理服务器。因为代理服务器是作为局域网与互联网之间的安全屏障,可能需要从系统管理员处获得额外许可才能通过代理服务器访问网页。

可以指定不要对其使用代理服务器的地址。如果要连接到局域网中的计算机,要确保在此框中键入其地址。例如,对于名为 Joel 的计算机,键入 Joel。可以使用通配符匹配域名和主机名或地址,例如:www. * .com、128. * 、240. * 、* mygroup. * 、* x * 等。

参考文献

[1] 张效祥. 计算机科学技术百科全书[M]. 2 版 . 北京:清华大学出版社,2005.

[2] MICROSOFT. Microsoft Office 帮助文件[M]. 2003.

[3] 詹海生 . 计算机应用基础[M]. 西安:西北大学出版社,2008.